切削加工表面完整性的理论和方法

Theory and Methods of Surface Integrity in Machining

陈　涛　著

科　学　出　版　社

北　京

内 容 简 介

本书是在作者多年对切削加工表面完整性研究的相关成果基础上完成的，书中系统地阐述了切削加工表面完整性的理论和方法、最新发展及应用。

全书共 8 章，主要内容包括：切削表面完整性总论，切削表面形貌的表征与测试，切削表层微观结构特征及检测，切削表面残余应力及测试，切削试验设计与数据分析，难加工材料切削加工表面完整性，切削加工过程的有限元模拟，切削表面完整性的预测优化与评价等。

本书可供从事切削理论与技术的研究人员、相关企业的技术人员参考，也可作为高等学校相关专业研究生的参考书。

图书在版编目(CIP)数据

切削加工表面完整性的理论和方法/陈涛著. —北京：科学出版社, 2015.12
ISBN 978-7-03-046743-0

Ⅰ. ①切…　Ⅱ. ①陈…　Ⅲ. ①金属切削-金属表面处理　Ⅳ. ①TG506

中国版本图书馆 CIP 数据核字(2015) 第 302547 号

责任编辑：刘信力　李　慧／责任校对：彭　涛
责任印制：张　伟／封面设计：陈　敬

科学出版社 出版
北京东黄城根北街 16 号
邮政编码：100717
http://www.sciencep.com
北京凌奇印刷有限责任公司 印刷
科学出版社发行　各地新华书店经销
*
2016 年 8 月第　一　版　开本: 720 × 1000 1/16
2016 年 8 月第一次印刷　印张: 15 1/4
字数: 301 000

POD定价：　88.00元
(如有印装质量问题，我社负责调换)

序

切削加工是机械制造业中最主要和最常用的零件加工方法。随着现代制造技术的飞速发展，高端装备制造对切削加工表面完整性的要求与日俱增。表面完整性是表征加工过程中被加工零件表面层特征的变化及其对表面工作性能影响的综合指标。自表面完整性的概念提出以来，国外已开展了系统的研究，并将取得的成果推广和应用于航空航天、能源、机械装备等工业领域，使其成为先进制造技术中一项不可替代的重要基础技术。而国内对表面完整性的研究缺少足够的重视和投入，目前仍处于探索阶段，由于研究缺乏系统性，所取得的成果非常有限。因此，发展我国自主的表面完整性技术对学术界和工业界都是十分紧迫和现实的历史使命。

作者参阅了大量的国内外相关文献，对切削加工表面完整性问题进行了系统、详实的分析研究。书中在汇集了作者近年来的研究成果基础上，又吸收了在国际上发展较快、使用价值较高的表面完整性检测技术。该书内容包括切削表面完整性的基础理论、应用技术、数值分析和优化评价等多个方面，是一本能及时反映切削加工表面完整性发展的著作，综合了国内外在切削加工表面完整性方面的最新研究成果，坚持理论方法与工业应用相结合，具有很强的理论性和实践性。

该书是国内少有的对切削加工表面完整性技术进行系统研究的学术专著，是作者在国家自然科学基金和国家科技重大专项等相关课题研究过程中，对切削加工表面完整性进行了深入系统的研究而形成的研究成果。同时，切削加工表面完整性是衡量高品质的切削加工过程的效果和意义的标志，随着切削加工技术的进一步发展，将会变得越来越重要，这也将成为哈尔滨理工大学高效切削及刀具国家地方联合工程实验室的重要研究方向。

书中内容丰富，新颖先进，基础理论和技术实践相结合，学术和技术内容代表了切削加工表面完整性的前沿和发展趋势，并兼有学术研究专著和技术参考书的特点，具有较好的可读性和借鉴性。该书体现了切削加工表面完整性研究的基础性、系统性、先进性和应用性等特点，其出版将有助于扩大和提高国内在切削加工表面完整性方面的研究和应用。

前言

随着科学技术的迅速发展，尤其是航空、航天、装备制造等领域的发展，零件常工作在高温、高压、高速、交变载荷等极端复杂环境下，对零件的抗疲劳、磨损和腐蚀的性能提出了更高要求。这些性能均取决于零件表面层的状态和性能，即表面完整性。改善和提高零件切削表面完整性，对于预防零件失效、延长使用寿命、减少经济损失、提高装备的安全可靠性都非常重要，已引起机械制造界的广泛关注。

早在 20 世纪 70 年代，国外就开始研究加工表面完整性对零件疲劳性能的影响，提出了不同等级的表面完整性数据组，为后续加工表面完整性理论研究奠定了基础。历经几十年的发展，加工表面完整性技术正推动着机械加工制造向“高性能制造”方向转变，控制零件的表面完整性，使零件的性能满足设计要求，是实现高性能切削的理论基础，也是高品质零件加工制造的实际需要。

本书旨在总结过去研究工作的基础上，阐述切削表面完整性的基础理论、技术方法以及应用实践，为科学研究和工业生产提供基本理论与方法。全书共 8 章，主要内容包括：切削表面完整性总论，切削表面形貌表征和测试，切削表层微观结构特征及检测，切削表面残余应力及测试，切削试验设计与数据分析，难加工材料切削加工表面完整性，切削加工过程的有限元模拟，切削表面完整性的预测优化与评价等。

本书系统地阐述了切削表面完整性的表征及分析研究方法。除第 1 章总论和第 6 章实例外，其余各章均由两部分组成：第一部分是理论阐述，力求系统性和完备性；第二部分是具体研究方法及应用。本书力求步骤详细，图文并茂，通过理论和应用的结合，使枯燥的内容鲜活生动，易于掌握理解，可操作性强。第 6 章中，还结合切削加工研究的热点和难点，将表面完整性理论与方法贯穿于淬硬钢和镍基合金等典型难加工材料切削加工表面完整性的分析中，具有较好的实用价值和参考价值。另外，本书还尽量地吸收了当前有关切削表面完整性的最新研究内容以及相关的新技术，以体现知识的先进性和及时性。

本书的研究工作得到了国家自然科学基金项目 (项目编号：51235003，51475125)、国家重大科技专项 (项目编号：2012ZX04012021) 的资助，特此向支持和关心作者研究工作的单位和个人表示衷心的感谢。哈尔滨理工大学“高效切削及刀具国家地方联合工程实验室”的同事和研究生为本书的撰写做了大量的资料整理及收集工作，在此表示感谢。书中有部分内容参考了有关单位和个人的研究成果，在此一并致谢。

由于切削表面完整性涉及的范围广、内容多，加之作者水平有限，书中不妥之处在所难免，恳请广大读者提出宝贵意见。

陈　涛

2015 年 12 月

目　　录

第 1 章　切削表面完整性总论

切削加工是机械制造中最主要的加工方法，其所制造的零件广泛地应用于各行各业。零件的质量，尤其是零件的表面及其亚表层的状态及性质，即表面完整性，对零件的使用性能具有决定性的影响。众所周知，零件的疲劳破坏起源于表面或内部缺陷，但表面的疲劳破坏更为常见，在航空发动机叶片疲劳失效中，80%以上裂纹均起源于表面缺陷[1]；零件的磨损和腐蚀全部发生在表面。因此，切削表面完整性对于预防零件失效、延长使用寿命、减少经济损失、提高装备的安全可靠性十分重要。

本章围绕切削表面完整性理论与方法的发展现状进行阐述，主要内容包括表面完整性的概念、内涵及其研究发展历程，表面完整性的测试分析方法和影响因素，切削表面完整性对零件使用性能的影响等。

1.1　切削表面完整性的概述

1.1.1　切削表面完整性概念及内涵

切削零件表面是零件与外界或其他零件相接触的交界面，承受着外界载荷和环境的作用，材料的硬化、粘结、腐蚀等都与之有关，因此优化切削加工工艺，根据零件应用工程环境要求选择、控制或优化零件表面完整性尤为重要。

1964 年，在美国金属切削研究协会召开的一次技术座谈会上，Field 等[2] 首次提出了 “表面完整性” 的概念，定义为：由受控制的加工方法的影响，导致成品中表面状态没有任何损伤或有所强化的结果。1976 年，Liu 等[3] 给出了比较直观的定义: 表面完整性通常可用其力学、冶金学、化学和表面形貌状态等来定义。1986 年，美国国家标准 AISI B211.1—1986 给出了与机械加工相关的表面完整性定义：表面完整性是描述、鉴定和控制加工过程在加工表面层内可能产生的各种变化及其对该表面工作性能影响的技术指标。

从广义上说，表面完整性包括外部效应和内部效应两个组成部分[4]，其内涵如

图 1.1 所示。两个组成部分如下：

(1) 与零件表面纹理变化有关的部分，称为外部效应或表面特征：表面粗糙度、波纹度、刀痕方向和宏观缺陷 (如裂纹、压痕、划伤、杂质等)。其中，粗糙度算术平均值是表面纹理构形要素中最主要的表征参数。

(2) 与零件表面层冶金物理特性变化有关的部分，即内部效应或表层特征：显微结构变化、再结晶、晶间腐蚀、热影响区、显微裂纹、硬度变化、塑性变形、残余应力、材料非同质性和合金贫化等。

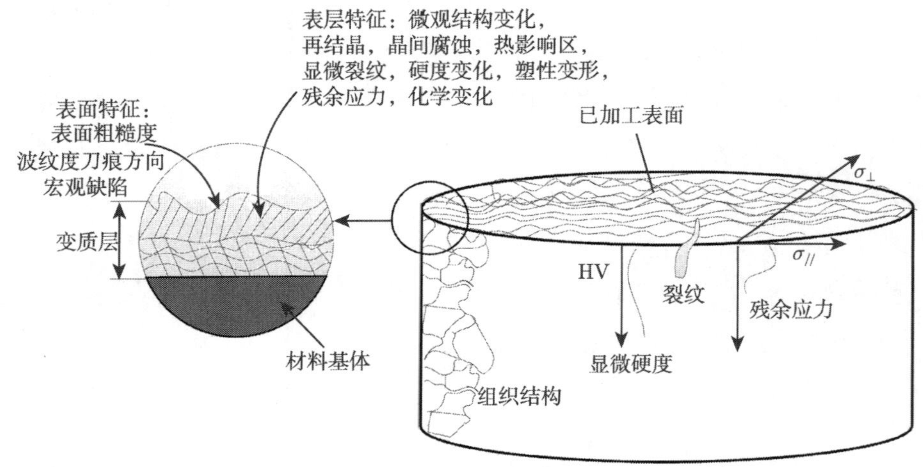

图 1.1　切削表面完整性的内涵

1.1.2　切削表面完整性研究的发展历程

美国从 1948 年开始研究铝合金 2024、钛合金 Ti6Al4V、超高强度钢 4340、高温合金 Inconel 718 等高强度合金的抗疲劳机械加工，并于 1970 年发布了《机械加工构件表面完整性制造指南》，基本实现了向“表面完整性抗疲劳制造”的转变[5]。自 Field 等于 1964 年首次提出表面完整性概念后，表面完整性问题引起了世界机械制造业的注意，后续又对其进行了进一步的深入研究：1971 年，概述了当时表面完整性研究中所面临的各种问题，并强调了无论是采用传统还是非传统加工方式，合金的表层及亚表层均发生了冶金转变，如塑性变形、微观裂纹、相变、显微硬度、撕裂和褶皱、残余应力分布等典型的表面改变[6]；1972 年，详细总结了可用于表面完整性检测的测量方法，并提出了表面完整性评价的试验方法，用表面完整性最小数据组、表面完整性标准数据组和表面完整性扩展数据组三个不同级别的数据组去研究和评价已加工表面的特征，如表 1.1 所示[7]。Field 及其合作者的开创性成就获得了世界范围的认可，对于表面完整性的研究具有永久的价值，并为美国国家表面完整性标准 (ANSI B211.1-1986) 的建立奠定了基础。美国国家标准 ANSI B211.1-1986 仅采用了最小数据组和标准数据组，并在表征参数方面进行了一定的简化，而将扩展数据组作为脚注项供参考，但该标准已于 1996 年作废，至今仍无替代的标准。

高温合金、钛合金、淬硬钢、超高强度钢等被广泛应用于航空航天、舰船、能源、生物医学、汽车等领域，如在飞机、发动机的主结构或主承力构件中的用量已达 70%～80%[8]。因其在加工制造过程中切削力大，切削温度高，加工硬化现象严重，刀具易磨损等，常被称为 "难加工" 材料，如何提高这些典型难加工材料切削加工表面完整性，进而提高零件的使用性能，已受到国内外研究机构广泛的关注。

表 1.1　不同级别的表面完整性 (SI) 数据组

(a) 最小 SI 数据组

<table>
<tr><td rowspan="2">表面粗糙度</td><td>微观结构 (10 倍以下)</td><td>微观结构 (10 倍以上)</td><td rowspan="2">微观硬度</td></tr>
<tr><td>微观裂纹、宏观裂纹</td><td>微观裂纹、塑性变形、相变、晶间腐蚀、凹陷、撕裂、褶皱、凸起、积屑瘤、熔融和重沉积层、选择性腐蚀</td></tr>
</table>

(b) 标准 SI 数据组

<table>
<tr><td rowspan="2">最小 SI 数据组</td><td>疲劳试验 (筛选)</td></tr>
<tr><td>应力腐蚀试验、残余应力和扭曲</td></tr>
</table>

(c) 扩展 SI 数据组

<table>
<tr><td rowspan="2">标准 SI 数据组</td><td rowspan="2">疲劳试验 (扩展到获得所需设计数据)</td><td>补充的力学试验</td><td>其他指定的试验</td></tr>
<tr><td>拉伸、应力破坏、蠕变</td><td>承载能力、滑动摩擦评价、表面密封性质</td></tr>
</table>

国内相关研究起步较晚，从 20 世纪 80 年代以来，相关研究机构对关键结构件的制造表面完整性进行了一些研究。90 年代国内部分行业成立了表面质量研究机构，提出了 "无应力集中" 抗疲劳制造的概念，即控制表面完整性、以疲劳性能为主要判据和提高疲劳强度的制造技术。2000 年后，部分高校、研究机构及相关企业也逐渐开展了零件表面完整性及其对零件使用性能的研究工作。例如，山东大学[9−11] 对高温合金的表面完整性进行了研究；哈尔滨理工大学[12−15] 对淬硬钢的表面完整性进行了研究；南京航空航天大学[16] 在新型损伤容限钛合金表面完整性

方面开展了研究工作；西北工业大学[17−19] 对钛合金和镍基高温合金的表面完整性进行了研究；沈阳黎明航空发动机 (集团) 有限责任公司[20] 从 2009 年开始，针对产品表面完整性中相关几何纹理、表面层组织状态两大方面初步开展了应用研究工作；北京航空材料研究院[21] 进行了高强度合金表面完整性抗疲劳制造技术研究。

1.2　切削表面完整性分析方法

切削表面完整性对零件的使用性能具有决定性的影响，零件在服役中所表现的使用性能又体现了切削表面完整性，因此，人们对于表面及其亚表层加工后发生的变化产生了强烈的好奇心，并希望能够对其进行提前的预测，进而对其进行优化，所以人们不断探求各种物理或化学方法，用高分辨率的显微镜、高精密的测试分析技术、数值模拟方法等来预测、优化和测试分析切削表面的完整性，从而定性、定量地分析工艺系统关键因素对切削表面完整性的影响，设计经济、合理的切削加工试验方案，得出对生产实践具有实用性的理论和工艺方案。

1.2.1　测试分析方法

随着数据处理、图像分析、计算机技术等的飞速发展，越来越多的测试技术被应用于描述和评价切削表面完整性。目前，主要集中在对切削表面形貌、表面及表层残余应力、表层微观结构等的测试分析。

切削表面形貌在微观上是由凹凸不平的峰谷组成的，这些峰谷的高低、宽窄程度与零件的使用特性具有直接关系。通过合理的测试方法能正确反映表面形貌，使其以图像和具体数值的形式表现出来，一般来说，表面形貌的测试方法可分为光学测试法和非光学测试法。光学测试方法以非接触式为主，其具有效率高、对被测表面无损伤、易实现在线检测等特点，包括扫描共焦显微测试法、离焦误差测试法、干涉测试法、全积分散射法等，其中扫描共聚焦显微测试法和白光干涉测试法较为常用。非光学测试方法以接触式为主，通过探针和表面之间接触进行测量，包括机械探针测试法和扫描探针测试法：机械探针测试法的探针与被测表面完全接触，且操作简单、技术成熟、应用广泛，但其效率低，易损伤被测表面，触头的状态影响测量的结果；扫描探针测试法的探针与被测表面的距离通常为几纳米或数十纳米，常用扫描探针式测试仪器有扫描隧道显微镜 (STM) 和原子力显微镜 (AFM)。关于表面形貌的二维表征，国内外均有系统完善的评定标准，但由于切削表面形貌的三维特性，应用二维参数不能全面地表征切削表面的形貌信息，因此国内外研究人员在二维表征的基础上开展了对表面形貌的三维表征及其测量技术的研究。目前，表面形貌三维表征参数很多，但还没有统一的国内外评定标准。

切削表层残余应力的存在状态将会严重影响材料的物理力学性能，残余拉应力能促使疲劳裂纹的形成与扩展，降低疲劳强度；残余压应力能阻碍裂纹扩展，提高疲劳强度，因此测量分析切削表面及表层残余应力十分重要。残余应力测试技术包括具有一定机械损伤的应力释放测量方法和无损伤的物理测量方法。机械有损测量方法顾名思义就是会对工件造成一定程度的损伤或破坏，但其技术成熟，应用较为广泛，通过机械加工的方法，对被测构件进行部分加工或完全剥离，使被测构件上的残余应力部分释放或完全释放，利用电阻应变计测出残余应力[22]，包括切条法、逐层薄层法、小孔法等，其中盲孔法在工程中应用较为广泛。无损物理测量法不会损伤工件，有 X 射线衍射法、中子衍射法、电磁法等，其中 X 射线衍射法在科学研究和工业生产各领域中应用最为广泛。但由于 X 射线穿透深度较小，只能测量一定层深应力，其垂直于表层方向上的应力分量为零，因此它所测量的是二维应力，并且只有通过对样品逐层剥离，再测量剥离后表层的应力，才能测量材料内部各深度的残余应力，所以研究人员致力于如何测定三维残余应力及其沿层深的分布的研究。

1.2.2 有限元分析方法

切削过程涉及弹塑性力学、断裂力学、热力学和摩擦学等学科，是一个复杂的弹塑性大变形、高应变率、动态变化的过程，具有高度的非线性，并且由于刀具与切屑、刀具与工件加工表面的接触非常复杂，利用传统的解析方法很难对切削变量及其对表面完整性的影响进行定量分析。随着计算机仿真技术在机械制造业中应用范围的不断扩展，很多学者将有限元模拟技术引入切削加工领域，来分析切削过程中的弹塑性大变形动态过程。与传统方法相比，该方法有效地减少了反复试验的次数，降低了研究成本，提高了分析精度。

有限元法就是将要求解的连续区域离散成有限个单元 (element)，并通过节点 (node) 将各单元连接起来，对连续体进行近似计算的一种数值方法。对切削过程进行有限元分析时，材料流动应力本构模型的建立是进行模拟的基础。Guo 和 Liu[23] 运用 Zener-Hollorn 方程建立了硬态切削淬硬钢 52100 的有限元切削模型，得到的切削力和切削热有限元模拟结果与试验结果具有较好的一致性。Shi 和 Liu[24] 还运用该材料模型预测了硬态切削淬硬钢 52100 过程中产生的锯齿形切屑和白层。另外，刀具与切屑接触摩擦模型的建立也是有限元模拟的关键。常用的刀屑接触表面摩擦模型有 Coulomb 摩擦模型，Bowden 摩擦模型，Zorev 摩擦模型，非线性指数摩擦模型和基于应力的多项式摩擦模型。Özel[25] 研究了不同刀屑摩擦模型在有限元切削模拟中的应用，其研究结果表明：刀屑接触摩擦模型在切削过程中有着重要的作用，尤其是基于应力多项式摩擦模型表达了切削试验测量的前刀面正应力和剪应力的关系，其预测结果相对更准确。Filice 等[26] 的研究结果表明：运用不同刀屑摩擦模型得到的切削力和刀屑接触长度变化较小，而对于切削温度模拟的结果有较大差异，其中基于应力多项式摩擦模型得到的预测温度与试验数值最接近。目前，一些商用有限元软件 (如 Deform，Abaqus，Marc 等) 在切削加工模拟中得到了广泛的应用。

1.2.3　预测与优化分析方法

在切削加工过程中，往往力求在保证加工质量的前提下达到最小的制造成本或最大的生产率，但因切削加工过程受到许多因素的影响，如切削用量 (切削速度、进给量、切削深度)、刀具性能和几何参数、机床的刚性及精度、冷却条件等，如果通过切削试验找到适合生产实际的最佳的加工工艺参数，需要花费大量的人力物力，而随着数值分析技术的发展，可以通过建立精确的基于最优化加工过程参数的表面完整性控制和预测模型，找到最佳的加工工艺参数。

表面完整性的外部效应和内部效应，包括许多评定指标，关键是表面形貌、表层组织、表面及表层残余应力，因此对于表面完整性的预测也多集中在这几个方面，尤其对于一些难切削材料。例如，精密硬切削作为淬硬钢的最终精加工方式，零件表面白层的微结构特征和残余应力分布直接影响着零件的抗疲劳、耐磨损等性能。目前，在精密硬车加工表面完整性的预测建模方面，研究多集中在硬车表面粗糙度的预测上，而关于硬车白层和残余应力建模方面的研究较少；特别是关于精密硬车加工表面完整性的综合预测模型方面的研究更少，而表面完整性的预测模型又恰好是后续硬车加工过程中选择和优化切削参数及制定优化切削加工工艺的关键所在。

预测和优化切削加工表面完整性的算法较多，其中人工神经网络法、响应曲面法、遗传算法和模糊理论较为常用。

人工神经网络 (artificial neural network，ANN) 是模拟生物神经系统结构，应用并行分布形式，可对任意非线性关系进行处理，具有很强的鲁棒性和容错性。在切削表面完整性中，人工神经网络在切削表面粗糙度、切削表层残余应力和切削变质层等方面获得了成功的应用。Özel 等[27] 运用回归分析和神经网络的方法建立了硬态切削过程中表面粗糙度预测模型。Zhang[28] 运用神经网络方法建立了表面残余应力和表面白层预报模型。Umbrello[29] 运用神经网络并结合有限元模拟的方法预测了高速切削淬硬钢 52100 的残余应力分布。陈涛[12,30] 运用 BP 神经网络预测了硬切削 GCr15 轴承钢表层残余应力。

响应曲面法 (response surface methodology，RSM) 结合了特定的数学与统计方法，适用于系统特性受多变量影响状况下的分析、求解和优化。陈涛[12,14] 用 PCBN 刀具硬车削轴承钢 GCr15，在全因素表面粗糙度切削试验基础上，运用响应曲面法建立了多参数条件下精密硬车表面粗糙度预测模型。Shihab 等[31] 用硬质合金涂层刀具硬切削淬硬钢 AISI 52100，用 RSM 对结果进行了分析，以确定最优的切削参数。

1.3 影响切削表面完整性的因素

切削加工是切削力与切削温度综合作用的过程，因而影响切削力及切削温度的因素，即切削速度、进给量、切削深度、刀具参数、刀具-切屑间的摩擦系数、机床的几何运动精度、切削液和工作环境等均影响切削表面完整性。切削表面完整性对零件的使用性能具有决定性的影响，而切削表面完整性是由被加工零件的工艺系统所决定的，通过定性和定量分析零件加工工艺中关键因素对切削表面完整性的影响，对切削加工中工艺参数选择具有一定的指导作用。

1.3.1 刀具参数对切削表面完整性的影响

在切削过程中，刀具与工件之间及刀具与切屑之间相接触，随着各接触区的相对滑动，产生摩擦与变形。刀具切削刃的微小接触区域，承受极大的压力、高温和剧烈的摩擦，刀具切削部分将会产生磨粒磨损、粘结磨损、氧化磨损或者扩散磨损，导致切削刀具形状和尺寸的变化，从而影响零件切削表面的完整性。因此，在保证刀具合理设计、制造质量及正确装夹下，应正确选择刀具几何参数，在满足切削表面完整性的条件下，提高刀具的寿命、生产效率，降低加工成本。

1. 对表面粗糙度的影响

选用较大的刀尖圆弧半径，则加工残留高度减小；较大的主偏角，减小了切削力，避免加工过程的振动；较大的前角和后角，使刀具易于切入工件，并且减少了后刀面与已加工表面的摩擦，均有利于降低表面粗糙度。刀具磨损，尤其是后刀面的磨损，将使后刀面与加工表面间发生剧烈的摩擦，导致表面粗糙度值增加。Thiele 等[32] 分析了硬态切削 AISI 52100 轴承钢过程中，PCBN 刀具几何参数和工件硬度对表面粗糙度的影响作用，其研究结果表明：刀尖圆弧半径对加工表面粗糙度影响显著，尤其是 PCBN 刀具刀尖圆弧半径较大时，得到的表面粗糙度较好。Arunachalam 等[33] 分析了用硬质合金涂层刀具端面车削 Inconel 718 时，在湿切的条件下，正前角刀片产生较低的表面粗糙度值，而副前角刀片切削时产生较大的切削力，影响工艺系统的稳定性；干切的条件下情况恰好相反，这是由于干切削过程中温度较高，正前角刀片容易形成积屑瘤，如图 1.2 所示。

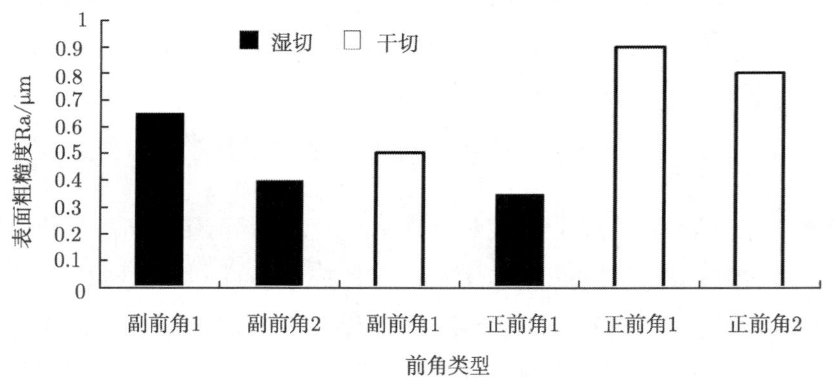

图 1.2　前角类型对表面粗糙度的影响

2. 对残余应力的影响

后刀面与工件摩擦产生的摩擦热、切削变形作用下产生的切削热均会传入工件，导致工件表层产生热应力，并与切削过程中变形产生的机械应力以及相变应力共同作用形成了切削加工表面及表层残余应力。其中，后刀面的磨损和刀具的前角是影响残余应力的主要因素。通常，当刀具前角和后角增大，刀尖的圆弧半径和切削刃钝圆半径减小时，残余应力值和深度也会随之减小。后刀面的磨损对残余应力的性质有较大的影响，且通常在加工表面产生残余拉应力。Thiele 等[34,35]

用 PCBN 刀具加工 AISI 52100，研究结果表明：增大前角或刀尖圆弧半径可使表面压应力增大，通常使压应力的深度和振幅都增大；切削速度的增大和后刀面磨损的加剧会减小残余压应力或使压应力转变为拉应力。Abrão 等[36] 用磨损和未磨损 PCBN 刀具及涂层刀具车削 52100 轴承钢，结果表明，当刀具后刀面磨损量 VB 为 0.27mm 时，工件内部残余压应力值最大，最大值为 −600MPa，且残余应力分布深度也最大，为 20μm。这是由于刀具未磨损时机械能较低，随着刀具磨损增加，剪切力增大，导致残余应力增加。Li 等[37] 的研究结果表明，用硬质合金刀具切削镍基合金 RR1000 时，在加工表面磨损刀具比锋利刀具产生更大的拉应力，同时表层内压应力的深度和幅值也增大，如图 1.3 所示。

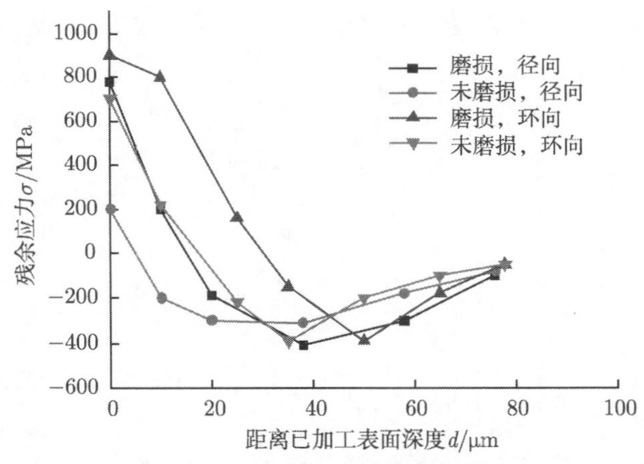

图 1.3 刀具磨损对残余应力的影响

1.3.2 切削用量对切削表面完整性的影响

切削用量的合理选择对于得到满足零件使用性能的表面完整性具有重要意义。所谓合理的切削用量是指充分利用刀具切削性能和机床动力性能 (功率、扭矩)，在保证表面完整性的前提下，获得高生产率和低加工成本的切削用量[38]。可见，首先要以保证零件的表面完整性为前提。

1. 对表面粗糙度的影响

表面粗糙度是表面形貌的重要表征参数。普遍认为，切削用量 (切削速度、进给量、切削深度) 中，进给量对表面粗糙度的影响最大，表面粗糙度值随着进给量的增大而增加；其次是切削速度，切削深度对表面粗糙度的影响很小或几乎没有影响。黄奇和任敬心[39] 在对 GH33A 高温合金车削和磨削的表面完整性进行研究时，通过正交试验得出了切削三要素对表面粗糙度影响的规律：进给量对表面粗糙度的影响显著，其次是切削速度，然后是切削深度。要得到较好的粗糙度，首先应采用较小的进给量，其次是采用较小的切削深度，并采用较高的切削速度。Khamel 等[40] 用 PCBN 刀具精密硬车削 52100 轴承钢，得出进给量对表面粗糙度有显著的影响，并随着进给量的增加，表面粗糙度越来越差；切削速度对表面粗糙度也有重要的影响，随着切削速度的增加，表面粗糙度越来越小；切深对表面粗糙度影响最小。史恺宁等[41] 通过钛合金的侧铣加工试验，得出每齿进给量和铣削宽度与表面粗糙度呈正相关的关系，而铣削速度与表面粗糙度呈负相关的关系，且每齿进给量对粗糙度影响较大，而铣削速度和宽度对其影响较小，如图 1.4 所示。

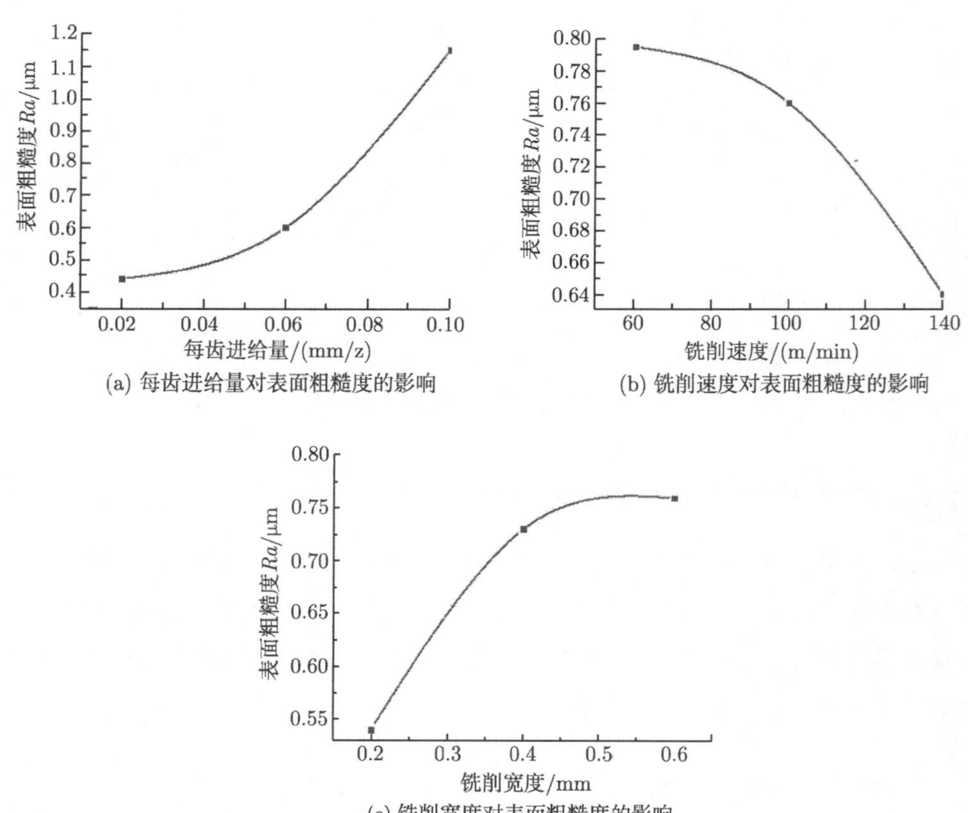

(a) 每齿进给量对表面粗糙度的影响

(b) 铣削速度对表面粗糙度的影响

(c) 铣削宽度对表面粗糙度的影响

图 1.4　铣削工艺参数对表面粗糙度的影响

2. 对残余应力的影响

在较高的切削速度下，刀具与工件、切屑间产生强烈摩擦，生成的大量热量，在相对较短的传热时间内，切削热聚集于切屑底层，使切削温度显著提高。已切削表层的温度较高，里层的温度较低，当降低到同一温度时，里层相对温度低，冷却速度快，收缩量少，而已切削表层收缩量大，因此已切削表层的收缩会受到里层的阻碍，从而使已切削表层产生残余拉应力，里层产生残余压应力。在较大的进给量下，金属单位时间去除量增加，产生切削热随之增加，导致切削温度提高，但其对切削温度的影响不如切削速度显著；在较大的切削深度下，参与切削的切削刃相应增加，散热能力增强，对切削温度的影响很小。

由于切削参数对残余应力的影响显著，国内外许多学者进行了相关的研究工作。Dahlman 等[42] 用 PCBN 刀具车削淬硬钢 AISI 52100 观测到加工表面为拉应力，表面以下都转变为残余压应力。Matsumoto 等[43] 用 PCBN 刀具精车轴承钢时研究发现，切削深度对轴向残余应力分布的影响并不显著，而随着进给量的增加，残余拉应力值明显增大，但是在表层以下区域没有明显变化。陈涛[12] 在用 PCBN 刀具高速精密硬车 GCr15 过程中，发现随着切削速度增大，切削温度升高，加工表面易产生残余拉应力。图 1.5 为后刀面磨损量 VB 为 0.06mm 时，切削速度对速度方向残余应力沿工件表层深度分布的影响，图 1.6 为相同后刀面磨损量时，切削速度对进给方向残余应力沿工件表层深度方向分布的影响。

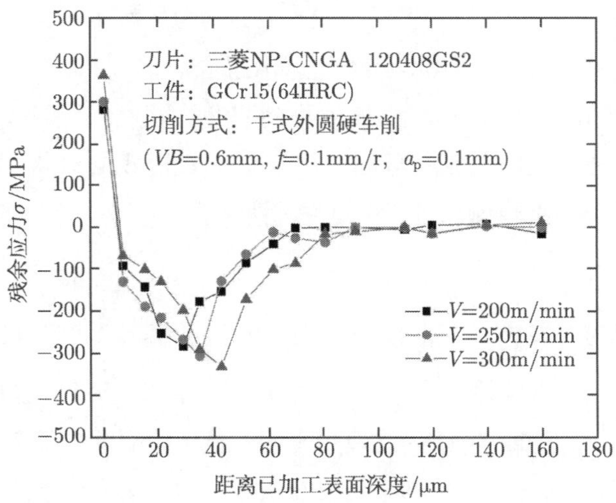

图 1.5 切削速度对速度方向残余应力分布的影响

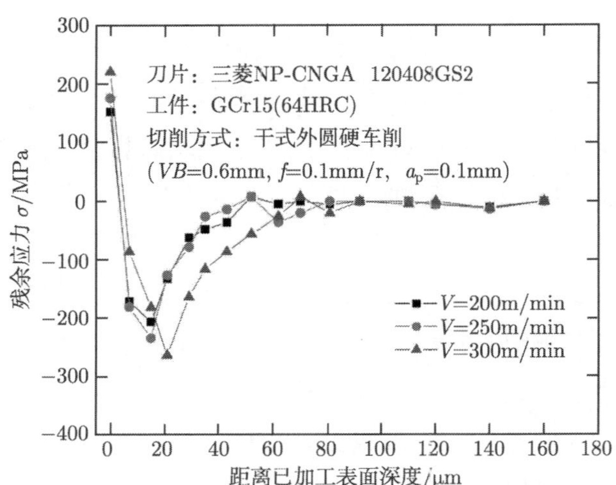

图 1.6　切削速度对进给方向残余应力分布的影响

由图 1.5 和图 1.6 可知：残余应力在切削速度和进给两个方向上的变化趋势是基本相同的，均呈“勺”形分布。从图 1.5 可以获知：在切削速度方向上，随着切削速度的增大，表面的残余拉应力逐渐增大；表层以内的残余应力均为压应力，且随着切削速度增大，残余应力的大小和影响深度都有一定的增大。主要原因为：在切削速度方向上，随着切削速度的增大，虽然切削力随之减小，但单位时间内刀具与工件间的碾压、摩擦力作用加剧，接触表面产生了大量的切削热，进而在表面层产生了较大的犁耕力，造成表层、里层的残余应力均有所增大。于是，呈现在工件表层以下很小的区域内残余应力具有较大的梯度下降。

由图 1.6 可知：在进给方向上，随着切削速度的增大，表层残余应力的分布规律与在切削速度方向上的大致相同。但是，无论是表面残余拉应力的值，还是表层以内残余应力的大小及影响深度，都比在速度方向上要小，且残余应力深度变化较小。

3. 对表面硬化的影响

金属在切削加工的塑性变形过程中，晶粒产生滑移、畸变、歪曲，致使晶粒被破坏、拉长并显出一定的方向性，这表明金属的显微结构发生了变化，变形抗力和硬度增高，塑性降低，这种现象称为加工硬化[44]。切削速度引起的切削力、塑性变形导致加工硬化程度增加，而其产生的切削热又对加工硬化产生弱化作用，因此，加工硬化是切削力和切削热综合作用的结果。通常，随着切削速度的增大，切削温度随之升高，冷作硬化程度有所恢复。

当进给量和切削深度增大时，表面硬化程度加强。在黄奇和任敬心[39] 对 GH33A 高温合金车削和磨削的表面完整性进行研究时，增大进给量和切削深度，使得切削的塑性变形增加，致使表面硬化深度和程度都增加。例如，在切削速度为 3.85m/min 的条件下，当进给量和切削深度分别从0.07mm/r、0.1mm 增加到0.245mm/r、0.5mm 时，加工硬化程度从 14.12%增加到 31.82%、硬化深度从 30μm 增加到 140μm。可见，控制进给量和切深对加工硬化较为重要。

1.4 切削表面完整性对零件使用性能的影响

满足使用环境要求的零件使用性能，尤其是零件的疲劳性能、摩擦磨损性能和腐蚀性能，是保证其安全可靠工作的前提，特别是在高温、高压、高速、交变应力等复杂苛刻环境中工作的零件。

1.4.1 切削表面完整性对零件疲劳性能的影响

零件疲劳性能与其切削表面完整性 (如表面形貌、表层微观结构、表层残余应力等) 状态密切相关，因为零件的疲劳破坏几乎均起源于零件的表面或近表面处。根据零件的使役条件，零件常发生机械疲劳、腐蚀疲劳和热疲劳，使用过程中出现较多的是机械疲劳现象。在交变载荷或腐蚀介质作用下，零件局部区域损伤逐渐累积，性能逐渐恶化，会在不发生明显塑性变形下使零件发生疲劳断裂。

1. *表面形貌对零件疲劳性能的影响*

切削表面形貌较差时，表面的纹路痕迹愈深，相当于表面的“微小缺口”愈多 (图 1.7)，表面凹谷部分愈容易产生应力集中，在承受载荷时，表面的应力也是最高的，并且由于表面晶粒相对于内部晶粒而言，不受毗邻晶粒的约束，更容易产生塑性变形，所以容易导致表面的疲劳裂纹源。在交变载荷持续作用下，裂纹源发展为显微裂纹，并从表面向内部扩展，如图 1.8 所示。

2. *表面硬化对零件疲劳性能的影响*

当表面硬化的程度和深度适度时，可以阻止裂纹的萌生和扩展，提高零件的疲劳强度；当加工硬化程度过大时，切削加工表层脆化严重，易产生裂纹；当硬化程度较小，使硬化层较薄时，易造成表面层剥落，会降低零件的疲劳强度。如图 1.9 所示，航空发动机涡轮叶片某榫齿齿底有裂纹，裂纹起源于叶背表面，扩展区具有明显的疲劳条带，并在叶背观察到了明显的加工硬化层 (图 1.10)，经分析可知该叶片的疲劳断裂与叶片表面的加工硬化有关[45]。疲劳寿命通常随零件表面硬度的增加而降低，加工硬化程度越严重，零件的弯曲疲劳寿命越低，如图 1.11 所示[46]。

(a) 200倍

(b) 100倍

图 1.7　切削表面形貌

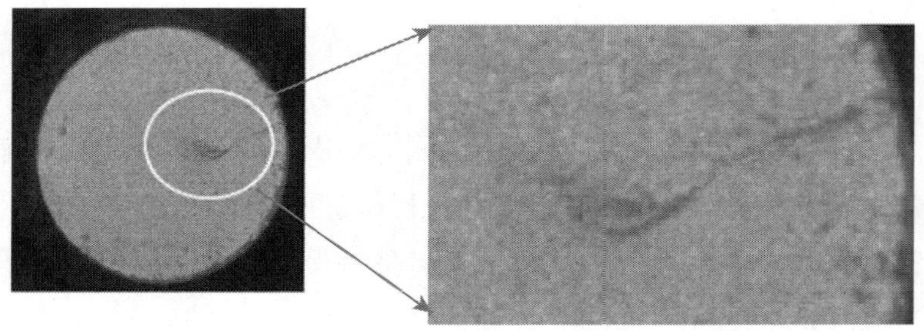

图 1.8　疲劳裂纹

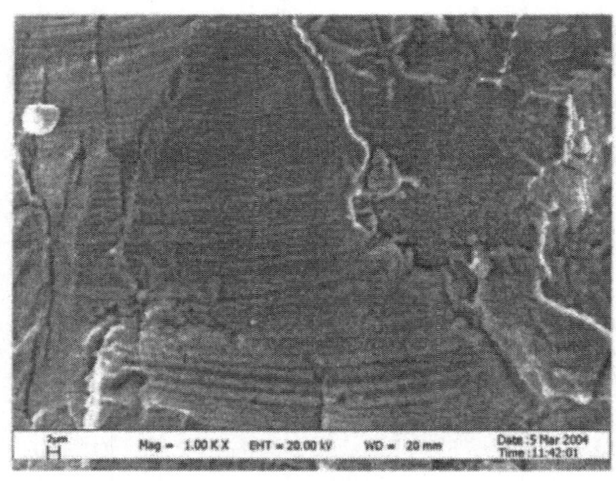

图 1.9　疲劳条带

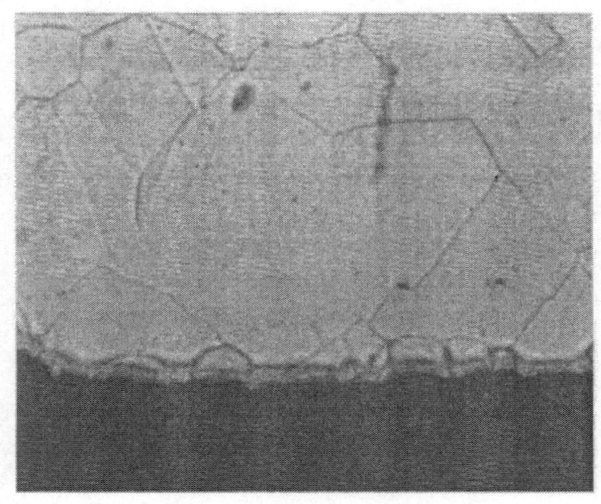

图 1.10 表面加工硬化层

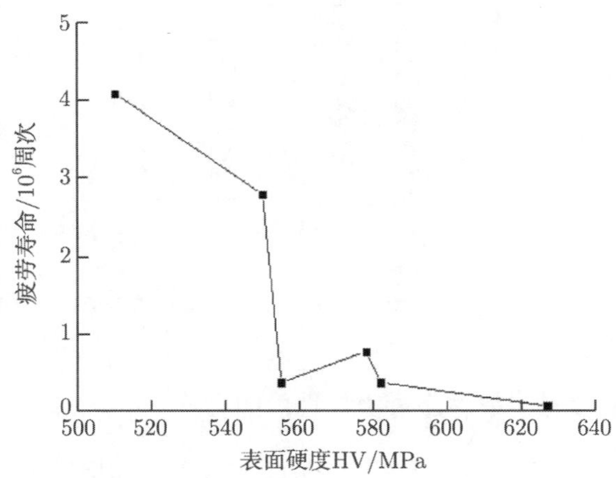

图 1.11 表面硬度与疲劳寿命之间的关系

3. 残余应力对零件疲劳性能的影响

残余应力是指在没有外力作用的情况下，为保持内部平衡而存留的应力。切削加工中，已加工表面受到切削力和切削热的综合作用，机械应力及热应力产生的塑性变形和较高的切削温度引起的表面层金相组织的变化均将产生残余应力。

残余压应力可以平衡掉一些外载荷的不利影响，使平均应力水平减小，从而阻止了表面裂纹的萌生；压应力场能减缓疲劳裂纹的扩展，并且可能使已扩展裂纹在具有较高残余压应力值的部位停止扩展，成为非扩展裂纹[47]，通常认为加工零件表面残余压应力的存在可提高零件的疲劳强度。

图 1.12 为 PCBN 刀具切削轴承钢 GCr15 时，试样表面残余应力对零件疲劳寿命的影响。由图可知：残余压应力可提高试件的疲劳极限，从而起到提高疲劳寿命的作用；而残余拉应力的作用则相反，降低了试件的疲劳寿命。因此，加工中，可通过优化切削工艺改变切削表层残余应力的大小、性质及分布，从而提高零件的抗疲劳能力。

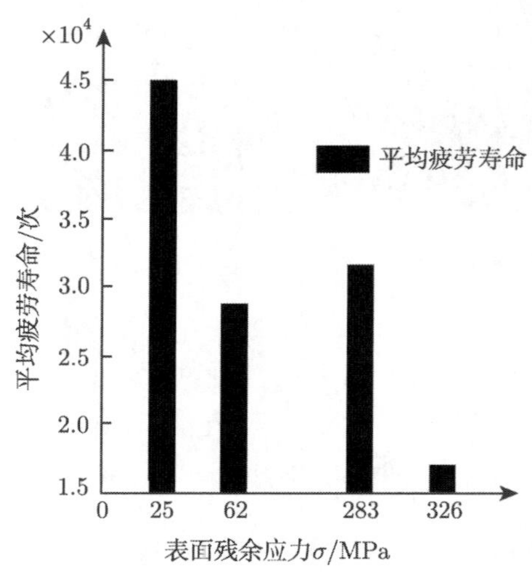

图 1.12　表面残余应力对疲劳寿命的影响

1.4.2　切削表面完整性对零件摩擦磨损性能的影响

摩擦磨损广泛地存在于机械设备中，影响着零件的使用性能，降低了机械设备的安全可靠性。2006 年我国因摩擦、磨损而导致的经济损失约高达 9500 亿元[48]。对摩擦磨损产生原因进行分析可发现，零件表面的摩擦磨损受零件材料、加工工艺、润滑条件及服役环境等影响，切削加工中，通过优化切削工艺，以获得适合零件使用要求的表面形貌、表面冶金物理、机械等性能，控制已加工表面的完整性，对提高零件的耐磨性具有显著作用。

零件正常工作下，表面的磨损分为三个阶段：初期磨损阶段，稳定磨损阶段，剧烈磨损阶段，如图 1.13 所示。稳定磨损阶段磨损率低、磨损量小、零件运行稳定。最佳的切削加工工艺参数，应该根据零件的使用要求，使零件尽快度过初期磨损阶段，快速进入稳定磨损阶段，使零件在设备的使用年限内运行在稳定磨损期。

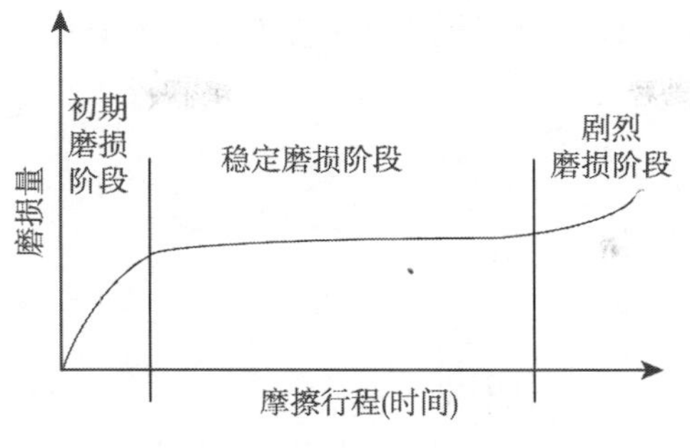

图 1.13 磨损的三阶段

按照磨损机理，Burwell 和 Strang 将磨损分为粘着磨损、磨粒磨损、腐蚀磨损、疲劳磨损、微动磨损、冲蚀和气蚀磨损。接触表面间的磨损形式并不是固定的，随着摩擦磨损过程中材料表面的改变，可以由一种磨损形式转化为其他的磨损形式。粘着磨损即接触面间进行相对滑动时，固相焊合粘着点受剪应力的作用而被撕裂，使材料迁移而产生的磨损；磨粒磨损即发生相对滑动的两个摩擦面间的硬颗粒或硬凸起，使材料迁移而产生的磨损；腐蚀磨损即在腐蚀和磨损的共同作用下，摩擦面上的腐蚀产物被损耗而产生的材料损失；疲劳磨损即在两个接触体的接触区，由于交变应力高于材料的疲劳强度，材料表面产生麻点或脱落而造成材料的损失；微动磨损即两接触表面间发生小幅度相对振动而产生的磨损；冲蚀磨损即含有固体粒子的流体与固体表面间具有相对运动时，导致固体表面材料发生损耗。

摩擦磨损均发生在零件表面上，因此影响切削表面完整性的因素均会影响零件的摩擦磨损性能，其中表面形貌、硬度、残余应力等对其影响较大。

两个直接接触的表面，最初只是在较高的波峰处相互接触，使实际接触面积减小，单位压力增大，实际接触处产生弹塑性变形及剪切破坏，因此磨损很快，如图 1.13 中初期磨损阶段，运行一段时间后，实际接触面积增大，磨损速率降低，进入了稳定磨损阶段。通常表面粗糙度越低，表面越耐磨；表面粗糙度越高，磨损现象越严重。但当摩擦表面过于光滑时，金属分子间的吸附力较大，导致两个表面过于靠近，会将两表面间的润滑油挤出而转为干摩擦，导致接触点粘结。可见，切削表面的粗糙度并不是越低越好，而是存在一个获得较小的磨损率的适宜条件。在 3 号锂基脂润滑条件下，对 GCr15/35CrMo 摩擦副摩擦磨损特性的研究中，发现存在一个最佳表面粗糙度范围 0.14~0.33μm，使得质量磨损率较小；随着表面粗糙度的增大，摩擦系数先升高后急剧降低，表明粗糙度的范围为 0.41~0.61μm，GCr15/

35CrMo 摩擦副摩擦磨损性能对于对偶件表面粗糙度的变化更加敏感，如图 1.14 和图 1.15 所示[49]。

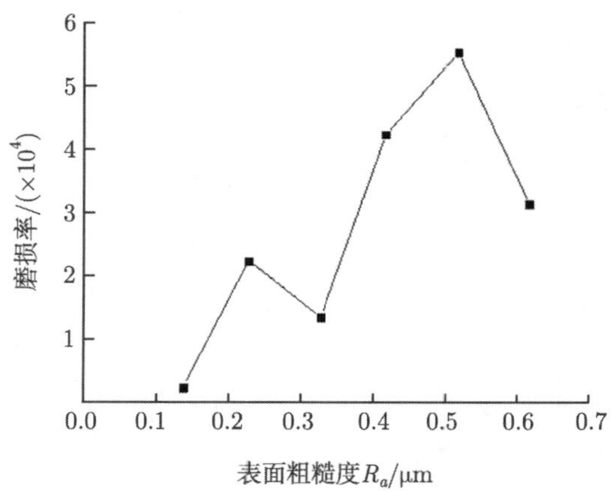

图 1.14　磨损率随粗糙度的变化

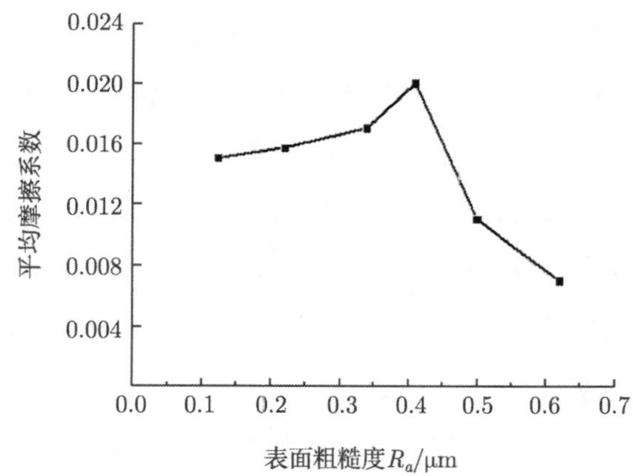

图 1.15　平均摩擦系数随粗糙度的变化

切削表面硬度适度的提高，有利于提高材料的耐磨性能。硬态干切削白层的硬度高于基体的硬度，比基体的硬度提高了约 12%[50]，甚至在 Schwach 和 Guo 加工 AISI 52100 时，白层的硬度比基体的硬度高 30% 以上[51]，均匀的白层提高了切削表面的抗磨能力，因此其白层厚度越大，抗磨损能力越好。但过度的提高冷作硬化的程度，会使表面产生疲劳裂纹，甚至剥落，反而降低了材料的耐磨性能。

1.4.3 切削表面完整性对零件腐蚀性能的影响

腐蚀是某种物质由于环境的作用引起的破坏和变质 (性能降低)。腐蚀会造成巨大的经济损失，甚至危害生命安全。机械设备的零部件运行于各种环境中，在环境条件的作用下易发生腐蚀现象。腐蚀形态分为八种：均匀腐蚀或全面腐蚀、电偶腐蚀或双金属腐蚀、缝隙腐蚀、孔蚀、晶间腐蚀、选择性腐蚀、磨损腐蚀和应力腐蚀。研究表明，金属表面加工状态对其耐蚀性能具有重要影响[52−54]，尤其是孔蚀、晶间腐蚀及应力腐蚀受切削表面完整性影响较大。

孔蚀是金属表面局部产生向内部发展的腐蚀小孔，其孔径较小，易被腐蚀物遮盖，蚀孔纵向较深，严重的甚至贯穿整个零件，如图 1.16 所示，可见孔蚀具有很大的破坏性和隐蔽性。图 1.17[55] 是海洋环境下服役飞机铝合金零件的宏观腐蚀形貌，零件中部出现腐蚀开裂，另外还有 3 个较大的腐蚀穿孔，孔之间由开裂的缝隙贯穿，总长度为 110 ~150mm。切削表面状态对其耐孔蚀性能有显著的影响，表面越粗糙或不清洁，越易发生孔蚀。如图 1.18 所示[56]，随着不锈钢制品表面粗糙度的增大，腐蚀环境中不锈钢表面平均最大蚀孔深度、平均最大蚀孔面积急剧增大。另外，孔蚀还会诱发或加剧应力腐蚀、晶间腐蚀等。

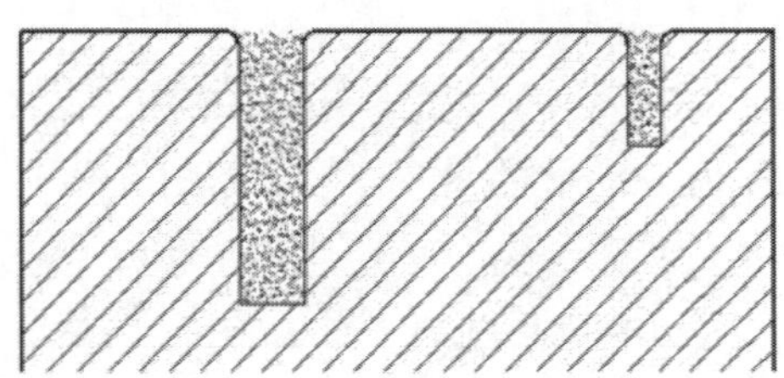

图 1.16 孔蚀

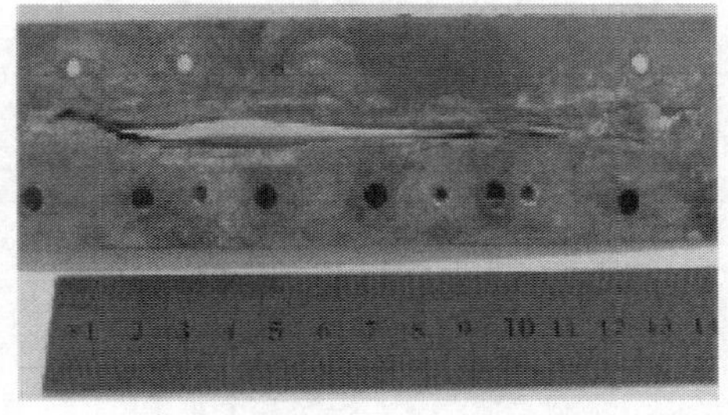

图 1.17 发生腐蚀的铝合金零件的宏观腐蚀形貌

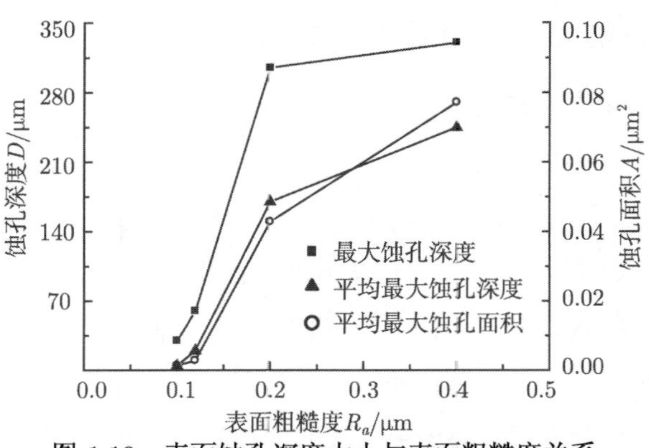

图 1.18　表面蚀孔深度大小与表面粗糙度关系

晶间腐蚀是一种局部腐蚀形态，发生在晶粒边界上，并沿晶界向纵深发展，而晶粒本身腐蚀很小。晶间腐蚀可削弱或消除晶粒间的结合力，在外部形态没有明显变化时，材料的强度已大大降低或者完全丧失。晶间腐蚀的危害非常大，在人们没有注意到损坏发生时，会产生突然的破坏，尤其对一些晶间腐蚀敏感材料，如铝合金、不锈钢、镍基合金等。这些材料在应力和介质的共同作用下，由晶间腐蚀诱发为晶间应力腐蚀。通常铝合金的晶格本体 (matrix)、沉淀相和溶质贫化区之间的电化学行为相差较大，导致晶界比晶粒内部更易腐蚀。孔蚀或缝隙腐蚀会发展为晶间腐蚀，形成深入合金组织的腐蚀沟[57]。以航空发动机涡轮叶片为例，在叶盘一侧榫头与缘板转接面及圆角处，存在明显的晶界龟裂，如图 1.19 所示，且该处有机械加工产生的表面鳞片状特征，如图 1.20 所示。通过图 1.21 的显微观察，在缺陷部位有沿晶界产生的腐蚀沟属于典型的与机械加工表面状况不良有关的晶间腐蚀[45]。

图 1.19　晶界龟裂

图 1.20 表面鳞片特征

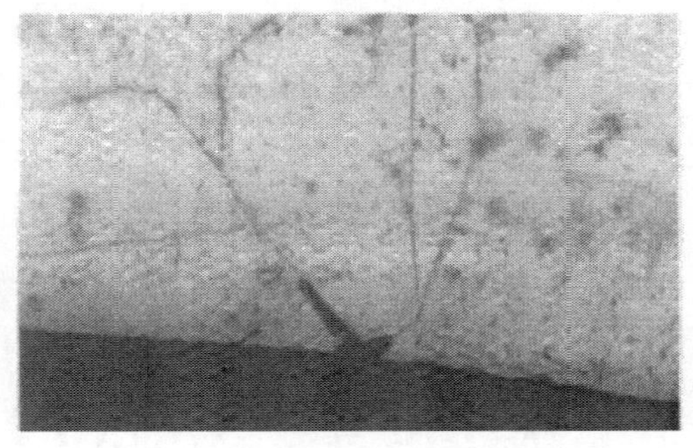

图 1.21 晶间腐蚀

应力腐蚀是金属或合金在一定的腐蚀介质和拉应力的共同作用下引起破裂的腐蚀形态。金属或合金发生应力腐蚀破坏时，只在局部发生一些细裂纹，这些裂纹可以沿着晶界发展，也可以穿过晶粒向材料内部延伸，降低了结构的强度，甚至在没有明显变形或预兆下发生突然破坏，并且这种裂纹扩展速度很快，具有极大的破坏性和危险性，如蒸气锅炉钢的“碱脆”，黄铜的“季裂”，不锈钢的应力腐蚀开裂等。切削加工残余应力也是产生应力腐蚀破裂的重要原因，但表面加工层的压缩力作用能抑制应力腐蚀破裂的发生[58]。

加工表面的缺陷或薄弱点通常是应力腐蚀的核心。当切削表面较粗糙时，表面纹理较深，相当于表面存在许多微小的“破口”，它们极易成为应力腐蚀的裂纹核心，在特定的腐蚀介质和一定拉应力的共同作用下，易导致微裂纹的形成。

可见，表面愈粗糙，凹谷深度愈大或凹进部位愈窄，腐蚀物愈聚存，材料容易被腐蚀；复杂的表面纹理处，易保存腐蚀物，腐蚀较严重；表面为残余拉应力时，易产生应力腐蚀，而为残余压应力时，则可以防止应力腐蚀裂纹的产生；适度的加工硬化，能阻碍裂纹的产生并有助于表面显微裂纹的闭合，提高零件的耐蚀性。

第 2 章　切削表面形貌的表征与测试

表面形貌是评价表面完整性的重要指标之一。在切削过程中，表面形貌与表面的功能特性和零件的使用性能密切相关，一方面，表面形貌直接影响着零件表面的摩擦、润滑、配合等结合面的功能特性；另一方面，表面形貌也对零件的磨损、疲劳、腐蚀等使用性能有着显著的影响。因此，对表面形貌的研究越来越被机械加工领域所重视，也一直是摩擦学、表面学等领域的重点研究课题。

本章围绕切削表面形貌的表征和测试方面进行阐述，主要内容包括：切削表面形貌的定义、形成过程和主要影响因素，表面形貌二维和三维参数表征，切削表面形貌的测试相关技术等。

2.1　切削表面形貌概述

2.1.1　表面形貌的定义

表面形貌主要用于描述工件已加工表面上凹凸不平的几何特性，根据其波距大小可分为：表面粗糙度、波纹度和形状偏差[59]，如图 2.1 所示。通常，将波距小于 1mm 且微观上峰谷成周期性变化的表面形貌规定为表面粗糙度范围；将波距在 1～10mm 并呈周期性波动变化的表面形貌规定为表面波纹度范围；将波距在 10mm 以上且峰谷无明显周期变化的表面形貌规定为表面形状偏差范围。

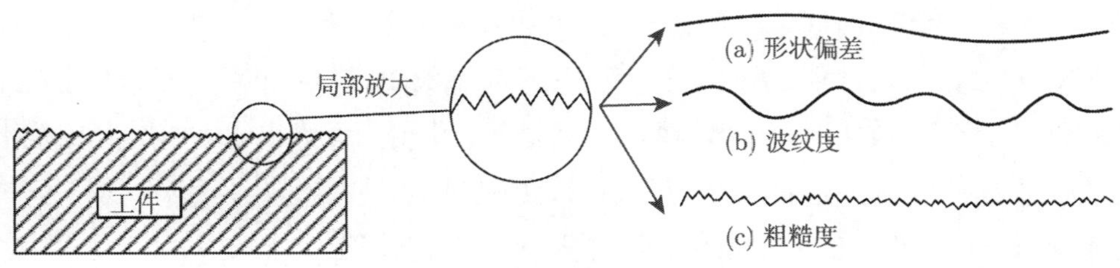

图 2.1　表面形貌的分类

1. *表面粗糙度*

表面粗糙度即微观几何形状偏差，是指在切削加工中，由于刀具和工件之间的挤压和摩擦、切屑和工件分离时产生的塑性变形和金属撕裂，以及在加工系统中产生的振动等原因，在工件的已加工表面上产生的凸峰和凹谷等微观几何特征。表面粗糙度的特征与刀具和工件接触表面上的摩擦阻力大小、摩擦成因、接触变形的程度和压力分布等都有着密切联系。

2. *波纹度*

波纹度是指切削加工过程中机床传动误差、机床-工件-刀具系统的振动等因素引起的工件已加工表面上周期性重复出现的高低起伏，其介于宏观几何形状偏差和微观几何形状偏差之间，通常采用波距和波高这两个参数对其进行表示。加工表面的波纹度越大，零件的实际接触面积越小，接触压强增大，导致零件快速磨损。对于旋转类零件，在其使用过程中还经常会引起设备振动和噪声。

3. *形状偏差*

形状偏差是指实际表面形状与理想表面形状之间的宏观几何偏差。形状偏差多是由于机床和刀具精度不够以及不正确的加工规范或切削过程中产生的温度、应力等造成的，主要指标包括：直线度、圆柱度、面轮廓度等。通常，形状偏差不作为表面形貌的研究内容。

2.1.2　切削表面形成过程

在车削加工中，可把刀具看成静止的，此时工件材料以一定的速度向切削刀具运动，如图 2.2(a) 所示。

工件与刀具接触过程中，切削层金属产生剧烈的挤压变形，随后产生剪切滑移，形成第 I 变形区，也就是剪切区。因剪切区非常薄，通常用剪切面 OM 表示，其中 O 点为切削区材料分离点，M 点为工件自由表面剪切屈服点。这样切削层金属材料将在 O 点被切削刃分离成两部分，一部分沿前刀面流出成为切屑，形成刀屑接触区，即第 II 变形区；另外一部分材料受到切削刃钝圆部分和后刀面的挤压作用而变形，成为已加工表面，此区域也被称为第III变形区。

通过对切削加工表面形成过程进行分析可知，已加工表面形貌与第 I 变形区和第III变形区形成都存在一定的关联。第 I 变形区由 O 点分离到切削刃下方的那部分金属材料成为了已加工表面形貌的一部分，该部分金属经过刀刃钝圆最低点 B 点之后，又受到后刀面上 BC 一段棱面的挤压和摩擦，这种剧烈的摩擦使工件表层的金属受到剪切应力，然后随着切削刃与工件材料的分离，逐步发生弹性恢复(恢复的高度为 Δh)。而后刀面的 CD 段主要作用是对加工表面进行熨烫和犁耕。这样，切削刃 OB 段及后刀面 BC 和 CD 段三个部分构成了工件已加工表面的接触区域，其接触状况直接影响加工表面切削速度方向的表面形貌。

图 2.2(b) 为车削加工表面三维形貌，其主要受刀尖圆弧半径和进给量影响，沿着切削进给方向呈现出规则的峰谷特征。

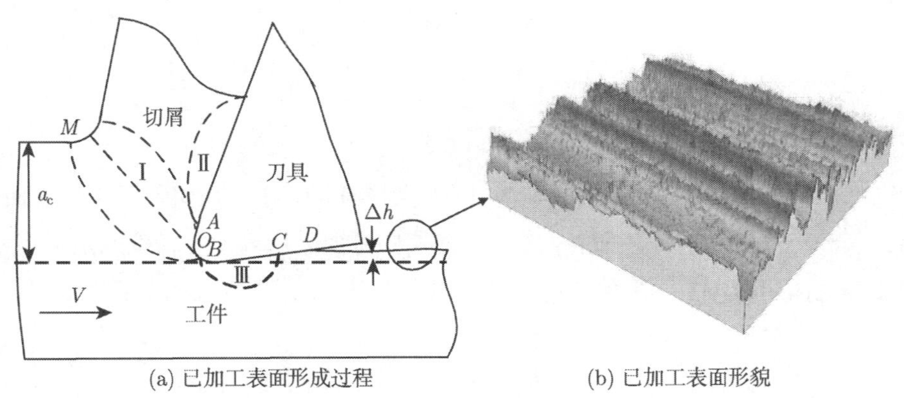

(a) 已加工表面形成过程　　(b) 已加工表面形貌

图 2.2 车削加工表面形貌形成过程

铣削加工的表面形貌形成过程不同于车削加工，以球头铣刀铣削为例，在铣削单次走刀的过程中，一方面工件沿进给方向做平移运动，另一方面刀具绕自身轴线做旋转运动。在切削深度不变的条件下，球头铣刀沿进给方向铣削过程中，切削刃依次扫掠过工件表面，使表面材料不断被切除。由于球头铣刀的头部为球面形状，在连续两个切削刃切削区域之间会存在一定进给方向的残留高度 ΔH_1，如图 2.3 所示。

图 2.3 中，切削宽度方向的残留高度 ΔH_2 是由于两次连续走刀后形成的，与球头铣刀半径和切削宽度大小有关，其残留高度明显大于进给方向上的残留高度。在每次走刀后，沿行距方向刀具轴线两侧的表面形貌呈现出不对称性[60]，这是因为在整个铣削过程中残留区域两侧的铣削方式不同，在左侧铣削加工相当于逆铣加工，而在右侧相当于顺铣加工。

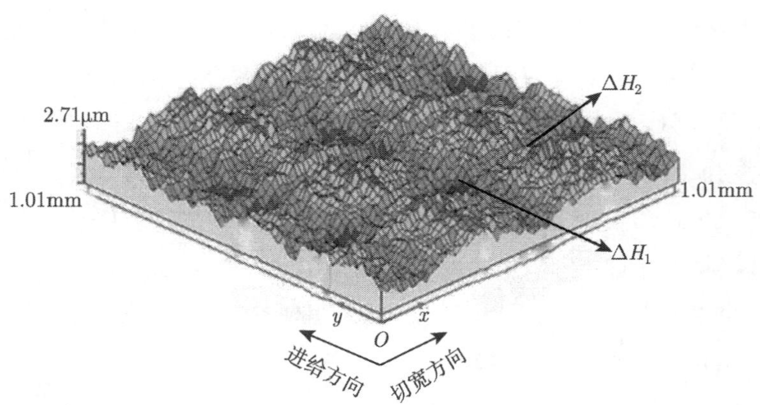

图 2.3　铣削加工表面形貌形成过程

2.1.3　影响切削表面形貌的因素

在切削加工过程中，受刀具几何形状和切削机制等方面的影响，已加工表面呈现出具有一定规则的凸峰和凹谷，在实际应用中主要采用表面粗糙度来定量描述。其中影响表面粗糙度的主要因素有：切削参数和刀具几何参数、刀具磨损、刀具材料和被加工材料。

1. *切削参数和刀具几何参数的影响*

对于车削加工而言，影响表面粗糙度的主要因素为刀尖圆弧半径 r_ε 和切削进给量 f，其共同作用下的加工表面粗糙度形成机制，如图 2.4 所示。

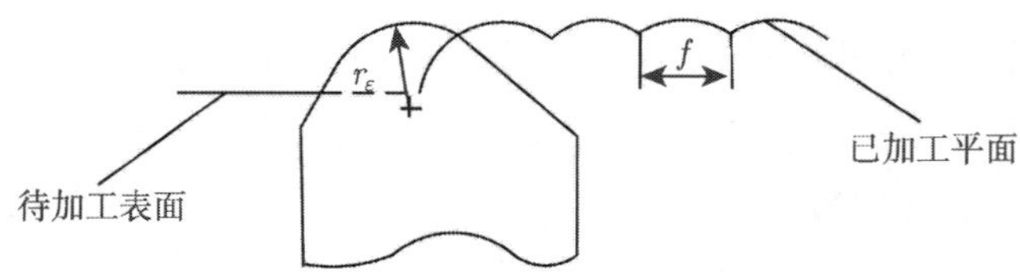

图 2.4　刀尖圆弧和进给量共同作用下的车削加工理论粗糙度

理论表面粗糙度是在给定的切削条件下，在没有形成鳞刺、积屑瘤、振动等理想工况下获得的表面粗糙度 R_a，可表达为

$$R_a = r_\varepsilon - \sqrt{r_\varepsilon - \left(\frac{f}{2}\right)^2} \approx \frac{f^2}{8r_\varepsilon} \tag{2.1}$$

由式 (2.1) 可知，增大切削进给量或减小刀尖圆弧半径，表面粗糙度随之增加。同样，增大主偏角及副偏角，表面粗糙度也随之增大。故在加工效率允许的情况下，应尽可能地选择较小的进给量、较小的主偏角和副偏角，以获得较好的加工表面质量。

对于铣削加工而言，影响表面粗糙度的因素包括刀具参数、切削用量等，如球头铣刀刀具半径和切削宽度共同作用下的加工表面粗糙度形成机制，如图 2.5 所示。其理论表面粗糙度表达式为

$$R_a = \left[r - \left(r^2 - a_{\mathrm{e}}/4\right)^{1/2}\right] \tag{2.2}$$

式中，r 为刀具半径，a_{e} 为切削宽度。

由式 (2.2) 可知，影响表面形貌的因素主要有切削宽度和刀具半径。对于半径一定的球头铣刀，在铣削中，随着切削宽度的增加，已加工表面粗糙度也相应增大，在切削宽度不变的情况下，选用大的刀具直径可以减小切削表面的粗糙度。然而在切削加工中，实际表面形貌通常还受到积屑瘤、鳞刺、刀具磨痕、切削振纹等诸多因素的影响，通常会产生更粗糙的表面状态。

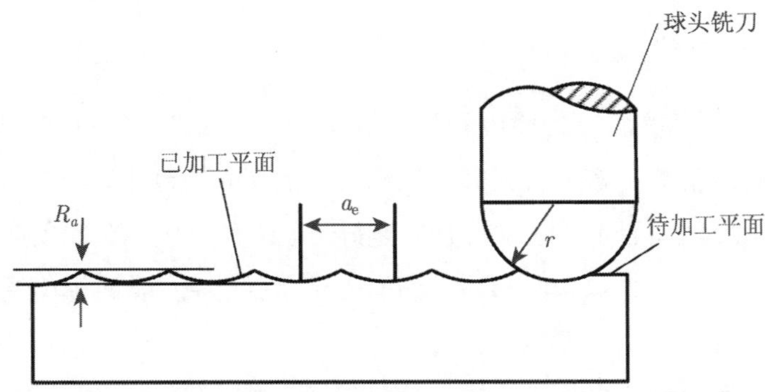

图 2.5 刀具半径和切削宽度共同作用下的铣削加工理论粗糙度

2. 刀具磨损对表面形貌的影响

在切削加工中，当切削参数一定时，刀具磨损将是影响表面粗糙度的主要因素。在切削过程中，新刃磨的刀具，刀刃比较锋利，而后刀面比较粗糙，与工件实际接触面积较小，产生的压应力比较大，导致后刀面磨损比较快，切削表面粗糙度值也随之增大。随着切削的进行，当刀具后刀面达到一定的磨损量时，刀具与工件之间实际接触面积增大，磨损速度减小，处于稳定的切削状态，此时已加工表面的

粗糙度值波动较小。随着刀具磨损量的进一步增大，刀具变钝，进入急剧磨损阶段，刀具与工件之间的挤压犁耕作用增强，切削力和切削温度急速上升，此时，切削表面粗糙度将随之显著增大。

严重的刀具磨损还会在加工表面形成一定的加工缺陷，如图 2.6(a) 和 (b) 所示的表面撕裂和积屑瘤。

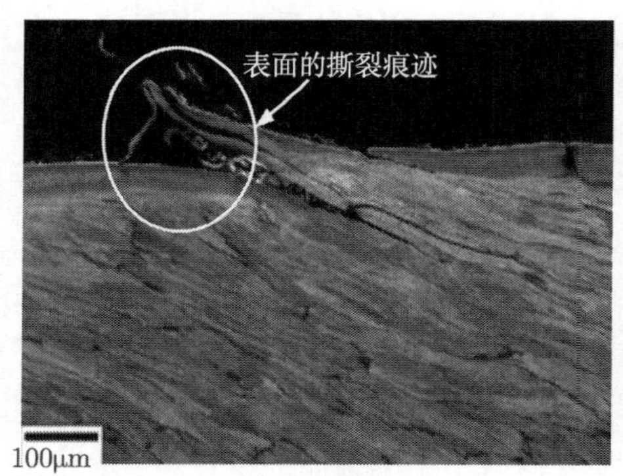

(a) 表面撕裂

(b) 积屑瘤

图 2.6　刀具磨损条件下形成的加工表面缺陷

3. 刀具材料与工件材料的影响

刀具材料一般具有较高的硬度和耐磨性，易于保持刃口的锋利。在一定范围内，刀具表面材料的摩擦系数及刀具与工件材料的亲和力越小，产生积屑瘤、鳞刺等缺陷的概率就越小，已加工表面质量就越好[61]。另外，刀具的刃磨质量对加工表面质量影响也很大，刀具前刀面和后刀面的刃磨精度越高，表面粗糙度越小，刀具刃口越锋利，已加工表面质量越好。

对于工件材料，塑性材料加工表面质量较差，而脆性材料加工表面质量较好。在相同的切削加工条件下，工件材料的晶粒越大，经机械加工后表面质量也越差。因此，在对工件材料进行切削加工前，应先进行调质或正火处理，以提高工件材料的硬度，使晶粒变得细密，从而提高已加工表面的质量。

2.2　切削表面形貌的表征

切削加工表面形貌可以用二维和三维参数进行表征。目前，绝大多数标准测量仪器是基于二维参数对加工表面进行表征的，但随着科学技术的迅猛发展，对零部件的品质提出了更高的要求，而实际切削表面是三维几何形态，采用二维表征不能全面地反映其真实状态。因此，为获得全面的表面信息，表面形貌的表征正向着三维发展，但目前三维表征理论还不够成熟，有待进一步拓展和延伸。

2.2.1 切削表面形貌的二维表征

用于切削表面形貌二维表征的参数较多，通常，表面形貌的二维表征参数可分为高度参数、间距参数、支承率曲线及其相关参数等。

1. 高度参数

高度参数是指与切削轮廓微观不平度高度特性有关的表面粗糙度参数，是表面形貌的二维表征最主要的特征之一。其中常用参数有：轮廓算术平均偏差 R_a、轮廓均方根偏差 R_q、轮廓的偏斜度 R_{sk}、轮廓的峭度 R_{ku} 等。

1) 轮廓算术平均偏差 R_a

轮廓算术平均偏差是指在取样长度 l_r 范围内，轮廓上各点至中线的纵坐标 $y(x)$ 的绝对值的算术平均值，用 R_a 表示，即

$$R_a = \frac{1}{l_\mathrm{r}} \int_0^{l_\mathrm{r}} |y\left(x\right)| \,\mathrm{d}x \tag{2.3}$$

或近似表示为

$$R_a = \frac{1}{n} \sum_{i=1}^{n} |y(x_i)| = \frac{1}{n} \sum_{i=1}^{n} |y_i| \tag{2.4}$$

R_a 是最早提出来用于评定表面微观几何形状的参数之一，计算时它是把经过滤波的粗糙度轮廓曲线的高度取平均值。在某些情况下，对表面微观几何形状的描述显得不够全面，不能如实反映出表面轮廓的离散性和波动性。

2) 轮廓均方根偏差 R_q

轮廓均方根偏差 R_q 是指在取样长度范围内轮廓偏离中线的程度，即

$$R_q = \sqrt{\frac{1}{l_\mathrm{r}} \int_0^{l_\mathrm{r}} y\left(x\right)^2 \mathrm{d}x} \tag{2.5}$$

由于表面粗糙度具有随机特性，符合数理统计规律，而 R_q 是数理统计中常用的一个基本特征参数，因此，均方根偏差 R_q 比算术平均偏差 R_a 更能体现出表面粗糙程度。

3) 轮廓的偏斜度 R_{sk}

轮廓的偏斜度 R_{sk} 用来表征轮廓分布的对称性，是指在一个取样长度范围内纵坐标值 y_i 的三次方的平均值与 R_q 的三次方的比值，其计算公式如下

$$R_{sk}=\frac{1}{R_q^3}\left[\frac{1}{n}\sum_{i=1}^{n}y_i^3\right] \tag{2.6}$$

轮廓的偏斜度 R_{sk} 体现了轮廓高度幅值曲线相对平均线的不对称程度，如图 2.7 所示，幅值分布曲线的形状决定着表面轮廓的类型，偏斜的程度取决于平均线以上 (为正值) 或以下 (为负值) 部分的平均值大小。通常，具有较好性能的表面 R_{sk} 多为负值，该类加工表面上峰尖的面积较小，容易被快速磨掉，从而形成良好的承载表面。

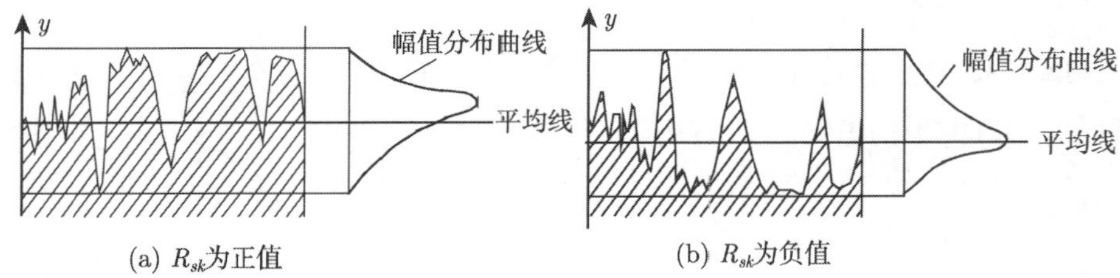

图 2.7　高度分布参数 R_{sk}

4) 轮廓的峭度 R_{ku}

轮廓的峭度 R_{ku} 是在取样长度范围内，纵坐标值 y_i 的四次方的平均值与 Rq 的四次方的比值，其计算公式为

$$R_{ku}=\frac{1}{R_q^4}\left[\frac{1}{n}\sum_{i=1}^{n}y_i^4\right] \tag{2.7}$$

轮廓的峭度 R_{ku} 反映了切削表面轮廓形状的尖峭程度。当轮廓的峭度 R_{ku} 的值等于 3 时，表面的轮廓高度幅值分布曲线符合标准正态分布，此时分布曲线称为峰态，表示切削加工表面的轮廓曲线形状相对于平均线的变化均匀，称为理想表面；当 R_{ku} 的值小于 3 时，表示切削表面轮廓形状变化较为平缓，此时分布曲线称为低峰态，波峰较为平缓；当 R_{ku} 的值大于 3 时，表示切削表面轮廓形状变化较快，此时为尖峰态，即该表面多为尖峰，如图 2.8 所示。

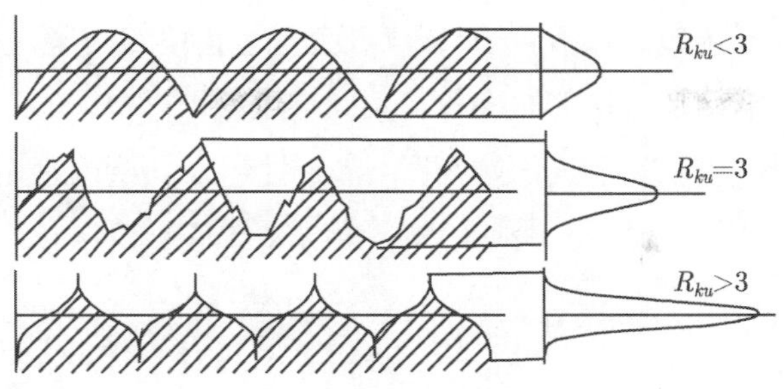

图 2.8 高度分布参数 R_{ku}

5) 其他参数

如图 2.9 所示，高度参数还包括轮廓峰高 Z_p、轮廓谷深 Z_v、最大轮廓峰高 R_p、最大轮廓谷深 R_v、轮廓最大高度 R_z 等，这些参数均定义在同一个取样长度范围内。轮廓峰高是指轮廓上各峰点至中线的距离；轮廓谷深是指轮廓上各谷点至中线的距离；最大轮廓峰高是指最高峰点至中线的距离；最大轮廓谷深是指最低谷点至中线的距离；轮廓最大高度是指轮廓最高峰点与最低谷点之间的垂直距离，也可以用最大轮廓峰高 R_p 和最大轮廓谷深 R_v 之和来表示，即

$$R_z = R_p + R_v \tag{2.8}$$

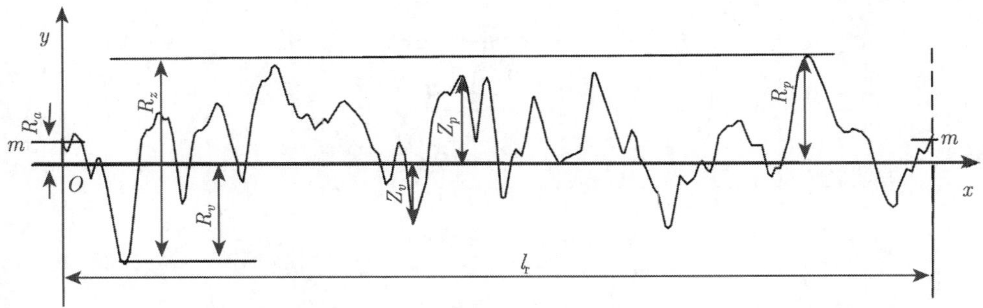

图 2.9 2D 高度参数 Z_p、Z_v、R_p、R_v、R_z

其中，m-m 为轮廓中心线。

2. 间距参数

轮廓单元平均宽度是指在一个取样长度范围内，轮廓单元宽度 X_{si} 的平均值，用于表征表面轮廓上的微小峰、谷的间距特征，即

$$R_{sm} = \frac{1}{m}\sum_{i=1}^{m} X_{si} \tag{2.9}$$

式中，m 为轮廓单元个数，X_{si} 为一个取样长度范围内中线与某一轮廓单元相交线的长度，其中轮廓单元是指相邻的峰和谷共同构成的一个单元。

R_{sm} 的值越小，表示轮廓表面越细密，密封性越好，需要注意的是，R_{sm} 通常与 R_a 或 R_z 同时使用，一般不单独使用。

3. 支承率曲线及其相关参数

如图 2.10 所示，轮廓的支承长度率 $R_{mr}(c)$ 是在评定长度 l_n 内，作一条与最高峰顶相距为 c 且平行于 x 轴的直线，该线与轮廓单元相截所得各段截线长度 l_i 之和与评定长度的比值，即

$$R_{mr}(c) = \frac{\sum_{i=1}^{m} l_i}{l_n} \tag{2.10}$$

轮廓的支承长度率 $R_{mr}(c)$ 能够反映零件表面的耐磨性能。对于不同的表面轮廓，在相同的评定长度范围内，对于相同的水平截距 c，$R_{mr}(c)$ 值越小，则表示零件表面接触部分越小，导致接触刚度降低，耐磨性变差。

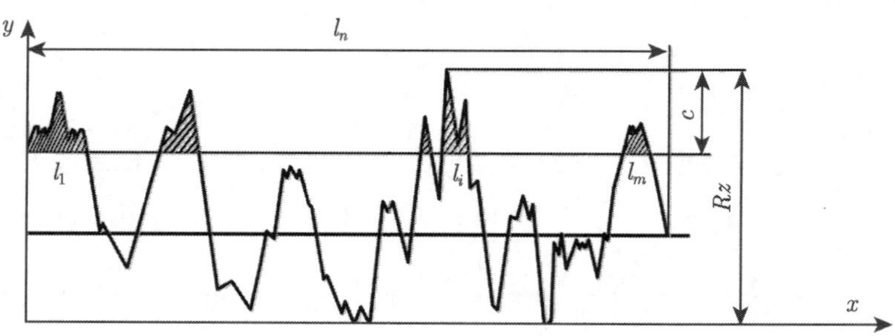

图 2.10　轮廓支承长度率

支承长度率随水平截距 c 变化的关系曲线称为支承长度率曲线。如图 2.11(a)、(b) 所示，在支承长度率曲线上，过 40% 的支承率区间的两个端点做割线，割线梯度最小的区域作为“核心区域”，由此把表面轮廓分成峰区、核心区和谷区，这些区域的分界点由轮廓支承长度率 M_{r1} 和 M_{r2} 表示。基于支撑率曲线的评定参数包括核心区深度 R_k、峰区高度 R_{pk} 和谷区深度 R_{vk}。

峰区对应表面磨合性能，核心区对应表面工作寿命期的磨损性能，谷区影响润滑油的滞留性。在实际应用中，分界点 M_{r1}、M_{r2} 也取支承率的 5% 和 80% 来划分表面功能区域。

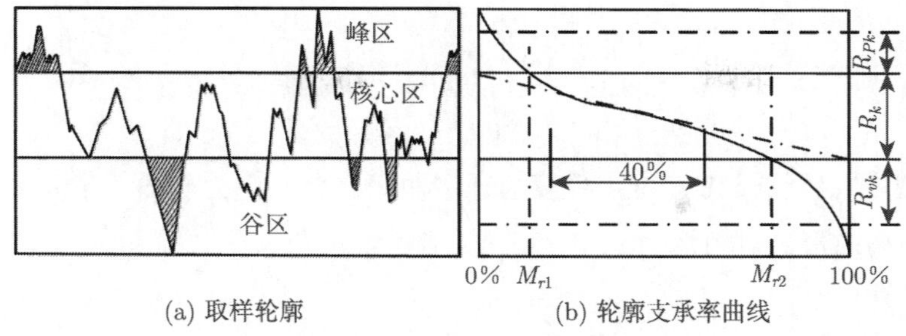

(a) 取样轮廓　(b) 轮廓支承率曲线

图 2.11　支撑率曲线评定相关参数

2.2.2　切削表面形貌的三维表征

相对于表面形貌二维表征方法，三维表征方法更能准确反映表面的微观结构和状态 (图 2.12)，同时还可与表面功能建立起较好的对应关系，无疑具有较好的应用前景。表面三维表征参数主要包括：高度参数、空间参数、混合参数和功能参数等[62−66]。

图 2.12　切削表面三维形貌

1. 高度参数

将表面二维表征高度参数进行扩展即得到表面三维高度参数，其体现了表面高度的统计特性、高度状态和极值特性，包括表面轮廓高度算术平均偏差 S_a、表面轮廓高度均方根偏差 S_q、表面偏斜度 S_{sk}、表面峭度 S_{ku}、表面峰顶最大高度 S_p、表面谷底最大深度 S_v 等。

1) 表面轮廓高度算术平均偏差 S_a

表面轮廓高度算术平均偏差 S_a 为一个限定区域内高度绝对值的算术平均值，

其表达式为

$$S_a = \frac{1}{A}\iint\limits_{A} |Z(x,y)|\,\mathrm{d}x\mathrm{d}y \tag{2.11}$$

式中，A 为限定区域，即三维粗糙度的评定面积；$Z(x,y)$ 为表面的偏离高度。

S_a 的离散形式可表达为

$$S_a = \frac{1}{mn}\sum_{i=0}^{m}\sum_{j=0}^{n}|Z(x_i,y_j)| \tag{2.12}$$

式中，$Z(x_i,y_i)$ 为表面离散点的偏离高度；m 为在采样区域内 x 方向上的离散点数；n 为 y 方向上的离散点数。

S_a 更多地受到滤波过程、采样区间和采样长度的影响，对峰谷不是很敏感，比较适用于机加工表面粗糙程度的评定。

2) 表面轮廓高度均方根偏差 S_q

表面轮廓高度均方根偏差 S_q 为限定区域内高度的均方根值，其表达式为

$$S_q = \sqrt{\frac{1}{A}\iint\limits_{A} Z^2(x,y)\,\mathrm{d}x\mathrm{d}y} \tag{2.13}$$

其离散形式可表达为

$$S_q = \sqrt{\frac{1}{mn}\sum_{i=1}^{m}\sum_{j=1}^{n}Z^2(x_i,y_j)} \tag{2.14}$$

S_q 能较好地反应表面形貌的高度特征，其值越大，表面越粗糙。S_q 还是计算偏斜度 S_{sk}、峭度 S_{ku} 等参数量的基础，另外 S_q 的计算方法也较为简单，常用其表征三维表面形貌，尤其是光学零件表面粗糙度的评定。

3) 表面偏斜度 S_{sk}

表面偏斜度 S_{sk} 是指限定区域内高度的三次方的平均值与 S_q 三次方的比值，为表面偏差相对于基准表面对称性的度量，其表达式为

$$S_{sk} = \frac{1}{S_q^3}\left[\frac{1}{A}\iint\limits_{A} Z^3(x,y)\mathrm{d}x\mathrm{d}y\right] \tag{2.15}$$

其离散形式为

$$S_{sk} = \frac{1}{mnS_q^3}\sum_{i=1}^{m}\sum_{j=1}^{n}Z^3(x_i,y_j) \tag{2.16}$$

表面轮廓高度若为完全对称分布，则其表面偏斜度 S_{sk} 为 0，峰多谷少 (谷多峰少) 的表面一般呈正偏斜度 (负偏斜度)。通常情况下，呈负偏斜度的表面具有较好的摩擦特性。

4) 表面峭度 S_{ku}

表面峭度 S_{ku} 是指限定区域内高度的四次方的平均值与 S_q 的四次方的比值，其总是与 S_{sk} 关联使用，用于描述表面形貌高度分布的特征，其计算方法如下

$$S_{ku} = \frac{1}{S_q^4}\left[\frac{1}{A}\iint\limits_A Z^4(x,y)\,\mathrm{d}x\mathrm{d}y\right] \tag{2.17}$$

其离散形式为

$$S_{ku} = \frac{1}{mnS_q^4}\sum_{i=1}^{m}\sum_{j=1}^{n} Z^4(x_i,y_j) \tag{2.18}$$

表面峭度 S_{ku} 值以 3 为分界线，当 S_{ku} 等于 3 时，符合标准正态分布曲线，称为零峰度；当 S_{ku} 大于 3 时，正态分布曲线峰顶的高度高于标准正态分布曲线，称为正峭度；当 S_{ku} 小于 3 时，正态分布曲线峰顶的高度低于标准正态分布曲线，称为负峭度。

5) 其他高度参数

高度参数还包括 S_p、S_v 和 S_z，这 3 个参数多用于描述在采样区域范围内轮廓的绝对高度或深度。S_p 是指在采样区域内偏离基准平面最高峰的高度，即峰顶最大高度。S_v 是指在采样区域内偏离基准平面最大凹谷的深度，即谷底最大深度。S_z 是指在采样区域内峰顶最大高度和谷底最大深度之和，即轮廓最大高度。

2. 空间参数

空间参数用于描述三维表面的空间特性，多采用最速衰减自相关长度 S_{al}、表面结构形状比率 S_{tr} 和表面纹理方向 S_{td} 这三个参数来表征，S_{al}、S_{tr} 与表面形貌的自相关函数有关。

1) S_{al} 和 S_{tr} 的定义

最速衰减自相关长度 S_{al} 是指自相关函数 $f_{ACF}(t_x,t_y)$ 最快衰减到指定值 s 时对应的水平距离，用于描述 $f_{ACF}(t_x,t_y)$ 的自相关特征，其中指定值 s 通常取 0.2。表面结构形状比率 S_{tr} 是指最速衰减自相关长度 S_{al} 与最慢衰减到 s 时对应的水平距离的比值，用于辨识表面形貌类型，即表面是否为长脊形，或各个方向上是否具有统一的纹理形状。

S_{al} 和 S_{tr} 的求解过程如图 2.13 所示。

自相关函数 $f_{ACF}(t_x, t_y)$ 的表达式为

$$f_{ACF}(t_x, t_y) = \frac{\iint\limits_A Z(x, y) Z(x - t_x, y - t_y)\mathrm{d}x\mathrm{d}y}{\iint\limits_A Z(x, y)Z(x, y)\mathrm{d}x\mathrm{d}y} \tag{2.19}$$

最速衰减自相关函数 S_{al} 的表达式为

$$S_{al} = \min_{t_x, t_y \in R} \sqrt{t_x^2 + t_y^2} \tag{2.20}$$

式中，$R = \{(t_x, t_y) : f_{ACF}(t_x, t_y) \leqslant s\}$，$0 \leqslant s < 1$。

表面结构形状比率 S_{tr} 的表达式为

$$S_{tr} = \frac{\min\sqrt{t_x^2 + t_y^2}}{\max\sqrt{t_x^2 + t_y^2}}, \quad t_x, t_y \in R \tag{2.21}$$

(a) 表面形貌的自相关变换

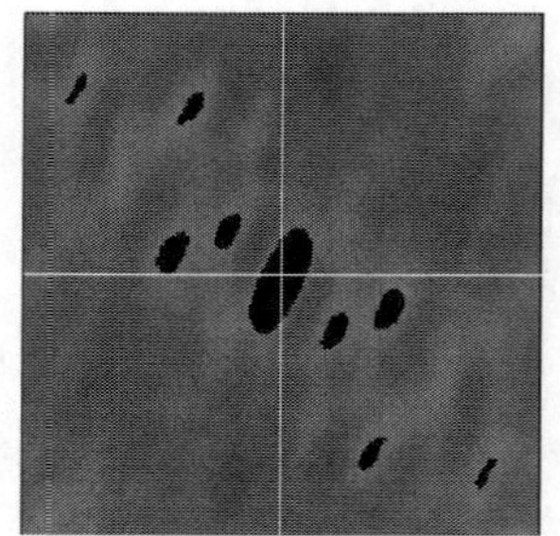

(b) 给定s的自相关区域

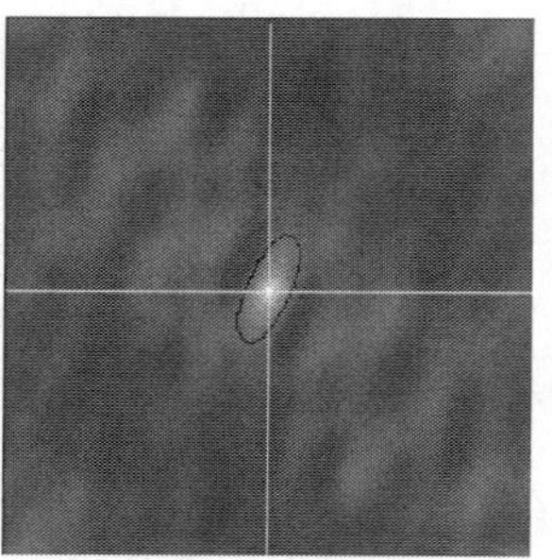

(c) 确定中心自相关区域

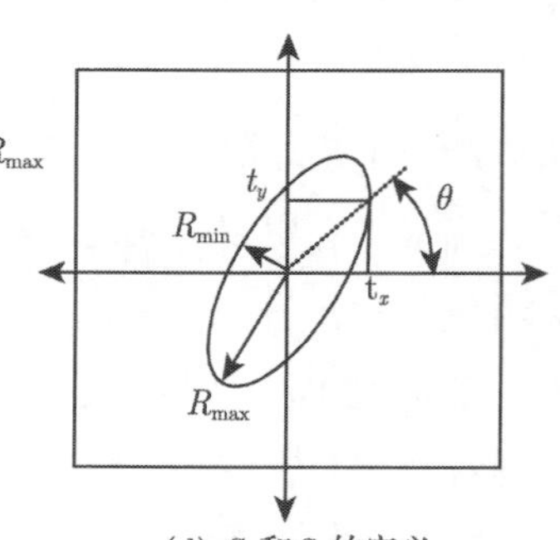

(d) S_{al}和S_{tr}的定义

图 2.13　S_{al} 和 S_{tr} 的求解过程

2) 表面纹理方向 S_{td}

表面纹理方向 S_{td} 是指在频域内用于确定最显著表面纹理方向的参数，该参数只对存在主要纹理方向的表面有意义。通常，普通精度等级加工表面的纹理方向比较显著，超精密加工表面的纹理方向不是特别显著。因此，表面纹理方向对粗糙表面的性能影响较大。

S_{td} 与表面角功率谱密度函数有关。通过角功率谱密度函数 $A(\theta)$ 可以得到功率谱密度函数在各个方向上的分布情况，功率谱密度的最大方向便对应着表面纹理的最大方向。S_{td} 在计算时先对所测量的表面形貌数据进行傅里叶变换，然后转换成极坐标的形式求角功率谱，那么角度的最大值就是表面纹理方向。

表面形貌数据的傅里叶变换为

$$FT(\omega_p,\omega_q)=\sum_{l=0}^{N-1}\sum_{k=0}^{M-1}z(x_{k+1},y_{l+1})\mathrm{e}^{-\mathrm{j}2\pi\left(\frac{p}{M}k+\frac{q}{N}l\right)} \tag{2.22}$$

式中，$p=0,1,\cdots,M-1$; $q=0,1,\cdots,N-1$; $\omega_p=\frac{p}{\Delta x\cdot M}$; $\omega_q=\frac{q}{\Delta y\cdot N}$; $z(x_{l+1},y_{l+1})$ 为表面高度数据。

表面功率谱密度 $G(\omega_p,\omega_q)$ 可通过表面形貌数据的二维傅里叶变换得到

$$G(\omega_p,\omega_q)=\frac{F(\omega_p,\omega_q)F^*(\omega_p,\omega_q)}{MN\Delta x\Delta y} \tag{2.23}$$

其中，$F^*(\omega_p,\omega_q)$ 是傅里叶变换 $F(\omega_p,\omega_q)$ 的复共轭。

角度谱计算如下

$$A(\theta)=\int_0^{R(\theta)}G(r,\theta)\mathrm{d}r \tag{2.24}$$

式中，$R(\theta)$ 是 $G(r,\theta)$ 在 θ 方向上的最大半径值；$G(r,\theta)$ 是表面功率谱密度 $G(\omega_\mathrm{p},\omega_\mathrm{q})$ 的极坐标形式；r、θ 可表示为

$$r=\sqrt{\omega_\mathrm{p}^2+\omega_\mathrm{q}^2},\quad \theta=\arctan\left(\frac{\omega_\mathrm{p}}{\omega_\mathrm{q}}\right)$$

3. 混合参数

混合参数用来描述表面形貌的幅度和间距混合特征，根据 ISO25178-2，混合参数包括表面均方根斜率 S_{dq} 和展开界面面积比率 S_{dr}。混合参数对表面摩擦性能有较重要的影响作用，且对表面尺度非常敏感，其值对测量仪器的分辨率具有较强的依赖性。混合参数的常用参数为

1) 表面均方根斜率 S_{dq}

表面均方根斜率 S_{dq} 表示评定表面所有采样点斜率的均方根值，可以表示为

$$S_{dq}=\sqrt{\frac{1}{A}\iint_{A}\left\{\left[\frac{\partial z\left(x,y\right)}{\partial x}\right]^{2}+\left[\frac{\partial z\left(x,y\right)}{\partial y}\right]^{2}\right\}\mathrm{d}x\mathrm{d}y} \tag{2.25}$$

式中，A 为评定区域面积；z 表示取样点的高度值。

对于离散表面可以表示为

$$S_{dq}=\sqrt{\frac{1}{(M-1)(N-1)}\sum_{i=2}^{M}\sum_{j=2}^{N}\left\{\left[\frac{Z(x_i,y_j)-Z(x_{i-1},y_j)}{\Delta x}\right]^{2}+\left[\frac{Z(x_i,y_j)-Z(x_i,y_{j-1})}{\Delta y}\right]^{2}\right\}} \tag{2.26}$$

式中，M、N 表示离散采样点数；Δx、Δy 分别表示 x 和 y 方向的采样间隔。

2) 展开表面积比 S_{dr}

S_{dr} 为表面积的增量与评定区域面积之比，其计算方法如下：

$$S_{dr}=\frac{1}{A}\left[\iint_{A}\left(\sqrt{\left\{1+\left[\frac{\partial z\left(x,y\right)}{\partial x}\right]^{2}+\left[\frac{\partial z\left(x,y\right)}{\partial y}\right]^{2}\right\}}-1\right)\mathrm{d}x\mathrm{d}y\right] \tag{2.27}$$

式中，A 为采样表面的面积。

S_{dr} 的实际计算中是将表面分成多个小四边形，即界面元素。所有界面元素的面积和即表面的展开界面面积。

理论上，每个界面元素面积计算公式为

$$\mathrm{d}A=\sqrt{1+\left[\frac{\partial Z(x,y)}{\partial x}\right]^{2}+\left[\frac{\partial Z(x,y)}{\partial y}\right]^{2}}\mathrm{d}x\mathrm{d}y \tag{2.28}$$

其数值近似计算是

$$\begin{aligned}A_{ij}&=\mathrm{d}A\Big|_{x=x_i,y=y_j}\\&\approx\sqrt{1+\left\{\left[\frac{Z(x_i,y_j)-Z(x_{i-1},y_j)}{\Delta x}\right]^{2}+\left[\frac{Z(x_i,y_j)-Z(x_i,y_{j-1})}{\Delta y}\right]^{2}\right\}}\Delta x\Delta y\end{aligned} \tag{2.29}$$

则表面总的展开面积是

$$A=\sum_{i=1}^{M-1}\sum_{j=1}^{N-1}A_{ij} \tag{2.30}$$

可得表面展开界面面积比离散公式为

$$S_{dr} = \frac{A-(M-1)(N-1)\Delta x \cdot \Delta y}{(M-1)(N-1)\Delta x \cdot \Delta y} \times 100\% \tag{2.31}$$

4. **功能参数**

功能参数是与表面材料面积和空隙体积大小有关的表征参数，其影响着表面的支承和容屑等方面的性能。这些参数都是基于支承面积率曲线 $S_{mr}(c)$ 而定义的，支承面积率曲线为评定区域内纵坐标 $z(x,y)$ 的采样累积概率函数曲线。功能参数包括支撑面积率曲线的核心区面积值 S_k、峰区面积值 S_{pk}、谷区面积值 S_{vk}、核心空谷体积 V_{vc}、谷区空谷体积 V_{vv}、峰区支承体积 V_{mp}、核心材料体积 V_{mc} 等，如图 2.14 所示，S_{r1} 和 S_{r2} 分别是不同面积上的支承率。

以发动机气缸套零件为例，当发动机初始运行时，S_{pk} 区域将在短时间内被磨光，其数值大小直接影响气缸套进入正常工作状态的磨合时间和材料的磨损量。S_k 区域为气缸套工作表面，影响气缸套的运转和使用寿命。S_{vk} 区域为深入表面的深沟槽，在活塞相对缸套运动时，影响气缸套的耐磨性、发动机磨合时间和油耗。

V_{mp}、V_{mc}、V_{vc} 和 V_{vv} 称为功能体积参数，用来表达被测表面形貌空隙和凸起材料的体积，主要用于表面不同磨损阶段的表征。通常，V_{mp} 与材料的初期磨损和承载能力相关；V_{vc} 与稳定磨损期间的储油能力相关；V_{vv} 与材料快速磨损时表面的润滑和储油能力相关。

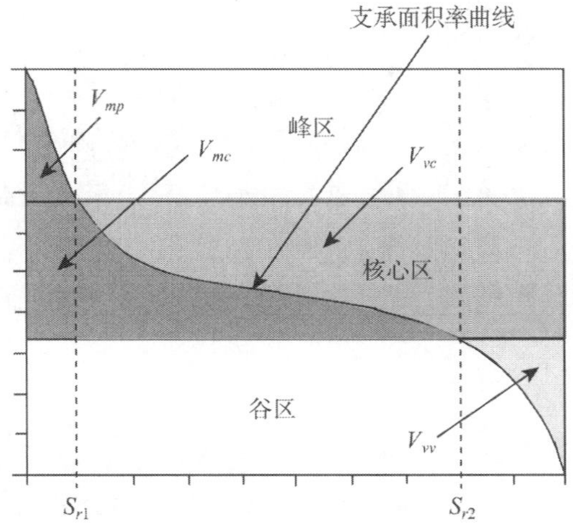

图 2.14 轮廓支承率曲线相关参数

2.3 切削表面形貌的测试

随着计算机、光学、传感器和微电子等技术的快速发展，表面形貌测量技术也获得了飞跃发展。针对切削表面的各种测量仪器和测量方法不断涌现，测量仪器的精度已达到亚纳米级。测量精度的大幅提升，对表面形貌特征的评定和测量起到了积极的作用，能够准确地识别出切削加工过程中表面形貌的变化和缺陷，使得测量结果更加精准，对切削表面的几何特征与使用性能的关系描述、切削表面质量的提高以及切削加工方法的改善和控制等具有重要意义。表面形貌的测试方法可分为光学测试法和非光学测试法[67]，表面形貌常用的测试方法及特点如表 2.1 所示。

表 2.1 表面形貌常用的测试方法及特点

测试方法		特点
非光学测试法	机械探针式测试法	接触式测量、较大横向和纵向测量范围、易损伤被测表面、测量时间较长、仪器价格比较便宜
	扫描探针式测试法	测量精度高、纵向和横向测量范围较小、对操作环境要求高、涉及的技术难题多、操作复杂、仪器价格较贵
光学测试法	扫描共聚焦显微镜测试法	较好的垂直分辨率和水平分辨率、可测倾角大、良好的深度响应特性、光强对比度高、抗散射光能力强
	白光干涉测试法	非接触测量、可进行绝对测量、量程范围大、测量精度高、抗干扰能力强、速度快、测量条件较宽松、成本低

2.3.1 非光学测试方法

表面形貌的非光学测量方法以接触式为主，包括机械探针测试法和扫描探针测试法。机械探针测试法操作简单、通用性强，探针与被测表面完全接触。扫描探针测试法主要应用于扫描隧道显微镜 (STM)、原子力显微镜 (AFM)。虽然它们不像机械探针测试法那样与被测表面完全接触，但与被测表面距离非常近，通常为几纳米或数十纳米。

1. 机械探针测试法

机械探针测试法是一种较为成熟的、应用广泛的接触式表面轮廓测量方法[68]。在这种测量方法中，机械探针沿被测件接触表面移动，并随着表面轮廓的变化上下移动，而探针上下移动的位移量信息被位移传感器转化为电信号，再通过数据的采集处理来获得被测件的表面轮廓特征，如图 2.15 所示为常用的电感探针式传感器测量仪。此类测量仪的分辨率一般由电路系统中的数据采集系统与放大倍率所决定，量程一般为 100 ~300μm。

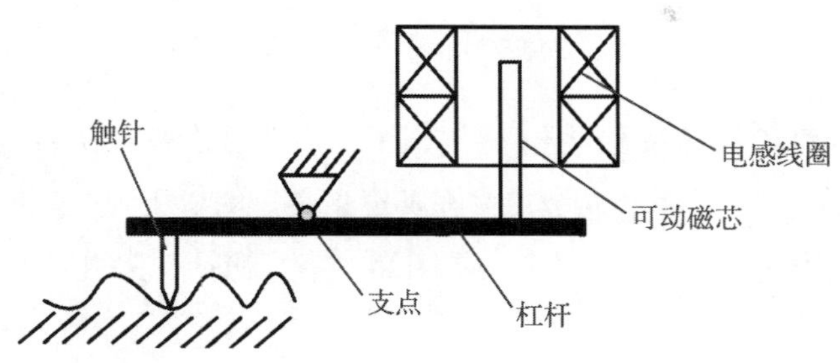

图 2.15 电感探针式传感器测量仪

用机械探针测量物体的表面形貌时，通常采用极细针尖状的金刚石探针，其针尖直径范围一般在 0.1~10μm。测试过程中，为了更好地跟踪物体表面形貌的变化，通常选择曲率半径较小的探针。从理论上说，如果要使探针能够检测到表面微观不平的谷底，探针尖端半径需无限小，只有这样才可以识别出被测物体表面的真实轮廓。但如果探针的尖端过于细小，则会导致测量速度明显下降，随之会使被测表面所承受的压力剧增，提高被测表面局部变形的几率。若被测表面发生弹性形变，尽管表面不会被损坏，但测量的结果也不准确；如果被测表面发生塑性变形，不仅会使测试结果失真，还可能使被测表面损伤。对于一般的精密加工表面，采用半径小于 10μm 的探针即可满足测量要求。

机械探针测试法的特点：纵向和横向测量范围较大、测量仪器价格较低，但测量所需时间较长，且被测表面易被探针损伤，尤其是对于比较松软材料 (如铜、铝等) 的表面测量。

2. 扫描探针式测试法

扫描探针测试法是利用探针和样品之间的相互作用力来获取表面形貌信息。通过该方法可以得到测量表面粒子的空间形貌、原子结构、电子状态等。常用的扫描探针式测试仪器有扫描隧道显微镜和原子力显微镜。

1) 扫描隧道显微镜

扫描隧道显微镜是利用曲率半径为原子尺度的探针针尖在样品表面上扫描的

方法来获得表面信息。如图 2.16 所示，根据量子隧道效应，当探针针尖与样品表面接近时，在探针与样品之间施加一电压 V(通常为 2mV~2V)，电子在电场力的作用下定向移动，在针尖和样品之间形成隧道电流。隧道电流 I 可以表示为

$$I \propto V_{\mathrm{b}} \mathrm{e}^{-A\Phi^{\frac{1}{2}}S} \tag{2.32}$$

式中，V_{b} 为加在针尖和样品之间的偏置电压；平均功函数 $\Phi \approx \Phi_1 + \Phi_2$，$\Phi_1$ 和 Φ_2 分别为针尖和样品的功函数；A 为常数，在真空条件下约等于 1；S 为试样与针尖之间的距离，常采用钨丝、铂丝等作扫描探针的材料，探针针尖直径通常小于 1nm。

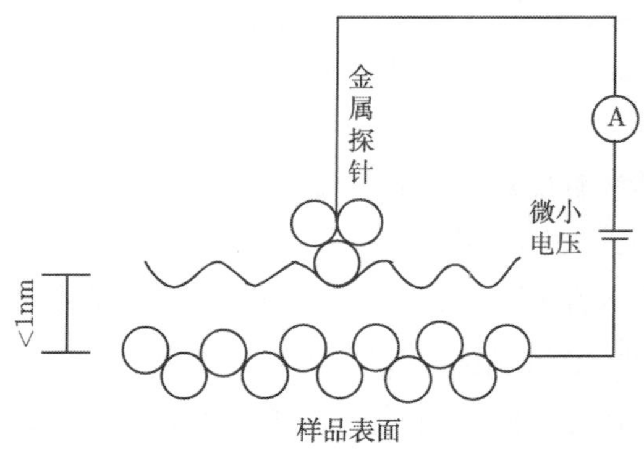

图 2.16　STM 的工作原理

扫描隧道显微镜常用的工作模式主要有两种：

(1) 恒电流模式。如图 2.17(a) 所示，探针针尖在样品表面 x-y 方向扫描，反馈回路在 z 方向上控制隧道电流，使其处于恒定状态。探针在样品表面移动时，如果样品表面凸起，则反馈回路使探针针尖向上移动；如果样品表面凹陷，则反馈回路使探针向下移动。探针在样品表面垂直方向的高低变化对应样品表面的起伏状态，反映了样品表面态密度的分布或原子排列。该工作模式适用于表面起伏较大的样品。

(2) 恒高度模式。如图 2.17(b) 所示，针尖沿样品表面 x-y 方向扫描，z 方向保持高度不变，针尖与样品表面的距离随时间发生变化时，隧道电流的大小也会随之变化。隧道电流的变化反映了表面态密度的分布。该工作模式适用于表面相对平坦，起伏一般不大于 1nm 的样品，其特点是扫描速度快，噪音和热漂移对信号的影响小。

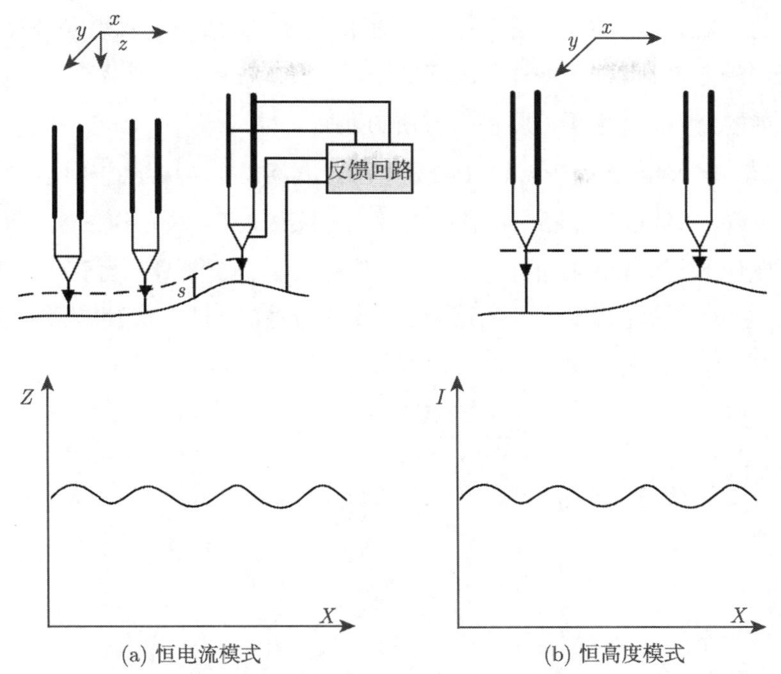

(a) 恒电流模式　　(b) 恒高度模式

图 2.17 STM 的两种工作模式

2) 原子力显微镜

原子力显微镜是在扫描隧道显微镜的基础上，结合针式轮廓曲线仪的特点而提出的。原子力显微镜的组成如图 2.18 所示，包括带探针的微悬臂、激光发射器、光电二极管、探测器、压电扫描器等。其原理为利用微悬臂放大探针和样品表面间的原子作用力，实现对样品表面形貌的检测，检测过程中需保持针尖尖端原子与样品表面原子间排斥力恒定。

根据针尖和样品之间的作用力形式，可将原子力显微镜分为：接触式、非接触式和轻敲式。

(1) 接触式。接触式原子力显微镜扫描过程中，探针针尖与样品表面始终保持接触，其间相互作用力为排斥力。微悬臂施加在样品表面的力不宜过大 (一般为 $10^{-10} \sim 10^{-6}$N)，以免破坏样品的表面结构。若样品表面不能承受这种接触力作用，便不宜采用接触式原子力显微镜对样品进行测量。

(2) 非接触式。非接触式原子力显微镜扫描过程中，针尖距样品表面几纳米到数十纳米，位于范德瓦耳斯曲线非接触区域，使探针在样品表面上方以接近其自身共振频率的一定振幅振荡。当探针接近样品表面时，探针振幅或频率将发生变化，通过检测这种变化，就能反映样品表面的形貌。该方法具有不破坏样品表面，也不会污染探针的特点，适用于检测松软材质的表面。

(3) 轻敲式。轻敲式介于接触式和非接触式之间。与非接触式相比，针尖距离样品表面更近，探针以共振频率在样品表面上方振荡，并与样品表面发生周期性短暂接触，当探针接触样品表面时，其振幅会随样品表面凸凹情况而变化，通过检测这种变化，就能反映出样品表面的形貌。采用该方法时，针尖接触样品表面的侧向力大大降低，是检测硬度较低样品的较好方法之一。

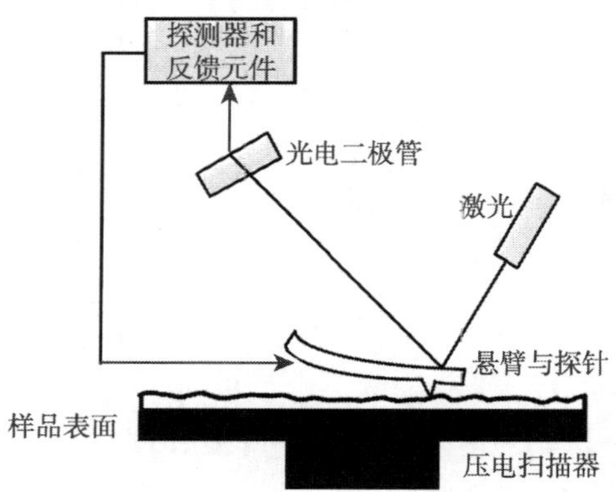

图 2.18　原子力显微镜的组成和工作原理

2.3.2　光学测试方法

表面形貌的光学测试方法以非接触式为主，具有测量速度快、不破坏被测物体表面等特点，包括扫描共聚焦显微测试法、离焦误差测试法、干涉测试法、全积分散射法等[69]，其中较常用的有扫描共聚焦显微测试法和白光干涉测试法。

1. 扫描共聚焦显微测试法

扫描共聚焦显微测试法是将共轭聚焦原理引入传统光学显微测试技术中发展而来的，其原理如图 2.19 所示，采用激光作为光源，激光束通过照明针孔，经分光镜反射至物镜，并聚焦于样品上，对样品表面进行逐点扫描，扫描的样品表面点激发出的荧光经原入射光路反向通过分光镜，聚焦于探测针孔处，聚焦后的光由检测器接收。在这个光路中，只有物镜焦平面上发出的荧光才能够穿过针孔到达探测器，焦平面以外区域射来的光线均不能通过探测针孔。相对于物镜焦平面，照明针孔与探测针孔是共轭的，焦平面上的点同时聚焦于照明针孔和探测针孔，即共聚焦。

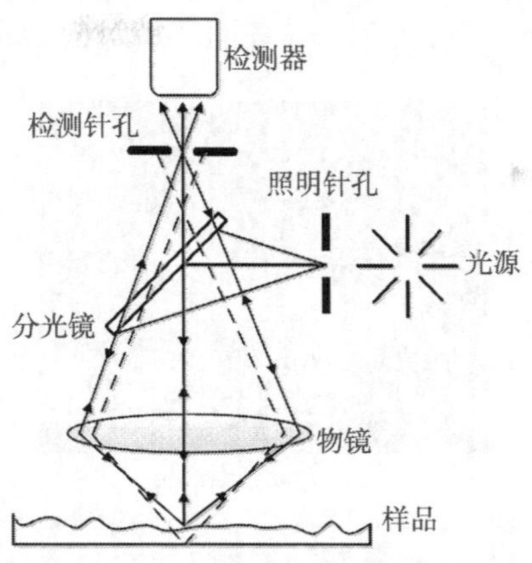

图 2.19 扫描共聚焦显微镜工作原理

扫描共聚焦显微测试法的特点是有较好的水平分辨率和垂直分辨率、可测量倾角大、灵敏度高、光强对比度高、响应特性快、抗散射光能力强。但它也存在对针孔的尺寸和位置要求过于严格及测量范围较小等不足。

共聚焦显微测试扫描过程包括 x-y 平面的扫描和 z 方向的扫描，沿 z 方向扫描可以实现样品二维光学切片，通过累加沿 z 方向各连续的 x-y 平面扫描层二维图像，经处理后，便可获得样品的三维图像。扫描共聚焦显微测试系统主要包括：激光光源、扫描装置 (包括共聚焦光路通道和针孔、扫描镜、检测器)、光学显微镜、计算机系统和图像输出设备，图 2.20 为 Axio CSM 700 型激光共聚焦扫描显微镜。

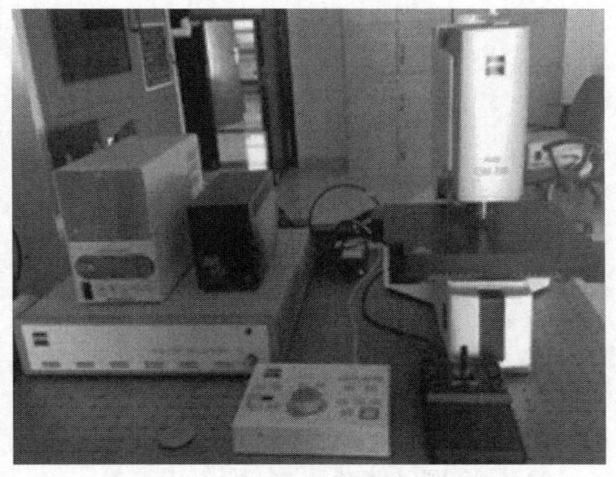

图 2.20 Axio CSM 700 型激光共聚焦扫描显微镜

图 2.21(a) 为采用 Axio CSM 700 型激光共聚焦扫描显微镜测得的硬切削加工圆环件外表面的表面形貌，图 2.21(b) 为表面形貌对应的相关参数测量数据[70]。

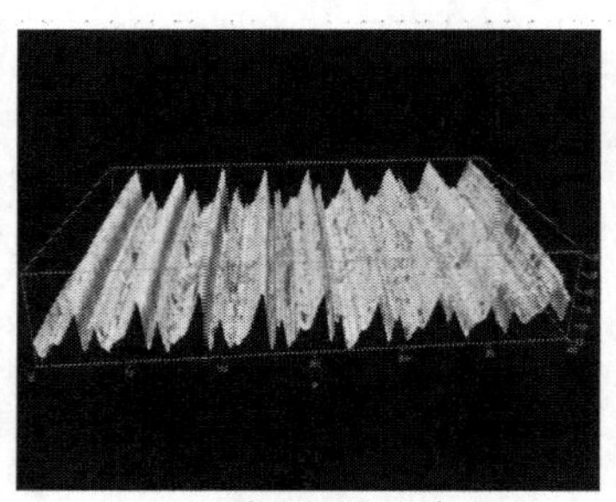

(a) 表面三维形貌

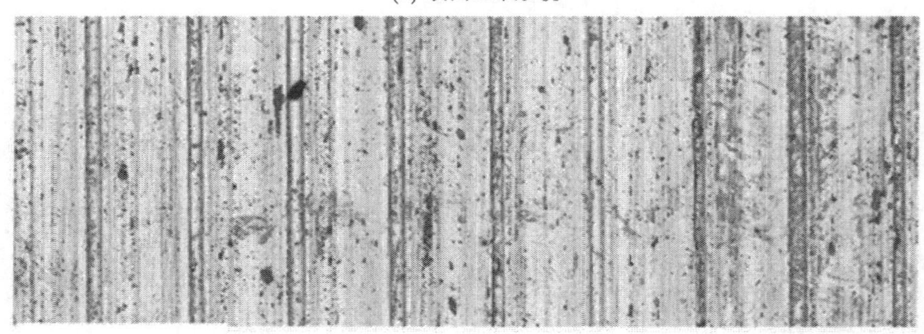

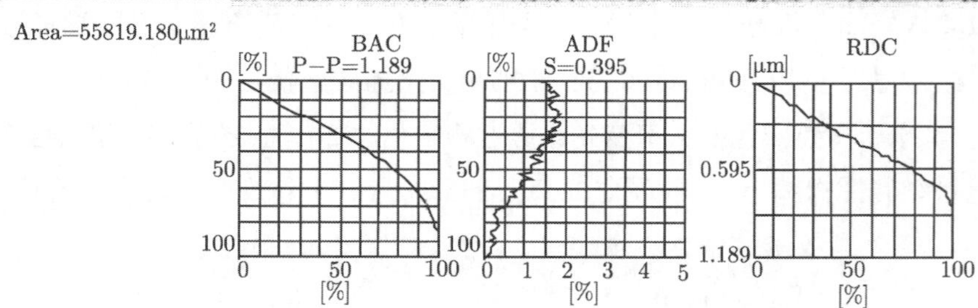

Surface roughness		
Ra =	0.256	μm
Rp =	0.626	μm
Rv =	0.596	μm
Rz =	1.189	μm
Rc =	0.925	μm
Rt =	1.189	μm
Rq =	0.303	μm
Rsk =	0.355	
Rku =	2.042	
RSm =	49.668	μm

Load Length ratio		
Rmr 0%=	0.000	%
Rmr 10%=	15.750	%
Rmr 20%=	32.481	%
Rmr 30%=	49.663	%
Rmr 40%=	64.914	%
Rmr 50%=	77.644	%
Rmr 60%=	87.297	%
Rmr 70%=	94.061	%
Rmr 80%=	97.583	%
Rmr 90%=	99.704	%
Rmr 100%	99.993	%

Cutting lavel difference		
Rdc(　−0%)=	0.000	μm
Rdc(0−10%)=	0.083	μm
Rdc(0−20%)=	0.164	μm
Rdc(0−30%)=	0.250	μm
Rdc(0−40%)=	0.331	μm
Rdc(0−50%)=	0.399	μm
Rdc(0−60%)=	0.458	μm
Rdc(0−70%)=	0.527	μm
Rdc(0−80%)=	0.602	μm
Rdc(0−90%)=	0.694	μm
Rdc(0−100%)=	1.947	μm

(b) 表面形貌相关参数测量

图 2.21　Axio CSM 700 型激光共聚焦扫描显微镜测量的表面形貌

2. 白光干涉测试法

干涉测试技术是对被测物体反射的光波与参考表面反射的光波叠加产生的干涉条纹进行分析的方法。干涉条纹是测量信息的载体，通过对干涉条纹进行分析，就可以得到包含在条纹中的测量信息。用于微观测量的光干涉技术主要有相移干涉测试技术和白光干涉测试技术，其中白光干涉测试技术应用较为广泛。

白光干涉也称为低相干干涉，白光光谱中各色光均可能参加干涉，并将各色光的干涉强度分布叠加，形成干涉图像。两束相干光形成的干涉光强为

$$I = I_1 + I_2 + 2\sqrt{I_1 I_2}\gamma(\varphi)\cos\varphi \tag{2.33}$$

式中，I_1 和 I_2 为两束相干光的光强；φ 为相位，与被测表面深度有关；γ 为干涉条纹对比度，与相位 φ 和干涉光频谱成分有关。

白光干涉测试时，被测物体反射光与参考表面反射光形成干涉，相干光之间光程差的变化会导致干涉条纹移动，通过测量干涉条纹的移动量可测得样品表面几何量的变化，表面三维轮廓即通过测定表面各点相对零光程差位置的高度来构建的。白光干涉测试法的测量精度取决于光程差的测量精度，光程差以光波波长为单位，即每移动一个干涉条纹间距，光程差改变一个波长。

白光干涉测试法可以测量任何具有反射性的工件表面形貌，甚至大于 $\lambda/4$ 的高度差，或不连续表面的三维轮廓，具有量程大、非接触、灵敏度高、无损伤、精度高等特点。图 2.22 为一种典型的光学超精密三维表面轮廓测量仪。

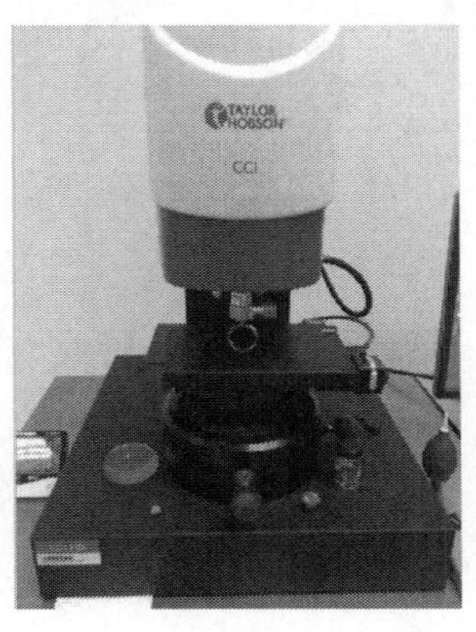

图 2.22 TalySurf CCI 型白光干涉轮廓测量仪

图 2.23(a) 为采用 TalySurf CCI 型白光干涉轮廓测量仪测得的硬切削加工圆环

件外表面的表面形貌，图 2.23(b) 为表面形貌对应的相关参数测量数据，与图 2.21 激光共聚焦扫描显微镜测得的数据相比，其在表面形貌高度方向的测量结果更为理想。

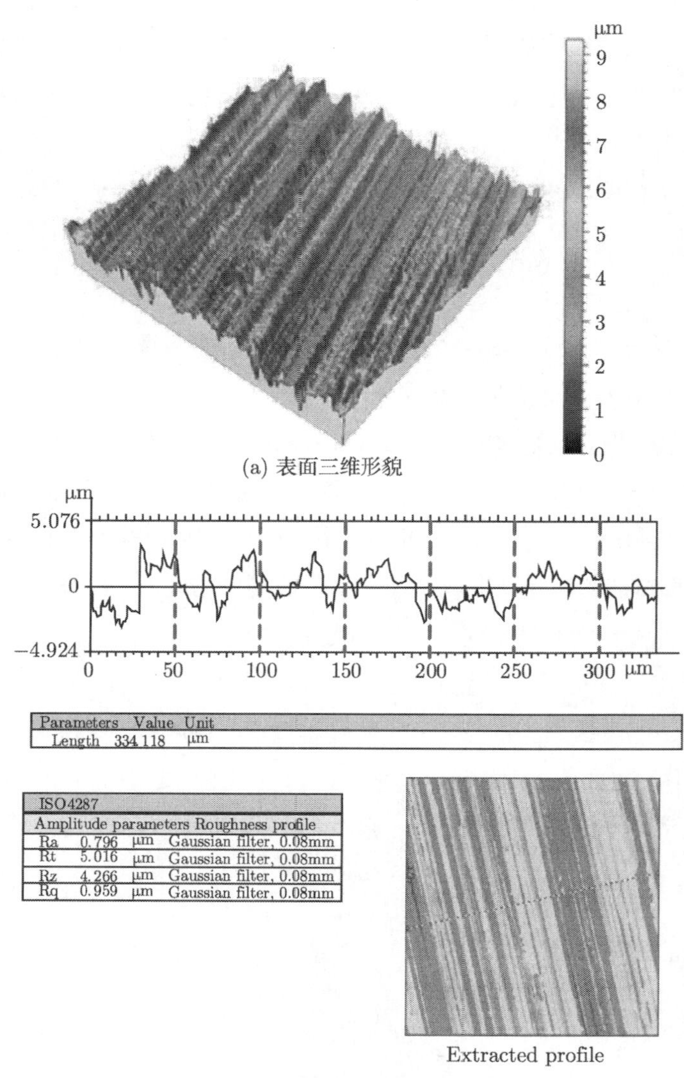

Parameters	Value	Unit
Length	334.118	μm

ISO4287			
Amplitude parameters Roughness profile			
Ra	0.796	μm	Gaussian filter, 0.08mm
Rt	5.016	μm	Gaussian filter, 0.08mm
Rz	4.266	μm	Gaussian filter, 0.08mm
Rq	0.959	μm	Gaussian filter, 0.08mm

(a) 表面三维形貌

(b) 表面形貌相关参数测量

图 2.23　白光干涉轮廓测量仪 TalySurf CCI 测量的表面形貌

第3章　切削表层微观结构特征及检测

在切削加工过程中，刀具和工件之间发生剧烈的热力耦合作用，使得一定条件下已加工表层出现微观结构特征变化。表层微观结构特征对零件的物理和使用性能有极大影响。由于变质层尺寸薄，难于准确分析其结构特性，对于表层微观结构特征本质和形成机制的探索一直是切削加工表面完整性研究的热点。

本章围绕切削表面微观结构特征及检测方面进行阐述，主要内容包括：切削加工表层微观结构的定义和特征，白层的形成和影响因素，变质层微观结构特征，金相试样的制备和显微硬度检测等。

3.1　切削表层微观结构概述

高速切削过程中，已加工表面承受着剧烈摩擦、塑性变形、切削热的耦合作用，使加工表面下某一深度内的材料发生变化，此变化导致新的表层产生，新表层的微观结构与加工之前有所不同。切削表层微观结构特征是指在显微镜下观察到的切削表层的微观裂纹、晶粒尺寸、晶粒塑性变形、晶间破坏、微观缺陷等微观组织特征。表层微观结构的改变导致其物理和化学性能也随之改变。图 3.1 为切削加工表层结构示意图。

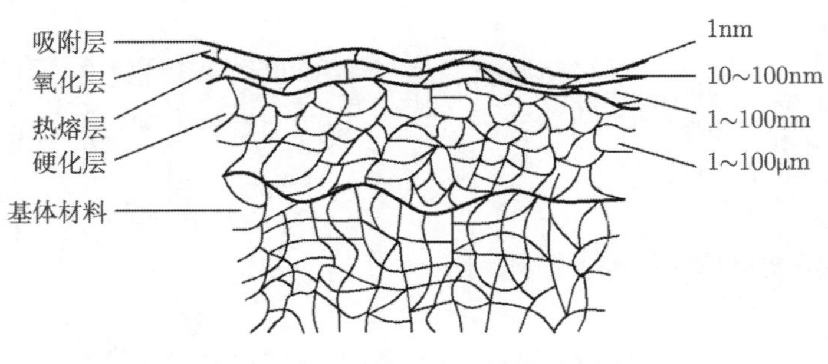

图 3.1　切削加工表层结构示意图

由图 3.1 可知，切削加工表层结构包括紧贴基体材料的硬化层、硬化层之上的热熔层、热熔层之上的氧化层以及最表面的吸附层。吸附层、氧化层与加工环境等因素有关，其中氧化层是在环境作用下发生表面化学反应形成的转变层，主要包括与 O 和 N 元素的反应；热熔层是工件表面层分子熔化的结果，为结晶性能丧失的非晶质材料。以上各层厚度极其微小，切削表层的微观结构特征的主要研究对象为 1～100μm 的硬化层。

3.1.1　表层微观结构的特征

1. 晶粒变化

切削加工中的挤压、摩擦使加工表面产生剧烈的塑性变形，进而加工表层发生晶格扭曲、畸变，晶粒间产生剪切滑移，晶粒被拉长和纤维化，甚至破碎，增加了晶界面积，导致晶粒沿特定方向上排列，呈细小破碎的纤维状组织结构，这种纤维化组织具有随加工材料晶体构造及切削力变化而变化的性质。切削表层中越接近加工表面，晶粒变形越剧烈，微细化程度越高。

2. 硬度变化

切削表层的金属材料，一方面在切削力的作用下，材料晶格发生畸变，形成大量位错，导致晶粒细化和位错密度增加，阻碍了金属的变形和滑移；另一方面在切削温度作用下，发生了淬火效应及回火效应，导致材料组织相变，产生了更加致密的组织结构，在两者共同作用下将引起表层显微硬度的变化。通常被切削加工过的工件表面上均有加工硬化发生，外表层最硬，随着深度的增加，硬度减小，在 0.1～0.5mm 深度处便过渡到基体材料的硬度。

3. 残余应力

切削时在刀尖附近将产生高温高应力和较大的应力温度梯度，直接作用于切削加工表层，将产生残余应力，根据加工条件和切削参数不同，残余应力可能是拉应力或者是压应力。

3.1.2　表层微观结构特征的形成机制

1. 机械载荷作用机制

切削加工过程中，工件在刀具的切削力作用下被挤压变形，被切削部分将产生剪切滑移，直至变成切屑脱离工件，伴随着切削的进行，工件切削表层会发生塑性变形，其变形机制如图 3.2 所示。由于刃口的挤压、第 I 变形区的热力载荷影响和后刀面与已加工表面的挤压和摩擦作用等，将会形成切削加工表层。

切削加工过程中，三个变形区都直接或间接地影响了工件切削表层微观结构。在第Ⅰ变形区，工件切削层金属产生了较大的剪切滑移和塑性变形，去除材料得到加工表面，直接形成切削表层的微观结构特征；在第Ⅱ变形区，切屑受到前刀面的挤压摩擦后形成的积屑瘤对已加工表面的微观结构特征造成间接影响；对于第Ⅲ变形区，由于切削刃钝圆部分和后刀面的挤压和摩擦以及其他影响因素的共同作用，造成已加工表面微观组织纤维化，导致加工表层微观结构特征变化。

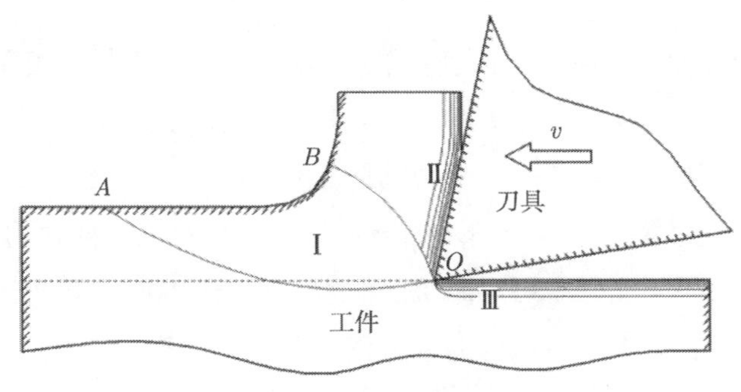

图 3.2 切削变形机制

2. 热载荷作用机制

切削加工过程中，三大变形区由于弹、塑性变形及刀具、工件和切屑之间摩擦的作用，产生了大量的热能，绝大部分热量将传入刀具、切屑和工件，其中部分热量传入工件之后，工件温度将会升高，当温度升高到超过金相组织变化临界点时，就会发生淬火效应或回火效应，导致材料出现热相变。

以加工淬硬钢材料为例，在切削过程中，已加工表面的温度急剧升高并超过奥氏体相变温度，表层材料将发生奥氏体转变，随着已加工表面与刀具快速分离，表面温度迅速下降，使得工件表面发生快速淬火。由于转变速度快，没有足够时间进行奥氏体重结晶，马氏体在严重形变奥氏体中形成，所得马氏体不同于常规马氏体，其中还含有相当数量的残余奥氏体。

3. 机械和热载荷耦合作用机制

在高应变、高应变率和高温的耦合作用下，加工表层变形速率和温度迅速升高，工件的变形抗力随之下降，机械载荷引起的塑性硬化和热载荷引起的软化效应共同作用于表层材料。当热软化超过加工硬化作用占主导时，材料内部便会发生动态再结晶，形成相变组织；当加工硬化超过热软化作用占主导时，材料内部便会发生塑性变形失稳，形成微细化晶粒。另外，已加工表面强烈的塑性变形会产生较高的应力，应力效应将导致材料相变温度降低，进一步促进了材料相变的发生。

3.2　白层的结构特征和影响因素

白层是切削过程所形成的一种表面组织形态，存在于已加工表层内，经金相试剂腐蚀后在光学显微镜下呈白亮的硬层。白层具有两个特征：一是比基体硬度高；二是无特征组织形貌[71,72]。白层一般很硬、很脆、很薄 (一般几微米至几十微米)，某些条件下是非连续性的，因而白层的微观结构特征对工件的使用性能有着重要的影响：一方面白层的高硬度可提高抗磨能力；另一方面由于其脆性很大，易形成裂纹，进而导致材料大块剥落或成为疲劳源。

3.2.1　白层微观结构特征分析

以淬硬钢切削加工为例，如图 3.3 所示，光学显微镜下的加工表层沿径向分为三个区域：白亮区、深灰区和浅灰区。白亮区即为白层，位于工件加工最表层；深灰区紧挨着白层，为一定厚度的超细化层；浅灰区为工件的基体材料。

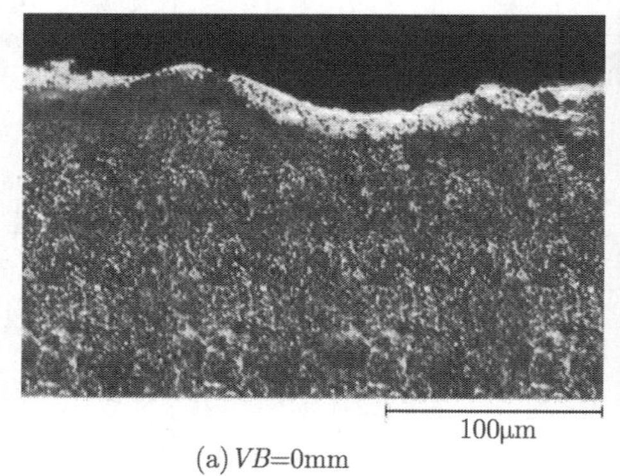

(a) VB=0mm

(b) VB=0.1mm

图 3.3　光学显微镜下的高速精密切削表面白层形态

为了分析各区域的组织结构，分别对各区做了高倍显微观察。白亮区由隐晶马氏体组成，这是由于切削过程中已加工表面瞬间达到奥氏体相变温度，随着切削热的连续均匀移动，该区域热量迅速向被加工工件传递，在已加工表面产生极高的冷却速度，使得奥氏体迅速转变为马氏体。由于其冷却速度比常规淬火高得多，故所得马氏体组织非常细小，呈隐晶状，通常认为白层是由奥氏体、马氏体和碳化物组成的。深灰区组织为回火马氏体，由于温度场沿深度方向呈梯度分布，该区正好处于回火温度范围内，并且可以观察到较细小碳化物颗粒的析出，具有较低的硬度。图 3.3 中，当后刀面磨损量 VB 为 0.1mm 时，深灰区的回火程度和深度都要远高于未磨损的刀具，此时白层的厚度更是高达 10 μm。

用扫描电镜对白层和超细化层进行放大观察，已观察不出原始组织的存在，塑性变形区的组织变形明显具有一定的方向性，如图 3.4 所示。白层的形态随刀具后刀面磨损量 VB 的变化而有所差异，当后刀面未磨损时，如图 3.4(a) 所示，白层比较规则和均匀，而在后刀面磨损量 VB 为 0.1mm 状态下，如图 3.4(b) 所示，在 SEM 下可以看到白层熔附在已加工表面上，且变得非常不均匀。

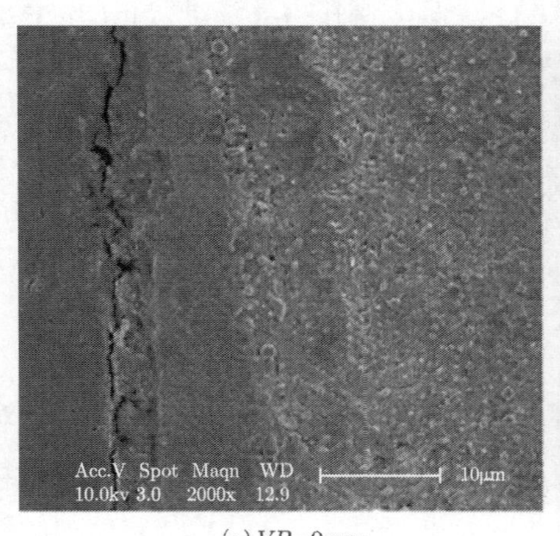

(a) VB=0mm

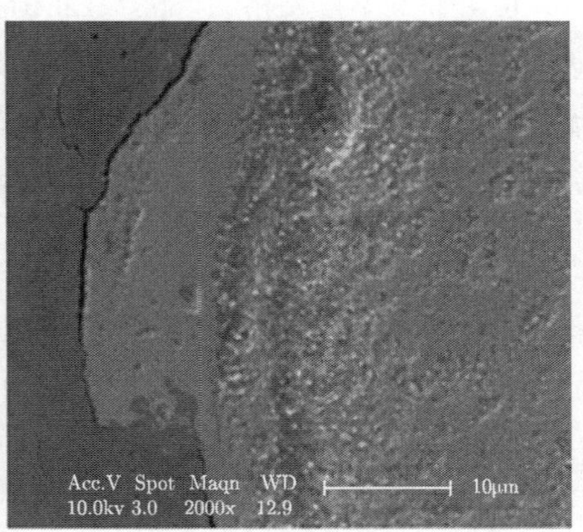

(b) VB=0.1mm

图 3.4 SEM 下的高速精密切削表面白层形态

3.2.2 白层的影响因素

影响白层结构特性的主要因素有刀具参数、切削参数和工件材料等[73−75]。

1. 刀具参数的影响

当切削刃钝圆半径增大时，刀具对加工表面的挤压作用也会增大，导致塑性变形加剧、形变作用增强；当刀具后刀面磨损增大时，后刀面与已加工表面的摩擦作用加剧，导致塑性变形加剧、形变作用增强。同时，刀具和工件之间的快速摩擦产生大量热量，导致温度升高，增强了相变作用机制。

2. 切削参数的影响

切削速度增加时, 塑性变形速度增大, 缩短了刀具与工件接触时间, 使加工硬化来不及充分进行, 塑性变形程度减小；同时, 速度增大, 切削表层温度也会升高, 有助于表层金属的软化, 故随切削速度的增加, 硬化程度和硬化层深度都有所减小。

进给速度增大, 切削力增大, 表层塑性变形程度增大, 硬化深度和硬化程度都增大。但当进给速度或进给量过小时, 由于刀具的切削刃钝圆部分在已加工表面单位长度上的挤压次数增多, 硬化现象也会增大。

3. 工件材料的影响

工件材料的塑性越大，其形变作用机制对工件的影响就越严重。对于不同的材料，即使工件变形程度相同，但产生的强化效果、加工硬化程度也不会相同。一般来说，金属的晶格类型不同，其加工硬化程度也会有较大差异。例如，面心立方晶格金属的加工硬化程度比体心立方晶格金属的大，这与金属中的位错性质有关。加工硬化还与材料晶粒大小有关，即晶粒越大，加工硬化程度越小。

3.3 微观结构特征检测试样的制备

表层微观结构特征检测旨在揭示加工表层硬化、结晶组织等的形成机制。要对表层的微观结构特征进行分析，就必须制备符合测试要求的检测试样。通常，试样制备过程包括试样的截取、镶嵌、磨光、抛光和腐蚀，每项操作都必须严格按照实验要求进行操作，因为任何失误都可能导致实验失败。

3.3.1 试样的截取和镶嵌

1. 试样的截取

截取试样时必须注意取样的部位、形状尺寸和取样数量等。因为金属材料不同部位、不同方向上的显微组织往往不同，所以取样部位必须具有代表性且能够较好地用于后续的测试分析。取样部位的选取必须要考虑被检验工件的特点、加工工艺、使用情况等，对于硬化层的检测，国标中对取样的部位、形状尺寸、取样数量有明确的规定，应该注意在测定硬化层深度时，截面应垂直于加工表面，如层深较浅时，为了使测量更为精确，组织更为清晰，则可以斜向截取试样。

切割试样的方法很多，如机械切割、电火花线切割、电解切割等，可结合实际情况选取合适的方法，但应保证试样显微组织不发生变化，需要时也可采取适合的冷却措施。

1) 砂轮切割

砂轮切割适用于各种硬度的金属，具有切割面平整、影响层较薄、表面质量较好等优点。切割用砂轮可分为自耗和非自耗两种类型。自耗切割轮片是一种以碳化硅或氧化铝为磨料，用树脂或橡胶粘结起来制成厚度为 0.5~2.5mm 的切割片，多用于高转速切割 (如 2000r/min)，可通过粘结牢度控制砂轮片的硬度实现软硬不同材质的切割。非自耗切割轮片是把适当粒度的金刚石磨料粘结在圆形金属片的边缘，制成厚度为 0.15~0.38mm 的切割片，多用于低转速切割 (如 200r/min)，其切割效果好，对试样表面损伤较小，尤其适用于高硬度材料的切割。

2) 电火花线切割

电火花线切割也是切割试样的常用方法，采用直径极小 (如 0.16mm) 的钼丝，在绝缘油介质中通过火花放电进行试样切割，具有被切割试样表面平整、粗糙度好、无变形、对试样的显微组织的影响小等优点。

不论选用何种切割方法，切割后都会在表面或多或少地留下影响层，在以后的磨制过程中必须将其去除。

2. 试样的镶嵌

截取后的试样，如果尺寸大小合适，无需镶嵌，便可直接进行磨抛光操作；如果试样形状尺寸过小，为了便于磨抛光操作，便需要将试样镶嵌成较大尺寸，如薄板、片、细线等微小件。另外，需要检查表面薄层组织和测定薄层深度的试样，如硬化层等，因为试样尺寸需满足自动磨抛光机的试样定位要求，所以必须将试样镶嵌，制成特定的尺寸规格。镶嵌的方法很多，常用的方法有机械夹持法、浇注镶嵌法和热压镶嵌法等，应综合考虑所持有设备与实验条件等具体情况进行选择。

1) 机械夹持法

该方法不仅适用于表层组织检验的试样，有利于保护试样边缘避免倒棱；还适用于不规则和较薄的试样，便于握持磨抛光。制作夹具的材料可用低、中碳钢等，夹具形状主要根据试样的外形、尺寸及夹持保护的要求选择，如平板状、环状等。

(1) 平板夹具。平板夹具适用于夹持外形较规则的试样，如圆柱、薄板等。如图 3.5(a) 所示，其组成包括金属夹板、连接螺栓和填片，其中试样夹在两块夹板之间进行磨制。夹板应选择与试样有相近硬度和电极电位的材料。夹持时，夹板与试样间多采用铜、铂等薄片 (0.5~0.8mm) 填充，以防止试样边缘磨损。填片的电极电位应高于夹板，以避免腐蚀试样时填片被侵蚀，从而影响组织显示。

(2) 环状夹具。环状夹具适用于夹持外形不规则和尺寸较小的试样，如各种板状、棒状、条状等形状的小试样，其尺寸可根据试样大小、形状而定。如图 3.5(b) 所示，低碳钢管夹具的尺寸为：直径 20mm、长 15mm、厚 3mm，在半环高处钻一螺纹孔，再将一个长度适合的螺钉拧入螺孔即可实现试样的装夹。

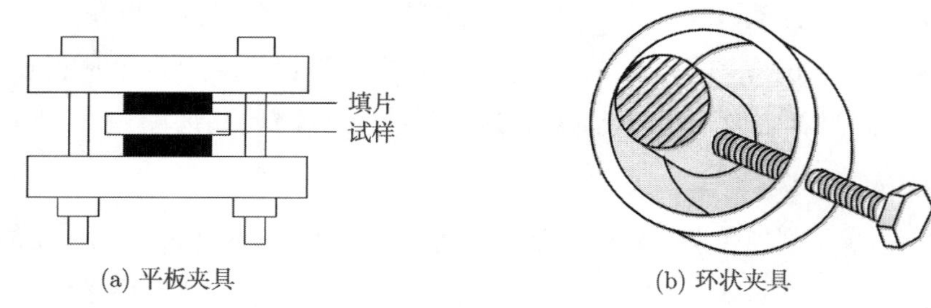

(a) 平板夹具　　(b) 环状夹具

图 3.5　机械夹持法

2) 浇注镶嵌法

浇注镶嵌法是将配有固化剂的液态镶嵌材料注入模具中，在室温静置一段时间固化形成镶嵌试样的方法，常用的镶嵌材料有环氧树脂和牙托粉等。对于易脆碎的不能加压件、不能加热件、特薄和特小件、多孔和带缝隙件，均宜采用浇注镶嵌法。该方法不需加热加压，无需专用的镶嵌机，能满足各种大小试样的制样要求，尤其在大批量镶嵌制样中，用浇注镶嵌无疑是最经济的。

(1) 环氧树脂镶嵌。环氧树脂镶嵌材料是由环氧树脂和固化剂组成的，固化剂多采用胺类化合物。固化剂比例要合理，比例过大时，一方面会降低聚合物强度，另一方面会产生热量使镶嵌料温度升高；而比例过小，则不能保证试样完全固化，通常固化剂占镶嵌材料的 10%左右。为了提高聚合物的韧性，还可在环氧树脂中添加适量的增韧剂。

(2) 牙托粉镶嵌。牙托粉具有无腐蚀、无毒、无污染的特点，是一种很好的镶嵌材料。将牙托粉倒入容器中，适量加入牙托水，搅拌调制成一定黏度的稀胶体，与环氧树脂的使用方法一样，浇注入镶嵌模具中，静置 20 min 左右即可固化。与环氧树脂镶嵌相比，牙托粉镶嵌在操作上更简便，固化时间也较短。

采用浇注镶嵌方法时，先用金属箔、铝、钢、聚四氟乙烯塑料、硅橡胶等材料在试样周围围成浇注模，如图 3.6 中的金属套管，并且在模壁上涂上真空油、硅油、凡士林等便于脱模的材料，之后将镶嵌材料充分搅拌后注入模内，最后在室温或烘箱内固化，制成镶嵌试样。

3) 热压镶嵌法

热压镶嵌法通常采用热固性和热塑性两种材料，其中热固性材料应用最为普遍，该方法也应用于低熔点合金件的镶嵌。热塑性材料常用的有聚氯乙烯、有机玻璃等树脂材料，与热固性材料相比其抗酸碱侵蚀能力强。

最常用的热固性材料为酚醛塑料，可单独使用，更多的场合是在其中混入少量木屑粉混合后使用。这种在酚醛塑料中加入木屑粉的混合物称为电木粉，电木粉的硬度稍高于酚醛塑料[76]。热压镶嵌需要在专用镶嵌机上完成，把电木粉与试样一同放入模具中，加热加压固化后即可制成镶嵌试样 (图 3.7)。镶装过程中要适度地控制温度和加热时间，如果温度过高或加热时间过长，电木粉会被烧坏并产生裂纹；如果温度过低或加热时间太短，会导致试样质地变得疏松。热压镶嵌还可用邻苯二甲酸二丙烯作为热固材料，可在其中加入少量玻纤、石棉或铜屑等作为填充。

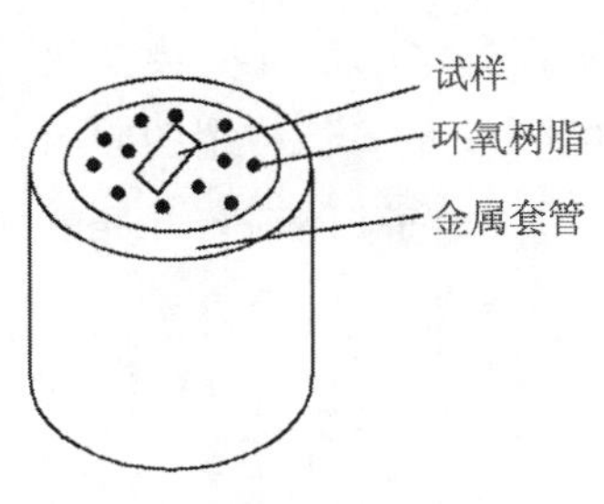

图 3.6 浇注镶嵌试件

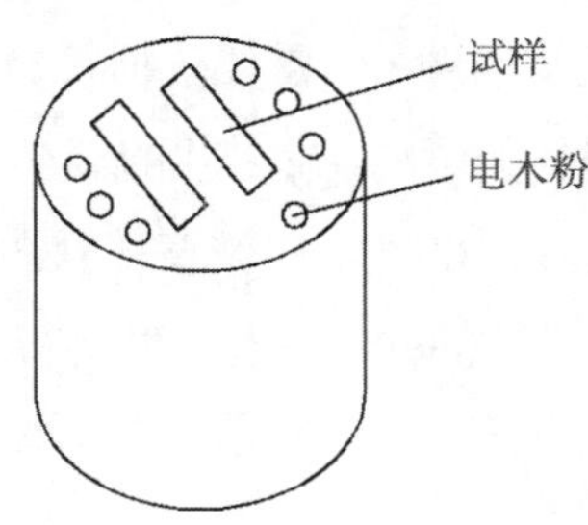

图 3.7 热压镶嵌试件

3.3.2 试样的磨光和抛光

1. 试样的磨光

磨光为试样制备过程中的一个重要环节，是使用固定磨料 (如砂纸、砂轮等) 制备试样的过程，它不仅是为了使试样表面光滑平整，还要去除试样在截取时留下的损伤和变形层。试样经截取、镶嵌后，如符合操作要求，便可进行磨光操作，即首先将试样用砂轮打平，再依次用由粗到细的金相砂纸磨平处理。磨制过程中不可避免地会产生新的表层变形，试样磨光的每一道工序，既要除去上一道工序造成的变形层和磨痕，同时还要尽量减少损伤。最后一道工序产生的变形层应非常浅，以保证在接下来的抛光工序中能够除去。

磨光过程通常可分为粗磨和细磨两个阶段。粗磨一般是在砂轮机上进行的，为保证试样磨平，多采用砂轮侧面进行磨削。砂轮接触过程中压力不宜过大，同时要用水进行冷却，以防止温度过高导致材料发生金相变化。粗磨后，试样表面虽较平整，但仍存在较深的磨痕，为了消除这些磨痕，获得更平整而光滑的磨面，还需进行细磨，为抛光做准备。

细磨分为手工磨制和机械磨制。手工磨制主要使用干砂纸，将砂纸平放在玻璃板或平铁板上，一只手按住砂纸，另一只手将试样磨面轻压在砂纸上向前推进，进行磨光。为保证试样表面平整，在磨制时所施力需尽量均匀，磨面与砂纸尽量完全接触，磨削方向要一致，回程时应将试样提离砂纸。细磨时使用的砂纸应从粗到细，每换一张砂纸，磨削方向应旋转 90°，以便观察上次磨痕是否磨掉。机械磨制主要使用水砂纸，水砂纸的纸基和黏结剂都能防水，机械磨制的注意事项与手工磨制基本相同，但要注意金相试样的冷却，随着水砂纸粒度号的增加，转盘的转速应相应降低。

关于磨料的选择，需要依据粗磨、细磨分别对待。对于粗磨，基本原则为硬的试样选择稍软的磨料，反之软的试样选择稍硬的磨料，制备试样用的砂轮一般选择磨料粒度为 40~60 号，如硬度中软的白刚玉平砂轮。对于细磨，可选择干砂纸或水砂纸，对于具体的砂纸编号、磨料粒度号等参数的选择，可参考国标。

2. 试样的抛光

使用松散磨料 (如抛光膏、喷雾抛光剂以及各种磨料微粉的悬浮液) 将磨光的试样在织物上抛亮，即去除金相试样磨面上因细磨留下的磨痕，并去除在磨制过程中产生的扰动层，使试样表面光滑平整，这一过程称为抛光。

试样抛光后的质量不仅与抛光过程有关，而且与抛光前的细磨工序有直接的关系，因为抛光仅能去除试样表面极薄的一层金属。如细磨时留下很深的磨痕，即使延长抛光时间也不会去除，反而因抛光时间过长会产生新的扰动层。如果遇到这种情况，必须重新进行磨抛，以保证试样制备的质量。所以在进行试样抛光之前，一定要检查试样磨光后的磨面质量，质量合格以后才能进行抛光工序。常用的抛光方法有机械、电解和化学等方法[77,78]。

1) 机械抛光

机械抛光是指利用抛光微粉和试样之间的磨削和滚压作用将试样表面磨制光滑的过程。机械抛光是在专用抛光机上进行的，抛光过程可分为粗抛和精抛两个阶段，粗抛是为了去除磨光所产生的变形层，精抛是为了去除粗抛所产生的变形层。常用的抛光剂是由 Al_2O_3、Cr_2O_3 或 Fe_2O_3 微粉加水配成的悬浮液，抛光时将试样紧贴抛光盘，并将试样从中间向边缘往返移动，用力要适当，不能过大也不能过小，抛光时间以 3~5min 为宜。抛光过程中，要不断向抛光盘内注入抛光剂，以产生磨削和润滑作用。当磨面明亮如镜，在显微镜下看不到划痕时，停止抛光，随后用净水把试样冲洗干净，再用无水酒精擦拭并用热风吹干，以备之后的试样检测。

2) 电解抛光

将试样放入电解槽中，试样做阳极，惰性金属材料做阴极，接通阴阳极间电源，在电解液作用下，使试样磨面有选择性溶解而得到平整表面，这一过程称作电解抛光，其装置如图 3.8 所示。

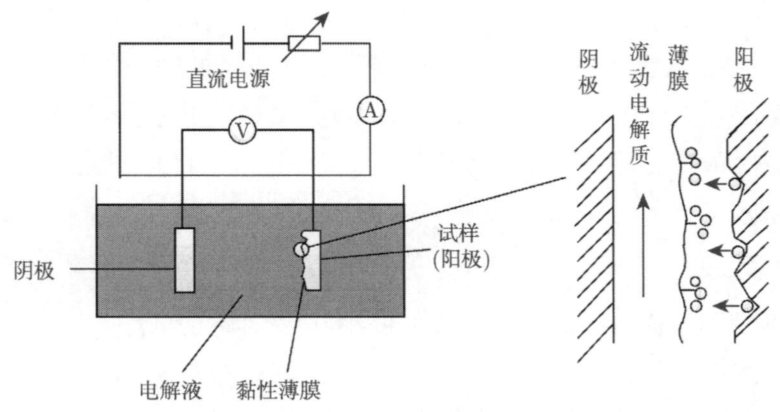

图 3.8 电解抛光装置

电解抛光时，电解液与试样表面发生化学反应，在试样凹凸不平的表面上形成一层厚度不均的黏性薄膜，如图 3.8 所示，在试样凹处黏膜较厚，具有较高的电阻，产生的电流密度低，溶解慢；而在试样凸处黏膜较薄，电阻较小，电流密度大，溶解快[79]。试样表面的凹凸不平导致溶解速度不同，凸处溶解快，凹处溶解慢，由此试样表面逐渐变平整，最后形成光亮平滑的抛光面。

电解抛光与机械抛光相比，其优点是：对于较软的金属材料，电解抛光磨面质量相对较好，而对于较硬的金属材料，用电解抛光也要快很多，另外电解抛光不会产生附加的表面变形扰动层。图 3.9(a) 是试样经过机械抛光并腐蚀后的微观组织结构，由于试样表面存在一定的扰乱层，试样的微观组织欠清晰，而经电解抛光后的试样的微观组织要清晰很多，如图 3.9(b) 所示。

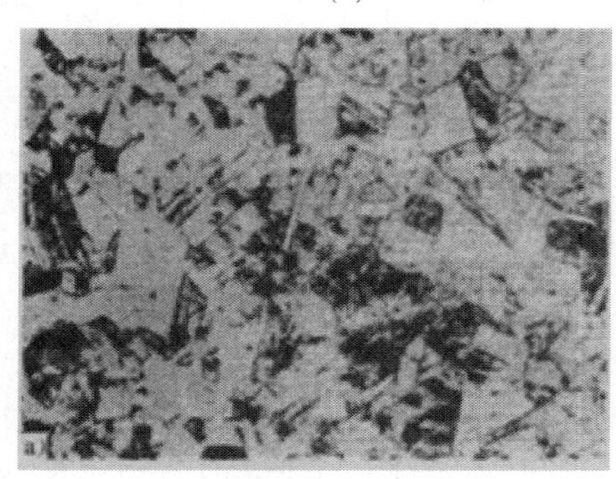

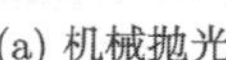

(a) 机械抛光

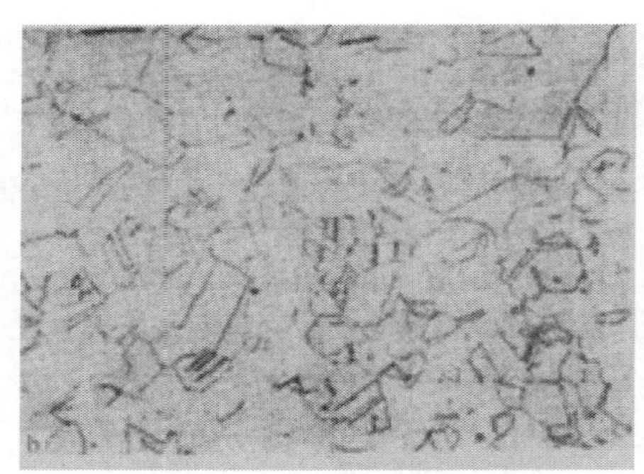

(b) 电解抛光

图 3.9　机械抛光和电解抛光试样的微观组织

但是试样经电解抛光后也存在一定问题，如边缘区域会因选择性腐蚀产生圆角，并且容易在夹杂相周围形成凹坑。电解抛光主要适用于有色金属及硬度低、塑性大的金属，如高锰钢、奥氏体不锈钢等，而不适用于具有偏析的金属材料、铸件以及化学成分不均匀的试样。

3) 化学抛光

化学抛光与电解抛光原理相似，都是利用化学试剂将试样表面溶解。由于试样磨面各组成相的电化学电位不同，形成了许多微电池，在溶解过程中，试样磨面表层也形成一层氧化膜，但是化学抛光对试样原来凸起部分的溶解速度比电解抛光慢，磨面凸起部分和凹陷处的溶解速度差别并不大，故经化学抛光后磨面虽然光滑，但并不平整，呈波浪起伏状[80]。

这种抛光方法操作简单、成本低廉，不需要特殊设备，对原试样表面的光洁度要求不高，兼有浸蚀的作用，多数情况下能同时显示组织，抛光后即可观察，无需再做浸蚀处理，并且抛光后的试样表面没有扰动层。缺点是夹杂物容易被腐蚀掉，抛光液消耗快，试样棱角易腐蚀，抛光表面平整性差，只能用于低倍常规检验。

3.3.3 试样的显微组织显示

1. 化学腐蚀法

化学腐蚀是将抛光好的试样磨面浸入化学试剂中或用化学试剂擦拭试样磨面，使之显示出显微组织的一种方法。化学腐蚀实际上是一个电化学反应过程，由于试样内部晶间、晶内与晶界、相间的电位不同，在化学试剂的作用下，较低电位部分为微电池的阳极，溶解较快，溶解处显现凹陷或沟槽，从而显示晶界和组织。

腐蚀的操作方法有两种，一种是浸入法，把抛光面向下浸入盛有腐蚀剂溶液的玻璃容器中，不断晃动，经过一定的时间后，取出立即用清水冲洗，再用酒精清洗，然后用热风吹干，即可显示组织；另一种是擦拭腐蚀法，用不锈钢钳子夹持沾有腐蚀液的脱脂棉擦拭抛光面，待一定时间后停止擦拭，然后冲洗吹干。需要腐蚀时间较长的质软金属材料，通常采用浸入法；腐蚀时抛光面上易形成膜或固体沉积物的金属材料以及腐蚀时间短暂的金属材料，通常采用擦拭法。

试样的腐蚀时间从几秒到几分钟不等，适宜的腐蚀时间可以通过抛光面的颜色变化来判断，当表面失去光泽变成银灰色或灰黑色时即可停止腐蚀。另外，腐蚀时间还与温度密切相关，温度升高，腐蚀时间将缩短。试样抛光后，最好立即进行腐蚀，否则时间过长会在抛光表面上形成一层氧化膜，从而改变腐蚀条件。当试样腐蚀不足时，最好重新抛光后再腐蚀，如不经抛光直接重复腐蚀，往往会在晶界上形成“台阶”，在高倍显微镜下容易出现伪组织；当试样过腐蚀时，必须重新抛光后再腐蚀。

2. 电解腐蚀法

电解腐蚀法的原理、装置及操作过程与电解抛光相同，只是电压较低。操作时可在电解抛光之后，随即降低电压至工作电压的 10%左右，数秒或稍长时间后，立即对试样进行清洗，即可显示组织。该方法主要用于化学稳定性高，难于用化学腐蚀显示其组织的金属及其合金，如铂、金、银等贵重金属及其合金、不锈钢、高合金钢、耐热钢、钛合金等。

3.3.4 硬切削白层试样制备

白层是硬切削表层微观结构特征检测的主要对象之一，通常借助扫描和透射电子显微镜进行检测。在进行微观结构特征检测前，首先必须制备可靠性强的检测试样，若试样制备不当，就不能看到真实的组织结构，也就得不到准确的结论。硬切削白层试样制备过程如图 3.10 所示，包括镶装、粗磨、细磨、机械抛光、腐蚀、检测等步骤。

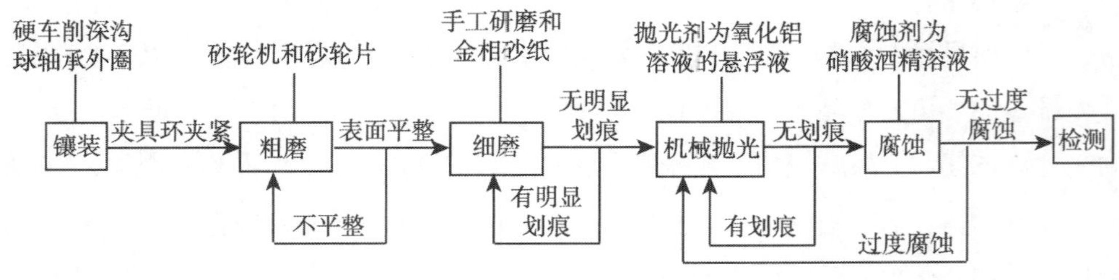

图 3.10 白层试样制备流程

1. **制备过程**

1) 试样的镶装

试样的外圆截面为检测区 (距离已加工表面 10μm 内)，若直接对试样进行研磨，则试样边缘会出现倒棱现象，这是由于在研磨过程中用力不均匀和研磨的断续性所致。其产生的后果直接影响后续的检测，导致微观结构组织显示不清晰或无法显示。

为了避免制样时试样边缘产生倒棱，需对试样进行镶装处理。如图 3.11 所示，夹具由内部芯轴、夹环和连接螺栓等组成，其中夹环起夹持保护作用，内部芯轴起固定平衡作用。装夹时，必须使试样端面和夹环端面位于同一水平面，然后使用螺栓将夹环锁紧，使试样被夹环紧密包络。

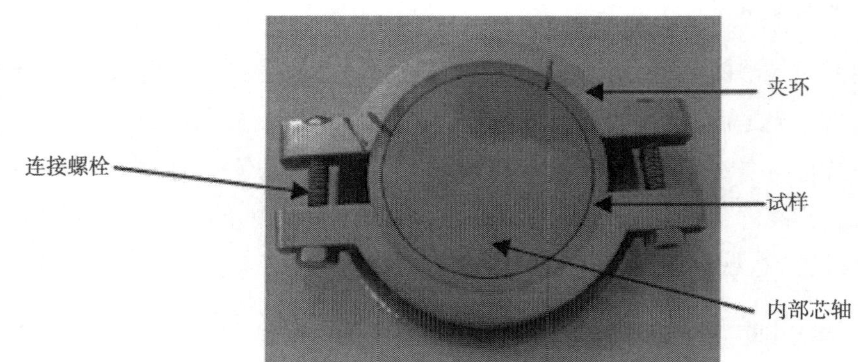

图 3.11 白层试件夹具

2) 试样的磨光

对于较硬的轴承钢试样，通常需在磨床或砂轮机上进行粗磨。磨制过程中，为防止产生大量磨削热并尽量减少磨面的变形层，要求砂轮锐利，每次去除量要尽量小，同时还要有充分的冷却。将带夹环的试样在砂轮机上沿端面手工打磨时，接触压力不能太大，以确保试样磨面质量，尽量使表面平整，便于后续的精磨操作。

精磨阶段采用金相砂纸手工研磨，与现有的磨抛机水磨砂纸研磨相比，尽管研磨速度低，但是手工研磨时研磨区域温度较低，不会产生变质层，使观察到的表层微观结构比较真实。使用的金相砂纸由粗到细的顺序为 400#—800#—1000#—1200#—1500#，每次更换砂纸时都要把试样用清水清洗干净并且要将试样沿同一方向转动 90°，并用显微镜观察试样表面以确定端面研磨状态，保证每一次研磨的磨痕沿着同一个方向。

3) 试样的抛光

为了去除试样磨光后残留的磨痕和变形层，需进行试样抛光处理。如图 3.12 所示，选用毛呢材质的抛光布，要求抛光布的纤维长短适中，使用前需将毛呢上的浮毛洗掉，紧贴抛光盘安装抛光布。抛光时，将试样放置于抛光盘外径的 1/3 处，试样要与抛光盘垂直，以确保抛光盘转动平稳，与试样的抛光方向一致。抛光速度选用 400r/min 为宜，以粒度为 0.5μm 的氧化铝颗粒调入水中并搅拌均匀的悬浮液作为抛光剂，该抛光剂同时起到冷却剂和润滑剂的作用，可以降低抛光区域的温度，阻止变质层的产生。

图 3.12 试样的机械抛光

4) 试样的腐蚀

试样腐蚀前应清洗干净，磨面上不允许残留任何杂质，以免影响腐蚀效果，腐蚀液可采用硝酸酒精溶液，其体积分数为 5%硝酸 +95%无水乙醇。在试样磨抛面上选取需要观察的区域，先用酒精冲洗，再用棉签蘸取硝酸酒精溶液反复擦拭腐蚀 15s，注意观察腐蚀区域颜色变化，若腐蚀区域由亮变暗，则立即停止腐蚀并迅速用清水将试样冲洗干净，避免过度腐蚀，然后用酒精擦拭清洁腐蚀面，最后用吹风机吹干，以备观测。

在腐蚀环节中要结合试样材料的特性确定腐蚀液种类和配制比例。上面试验之所以采用易挥发的硝酸酒精溶液作为腐蚀液，是因为该溶液能较好地实现淬硬轴承钢晶界腐蚀，且腐蚀量容易控制，具有较好的浸润性，从而促进腐蚀剂与试样表面的化学反应。冲洗后擦拭酒精，是利用酒精的挥发性，使试样表面的水分快速蒸发，以达到干燥的作用。腐蚀试样时间的长短和试样的材料、腐蚀剂的成分比例等有关，应精确控制，如腐蚀时间过短，显微组织就不能有效地显示出来；如腐蚀过度，显微组织将模糊不清，不利于观测。

2. 试样的观测

试样观测采用荷兰菲利浦公司生产的热场发射扫描电子显微镜，型号为 FEI Sirion 200。观测前先将已制备完成的试样放置在扫描电镜样品舱内，如图 3.13 所示，观测过程中，选择临近试样加工表面的部分 (距离加工表面 10μm 内) 进行观测。观测结果如图 3.14 所示，4000 倍下的表层特征沿径向大致可分为三个区域：白层、暗层和基体，且各区域间存在有一定的界限，此时各区域的组织结构隐约可见，进一步缩小视场至 8000 倍，白层和暗层组织形态明显清晰。

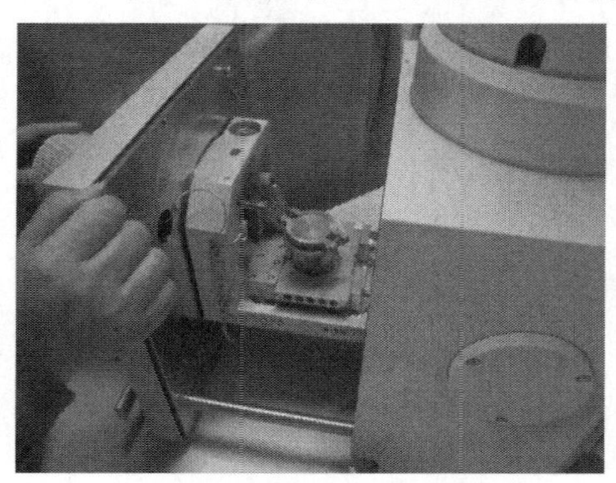

图 3.13　在样品舱内放置试样

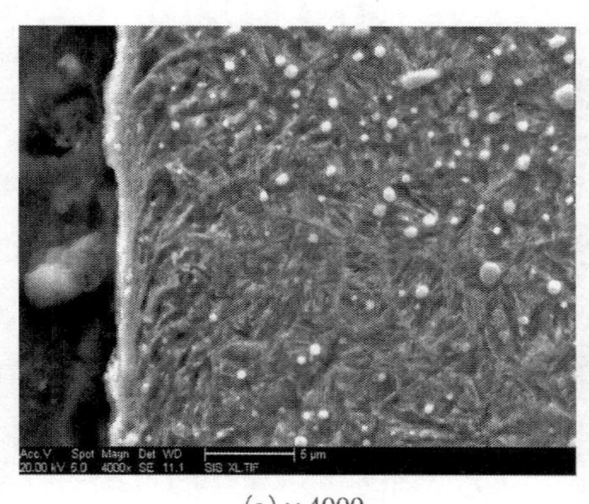

(a) × 4000

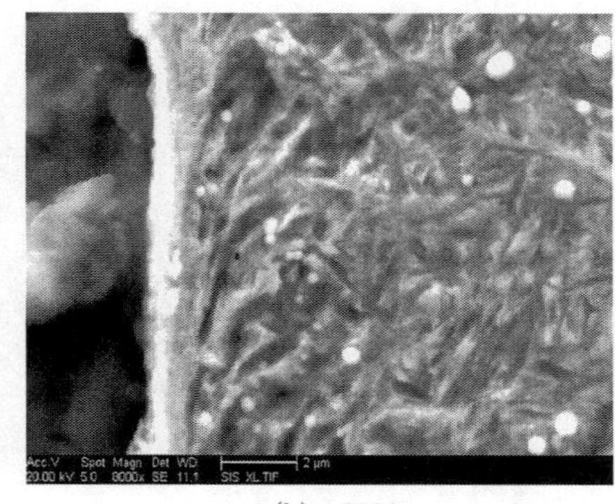

(b) × 8000

图 3.14 扫描电镜观察到的淬硬轴承钢表层微观结构

3.3.5 微观结构显微硬度和硬化层测试

1. 显微硬度的测试

显微硬度是研究金属微观组织性能的重要手段，其测量原理和方法与一般硬度的测量相同，只是把硬度测定对象缩小到显微尺度以内，通常用来测定显微组织中某一组织组成物或某一相的硬度。例如，在分析零件表面加工硬化时，就需要测量加工试样的显微硬度，为分析材料加工硬化的程度及其影响因素提供试验数据支持。

1) 测试条件

显微硬度测试加载的负荷通常为 9.807N(HVl) 以下，甚至可以小到 0.09807N (HV0.01)[81]。显微硬度测试必须根据试样厚度和预估硬度来选择负荷, 在试样厚度允许范围内，应尽量选用较大的负荷，以获得较大的压痕，提高测量的准确度。但对于一些过硬的材料，不宜采用过大负荷，以免损坏压头。

试验中，作用于试样的负荷应平稳、缓慢地施加，避免任何冲击和振动现象，负荷加载速度和保持时间是两个关键的控制指标。较快的负荷加载速度会导致测定的硬度值偏低，由于此时所产生的塑性变形不仅是负荷的静态压入力，还有一部分附加的动态作用力，致使材料变形量比实际变形量偏大。负荷保持时间也将影响硬度的测量，即保持时间越长，材料变形越充分，硬度测量值会降低，也容易受到外界环境的影响。另外保持时间的长短还必须考虑材料的特性，如有色金属可适当延长。通常，负荷加载速度应控制在 20~70μm/s，负荷保持时间为 10~15s。试验用显微维氏硬度压头为金刚石正四棱锥体压头，锥体顶部两相对面夹角为 136° ，压头顶端四个面应相交于一点，相对面间的任一交线长度 (横刃) 应不大于 1μm[82]，四个棱面应精密抛光，且无表面缺陷。

2) 测试原理

显微硬度测试原理与维氏硬度测试原理相同，设定载荷参数后，将正四棱锥的金刚石压头平稳缓慢地压入被测试样表面，经规定时间后卸去载荷，会在试样表面留下一个正四棱锥形状的压痕，如图 3.15 所示。用微测物镜测量出压痕的长度 d，将其代入式 (3.1) 中即可求出试样表面的显微硬度 HV，其表达式为

$$HV=\frac{1854.4P}{d^2} \tag{3.1}$$

式中，d 为压痕对角线的长度 (μm)；P 为实验所施加的负荷 (mN)。

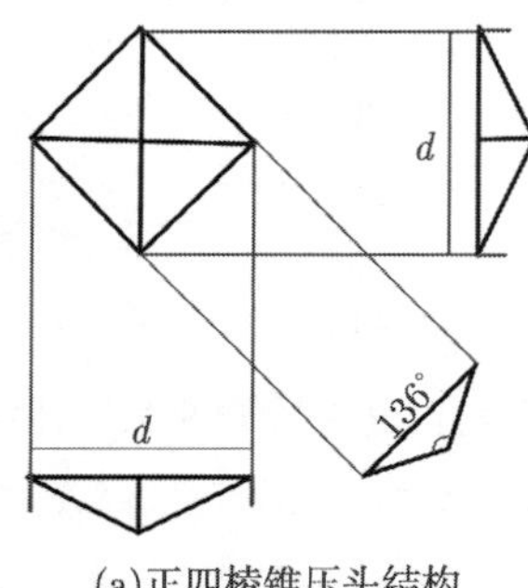

(a)正四棱锥压头结构

(b)试样表面压痕

图 3.15　压头结构和表面压痕

2. 加工硬化层的测试

加工硬化通常采用硬化层深度、加工硬化程度等指标来评价。硬化层深度是指已加工表面至材料基体未硬化处的垂直距离，硬化深度越大，其硬化程度越严重[83]。目前尚未有能够准确测出加工表层硬化层深度的测量仪器和方法，显微硬度的检测易受材料的性能、压头尺寸等影响，只能大致估计出加工硬化层深度，一般硬化层深度可达几十至几百微米。硬化程度 N_{H} 是已加工表面的显微硬度与基体硬度的百分比，其表达式为

$$N_{\mathrm{H}}=\frac{HV}{HV_0}\times 100\% \tag{3.2}$$

式中，HV 为材料已加工表面的显微硬度 (MPa)；HV_0 为基体材料的显微硬度 (MPa)。

常规切削条件下，淬火处理后的碳钢加工硬化程度为 120%～150%，未经淬火处理的碳钢加工硬化程度为 180%～200%。

加工硬化层深度的显微硬度测试方法有三种，即断面法、阶梯法、斜切法，如图 3.16 所示。通过对这三种方法的比较可知：在加工硬化层深度的测试中，最简单的是断面法，但是由于切削加工表面硬化层深度一般只有几十微米，而硬度计所施加的压痕对角线长度一般为 10~20μm，对于硬度呈梯度分布的待测量表面而言，所布置的有效测量点较少，使测得的硬度值不能很好地反映加工表面层的实际硬度。梯度法克服了断面法的上述缺点，但是制样非常困难，因而在实际的硬度测量中很少使用。斜切法克服了断面法和阶梯法的缺点，可在较小硬化层深度范围内获得多个有效测量点，因而在加工硬化层测试分析中，斜切法是最常用的测量手段。

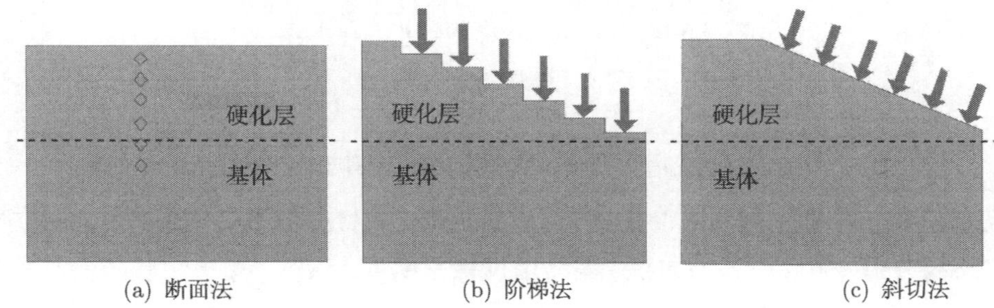

图 3.16　显微硬度分布测试方法

将试样的加工表面进行斜切后，把斜切平面向上置于水平并进行镶嵌，然后对斜切面进行研磨抛光处理，如图 3.17 所示。

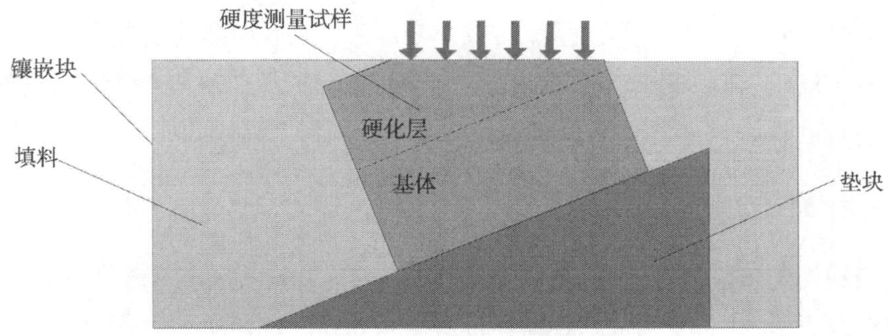

图 3.17　斜切试样的镶嵌

当使用断面法时，为了能获得更多的有效测量点，可采用错位打点方式(图 3.18)，即沿加工表面的最外层向工件内部沿一斜线依次打点，逐一测量各点硬度。需要注意的是：一般探头压痕的对角线为 10~20μm，为了保证第一点的测量精度，距离 a 不应小于压痕对角线的 1/2，其余相邻两点之间沿层深方向距离 b

可结合实际情况选择。

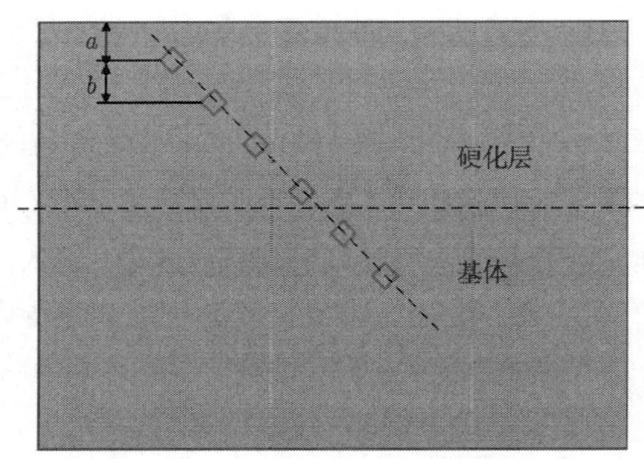

图 3.18　断面法的错位打点

另外，还可采用 X 射线衍射线半高宽来表征材料加工的硬化。半高宽是指 X 射线衍射峰最大强度 1/2 处所占的角度范围，能反映材料的组织结构信息，包括材料的晶粒大小、微观应力的大小、晶体中位错密度等。通常，材料硬度越高，其 X 射线的半高宽 HW 越大，但是半高宽只能反映材料硬化综合指标，不能直接得出材料的硬度值。

3.3.6　硬切削加工表层显微硬度测试

在硬切削轴承钢 GCr15 的表层微观结构特征研究中，为了获得给定切削条件下表层硬度的变化规律及硬化程度，需要测定加工表层区间内的显微硬度。试验采用 HXD−1000 显微硬度机，加载的负荷为 200g，保持加载时间为 10s。显微硬度测试是在 500 倍金相显微镜下进行的。

1. 试样截取与取点方法

通过线切割方法截取试样，取样过程如图 3.19(a) 所示，为了消除线切割对材料表层组织的影响，样件镶嵌后还需经过磨抛光处理。试样制成后便可进行显微硬度检测，选择图中 $ABCD$ 区域作为测试区。

考虑到硬切削表面白层厚度通常在几微米以内，当采用显微硬度计测量时，其压痕对角线长度已超过该范围，且测量时不可能完全贴近加工表面，若在样件截面上直接测量，结果显然不准确，所以将第一个测试点直接选择在试样外圆面上 (图 3.19(a))。第二个测试点选择在距离已加工表面 10μm 的位置上 (图 3.19(b))，其余各点沿图中的取点方向依次选取，各点的垂直间距均为 10μm。

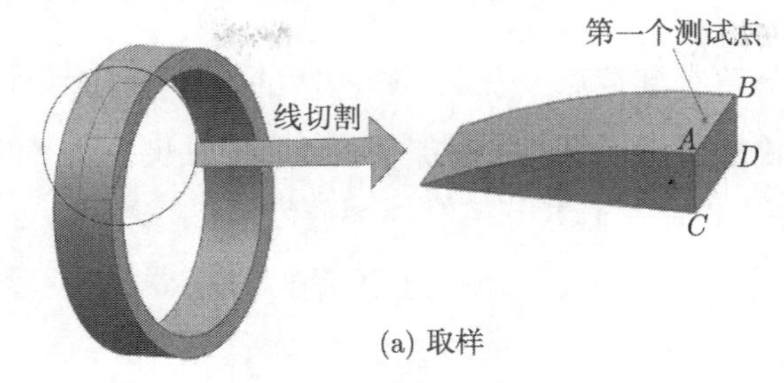

(a) 取样

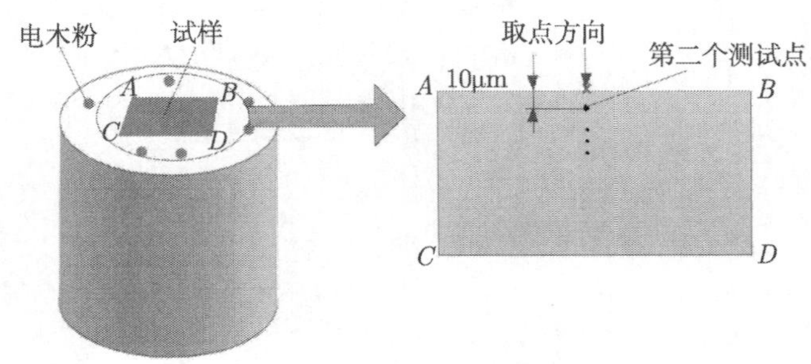

(b) 测试点的选择

图 3.19 取样和测试点的选择

为了减小相邻测试点的相互干扰，提高测量准确度，采用错位打点方式，如图 3.20 所示，其目的就是保证在相邻两点垂直距离不变的情况下扩大两点间的直线距离，一般情况下相邻两点之间的直线距离应大于压痕对角线长度。

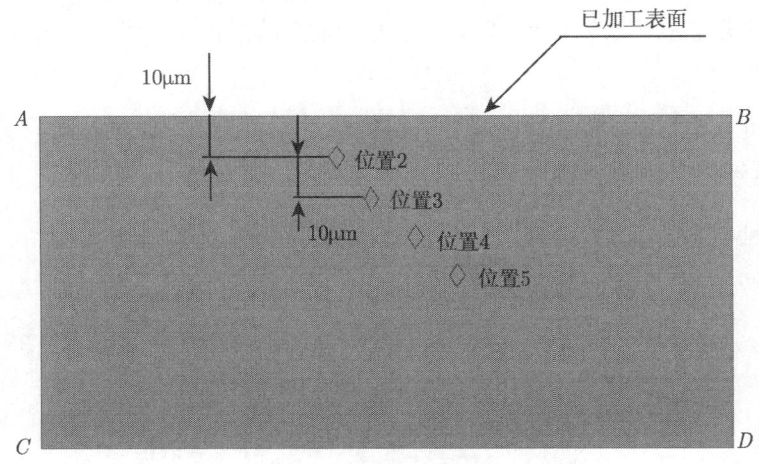

图 3.20 错位打点的位置

2. 测试结果与分析

借助显微硬度计可得到距加工表面不同深度的硬度值，图 3.21 为加工表层显微硬度分布状况。由图可知，经过切削加工后，表面硬度值为 60HRC，距离表面 10μm 处的硬度降至 55HRC，已接近基体材料硬度，而距离表面 20μm 处更是下降到 53HRC，直到距离表面 30μm 以下时才逐渐接近基体材料硬度。由上面的分析可知，白层应在距表面 10μm 以内，由白层到基体材料之间应存在着硬度较低的回火层，通过计算可得表面加工硬化程度在 109%左右，硬化层深度大约为 10μm。

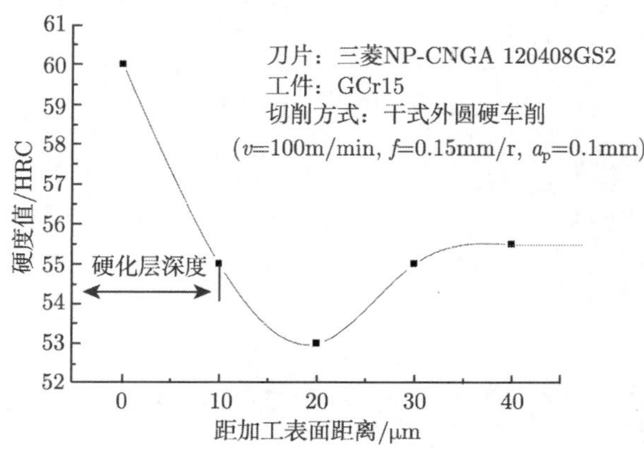

图 3.21　加工表层显微硬度分布

为了准确地检测出白层区域的显微硬度，提出另一种测试方法。该方法改变了检测面的位置，能够将第一个测试点准确地打在白层厚度范围内，并且还能保证该测试点距检测边缘距离大于压痕对角线长度。制样过程和样件尺寸如图 3.22 所示，首先使用线切割在轴承外环件加工表面上截取宽 10mm、长 25mm 的金属小块，然后经磨光和抛光处理，将金属小块表面材料去除 500μm，形成宽度约为 10mm 的检测面，用于显微硬度检测。

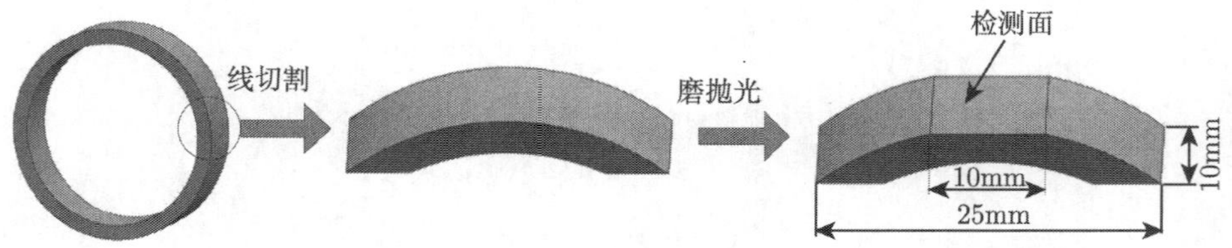

图 3.22　制样过程和样件尺寸

试样测试点的选取方法如图 3.23 所示，测试时选取靠近试样边缘区域作为测试区，因第一个测试点与试样边缘距离应不小于金刚石压头对角线长度 (10～20μm)，所以选在位置 1 处，此时尽管该测试点距试样边缘 20μm，但该测试位置距硬化层深方向的距离仅有 4μm，位于白层厚度范围内；其余测试点之间的距离均取为 20μm，具体位置如图中所示。

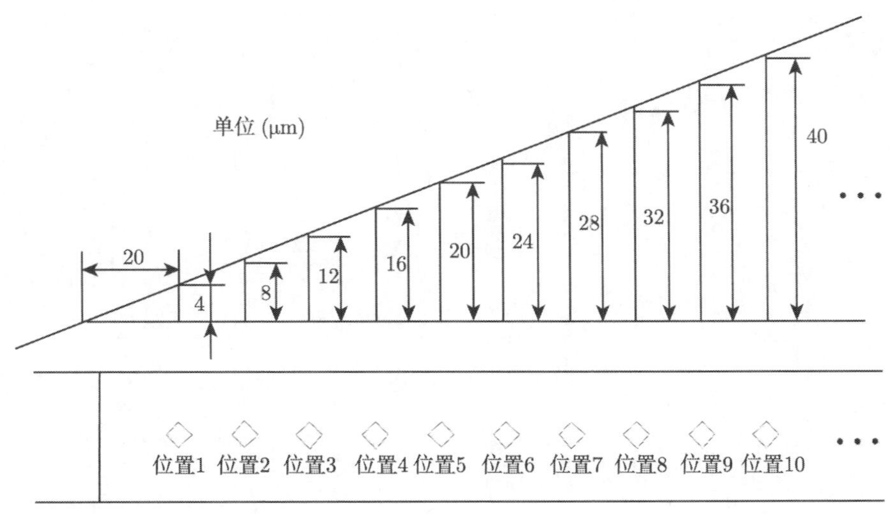

图 3.23 取点方法

同样借助显微硬度计测得图 3.23 中各测试点的硬度值，得到硬度沿硬化层深度方向的变化规律，如图 3.24 所示。从图中可知，经切削加工后，距离表面 4μm 处的硬度值为 62HRC，当距离增加到 8μm 处时，硬度值降至 55.5HRC，已接近基体材料硬度，而距离表面 15μm 处的硬度值更是下降到 52.6HRC，直到距离表面 32μm 以下时才逐渐接近基体材料硬度。通过上述分析可知，白层应在距表面 8μm 以内，由白层到基体材料之间的回火层厚度约为 24μm，通过计算可得距离表面 4μm 处的加工硬化程度在 112%左右，硬化层深度大约为 8μm。

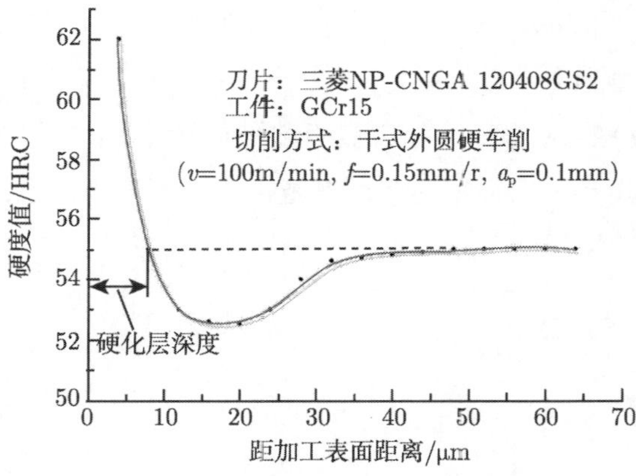

图 3.24　加工表层显微硬度分布

第 4 章　切削表面残余应力及测试

残余应力是切削加工后，在没有外力作用的条件下，由于形变、相变和温度变化不均匀而在工件内部残留并保持平衡的应力。残余应力的大小、性质与加工工艺、切削条件等有关。残余应力对工件的使用性能有很大影响，一定程度的残余应力可以对工件起强化作用，而过大的残余应力则可能导致工件变形，严重时还可能发生宏观尺寸的变化，研究和检测工件中的残余应力对科学试验和工业生产都具有非常重要的意义。

本章围绕切削表面残余应力的产生及测试方法进行阐述，主要内容包括：切削表面残余应力的分类和产生机制、影响切削表面残余应力的主要因素、切削表面残余应力 X 射线衍射测试法和机械盲孔测试法等。

4.1　切削表面残余应力的概述

有关残余应力的概念，Martens 和 Heyn 等采用弹性体物理模型进行了阐述，设有三根长短不一的弹簧，图 4.1(a) 为自由状态，图 4.1(b) 是将弹簧两端用刚性板连接后的状态。当弹簧处于图 4.1(b) 所示连接状态时，虽然没有从外部对整个系统施加作用力，整个系统处于平衡，但各弹簧之间却产生了相互的作用力。如果各弹簧的长度和弹性系数分别为 l_1、l_2、l_3 和 k_1、k_2、k_3，刚性板连接后的长度为 l 时，则各弹簧上产生的力 P_1、P_2、P_3 分别为 $k_1(l-l_1)$、$k_2(l-l_2)$、$k_3(l-l_3)$。此时，P_1、P_2、P_3 就相当于系统的残余应力，而且满足关系式

$$P_1+P_2+P_3=0 \tag{4.1}$$

切削表面残余应力产生机制较为复杂，不仅与工件材料的特性、机械载荷及热载荷有关，而且还与切削过程中的各种物理现象有关。特别是在切削加工过程当中，已加工表面既受到强力挤压和剪切滑移作用[84]，也受到后刀面与工件加工表面摩擦熨烫作用，这些因素直接影响着加工表层残余应力的产生。根据应力的作用性质将残余应力分为残余压应力和残余拉应力，通常，残余拉应力会诱导工件表面

裂纹的产生，降低工件的疲劳强度和耐蚀性，从而缩短工件的使用寿命；残余压应力会提升工件的疲劳强度，但当其分布不均匀时，对工件的使用性能也有一定负面影响。因此，深入了解残余应力的产生机制，以便控制和调整残余应力的大小和分布，对金属切削加工的科学研究和工业生产都具有重要的指导意义。

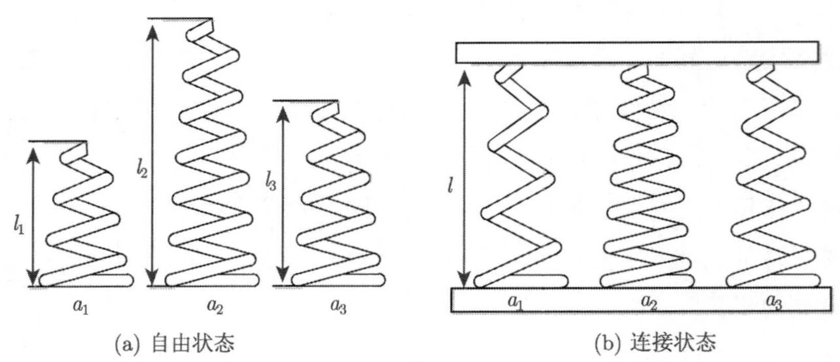

(a) 自由状态 (b) 连接状态

图 4.1 残余应力产生原理

4.1.1 残余应力的分类

残余应力的存在状态随着工件材料性能及其加工条件等因素的变化而不同，按照其作用的范围可划分为两类，即宏观残余应力和微观残余应力。

1. *宏观残余应力*

宏观残余应力也叫第一类内应力，是宏观区域上分布在一定尺寸范围内或较多晶粒范围内的平均应力。这种类型的应力大小、分布和性质等可采用物理或机械方法测量。与第一类内应力有关的内力在工件的每个截面上都处于平衡状态，而内力矩则相对于每个截面的中心轴彼此抵消，当工件的内应力和内力矩平衡状态受到破坏时，总会发生宏观的尺寸变化。宏观残余应力主要由以下原因产生：机械力引起的塑性变形、热应力引起的塑性变形和相变引起的体积变化。

2. *微观残余应力*

微观残余应力属于显微范畴内的应力，根据其作用范围一般又可以细分为两类，即第二类和第三类残余应力。第二类残余应力又称为微观结构应力 (在 0.01～0.1mm 范围内)，它是工件内作用于晶粒或亚晶粒范围之内的平均应力 (如塑性变形后的晶间应力、相间应力等)；第三类残余应力又称作晶内亚结构应力 (在 10^{-6} ～ 10^{-2}mm 范围内)，它是工件中大量原子面和原子列附近达到平衡状态的残余应力，亦称为超微观残余应力。残余应力的分类如表 4.1 所示。

表 4.1 残余应力的分类

残余应力		作用范围/mm					
		10^{-1}	10^{-2}	10^{-3}	10^{-4}	10^{-5}	10^{-6}
第一类	宏观残余应力						
第二类		微观结构应力					
第三类					晶内亚结构应力		

因为第二类和第三类残余应力对工件质量和使用性能的影响还没有明显作用和确切论断，所以只介绍第一类残余应力的有关分析及测量方法。

4.1.2 切削表面残余应力的产生

切削表面残余应力属宏观残余应力，工件在进行切削过程中，已加工表面受到切削力和切削热的作用而发生严重的不均匀弹塑性变形，加之金相组织变化的影响，从而产生切削表面残余应力[85]。例如车削淬硬钢时，在切削载荷作用下，将在距已加工表面约几十或几百微米的表面层产生残余应力。

为了解释切削表层残余应力的产生原理，将加工表层分成两个部分：一部分为外层，它紧邻工件的外表面，且其深度较浅；另一部分为里层，与工件基体相连。如图 4.2 所示，假设 Δl 为外层金属理论收缩量，但由于里层金属阻碍外层金属的收缩，导致外层金属实际只能收缩 $\Delta l'$，此时 $(\Delta l - \Delta l')$ 就相当于外层金属的被拉伸量，于是外层金属就会产生残余拉应力。同样，由于受到外层金属收缩的影响，里层金属将会缩短 $\Delta l'$，即整个长度 l 被压缩，于是里层金属将会产生残余压应力；反之，若是外层金属相对里层金属被拉伸，则外层金属产生残余压应力，里层金属产生残余拉应力。

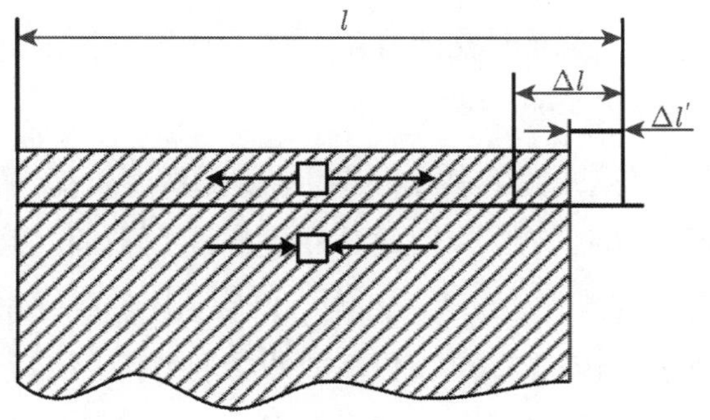

图 4.2 切削表层残余应力产生原理

在切削加工时，机械载荷、热载荷和相变的共同作用下将导致工件材料发生塑性变形，引起材料局部体积发生变化，而由体积变化产生的应力会重新分布，直至全局达到平衡为止，这就是加工残余应力的形成过程。为了实现已加工表面的残余应力有效控制，下面对残余应力的产生机制进行分析。

1) 机械载荷引起的塑性变形机制

已加工表面形成过程中，在第三变形区，外层金属受刀具挤压而产生塑性变形，而里层金属则发生弹性变形。切削过程结束后，里层的弹性压缩变形将恢复，而外层的塑性变形部分不能恢复。由于里层金属的弹性变形趋向恢复，但受到外层金属的牵制，因而在里层产生残余拉应力，外层产生残余压应力。机械载荷引起的塑性变形作用下残余应力产生机制如图 4.3 所示。

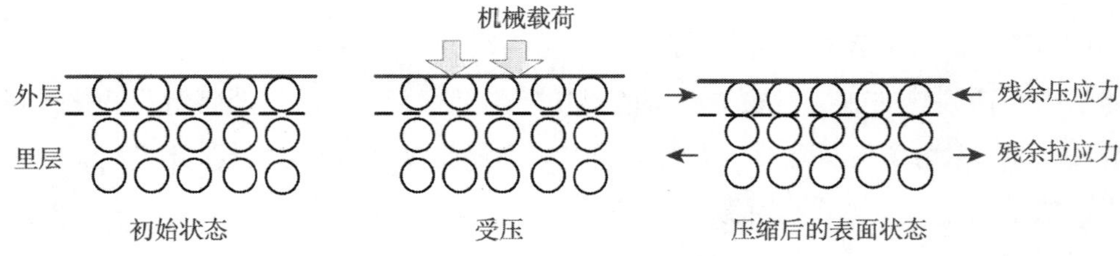

图 4.3　机械载荷引起的残余应力

2) 热载荷引起的塑性变形机制

切削加工表面形成过程中，热载荷作用下表层温度分布，如图 4.4 所示。图中点划线表示切削刀具，横坐标表示加工表面，纵坐标表示温度，其中后刀面与工件接触长度为 0.5mm。由已加工表面切削温度分布 $\theta \sim X$ 曲线可知，当金属流向后刀面并与其接触时，在挤压和摩擦作用下，接触区域温度急剧升高可达 500° 以上，但在其离开后刀面短时间内，又迅速下降到 100° 左右。例如，在切削速度为 200m/min 时，加工表面上微区域热载荷作用时间仅有万分之几秒。在这种 “热冲击” 的条件下，加工表面上将产生残余热应力。

切削加工过程中，在热载荷作用下，外层金属的温度较高，而里层金属的温度相对较低，形成了不均匀的温度分布，此时外层金属受热体积膨胀，将产生塑性变形。当切削后外层与里层同样冷却至室温时，外层金属的收缩量多，里层收缩少，外层金属的收缩受到里层金属的牵制，因而使外层金属产生残余拉应力，里层金属产生残余压应力，如图 4.5 所示。

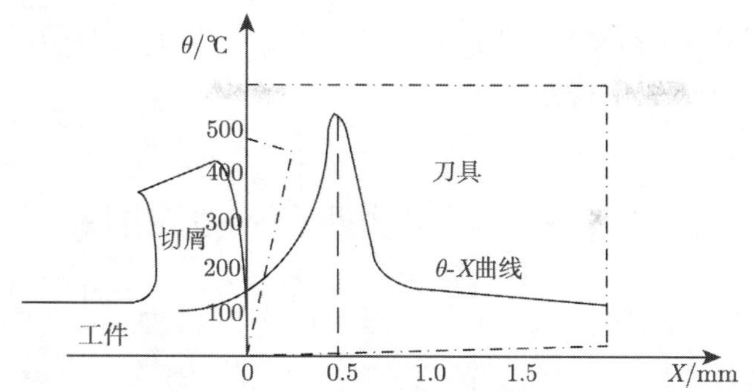

图 4.4 已加工表面切削温度分布

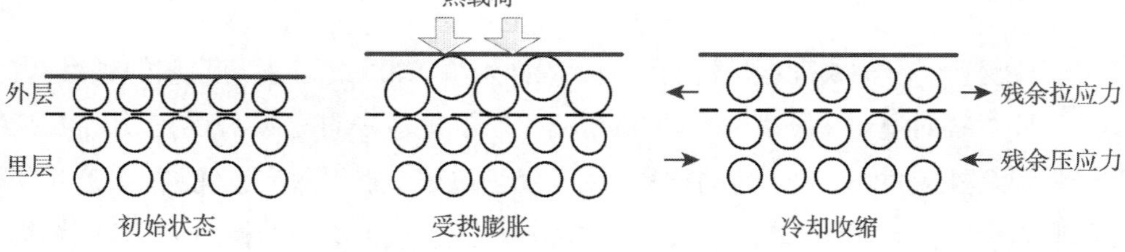

图 4.5 热载荷引起的塑性变形过程

3) 加工表层组织相变机制

切削加工过程中，当切削温度高于金属材料的组织相变温度时，加工表面将发生相变，导致金属材料发生体积变化，从而在加工表层产生了残余应力。相变作用下，若外层金属体积收缩，受里层金属牵制产生残余拉应力，而里层金属则产生残余压应力，如图 4.6 所示；反之，若外层金属体积伸张，则将产生残余压应力，而里层金属产生残余拉应力。

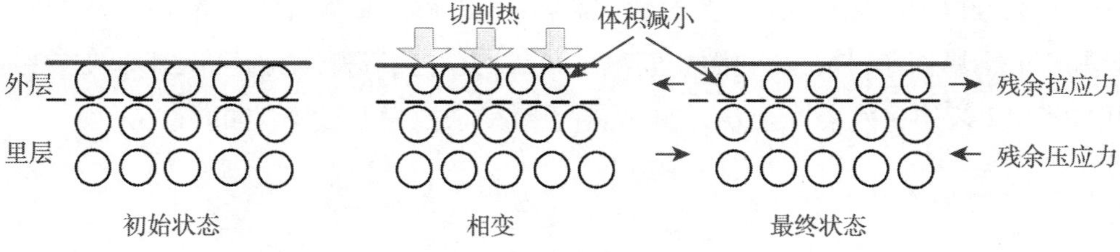

图 4.6 相变作用机制

产生残余应力的三种原因，特别是机械载荷和热载荷引起的残余应力往往同时存在。已加工表面残余应力的性质、大小和分布取决于各种因素的综合作用结果。但在一定条件下，必定有一种因素起主导作用，为了改善残余应力状态，可针对起主导作用的因素采用相应措施。

4.2　影响切削表面残余应力的因素

影响切削加工表层残余应力的因素较多，一般可以归纳为：只要能影响材料塑性变形、切削温度和切削力的因素都能影响已加工表面残余应力，包括：工件材料性能、刀具几何参数及磨损、切削参数等[86−90]。

1. 工件材料性能

工件材料本身的物理机械性能对加工表面残余应力的产生具有直接的影响，尤其是工件材料的塑性和硬度。相同的切削条件下，塑性好的材料，在切削加工后通常产生残余拉应力，而塑性差的材料，由于切削过程中挤压效应占优势，易产生残余压应力；对于高硬度材料，由于切削过程中产生了更大的切削抗力，往往能够得到较深的残余压应力。另外，加工前工件的初始应力状态也影响着加工表面的残余应力。

2. 刀具几何参数及磨损

刀具几何参数中对残余应力影响较大的是前角和刀尖圆弧半径。与正前角刀具相比，负前角刀具切削加工时，刀具与加工表面间的挤压摩擦作用增强，此时机械载荷影响机制起主导作用，加工表层易产生残余压应力。另外，采用较大刀尖圆弧半径时，刀尖对工件表面的挤压增强，也将导致加工表层残余压应力增大。

后刀面磨损同样对残余应力有较大影响，随着后刀面磨损量的增大，后刀面与已加工表面摩擦作用增大，导致切削温度升高，此时热载荷影响机制逐渐起主导作用，使加工表层呈残余拉应力状态，同时也使残余拉应力层深度加大。

3. 切削参数

在切削参数中，切削速度和进给量对残余应力影响较大，而被吃刀量的影响较小。通常状况下，当切削速度增大时，切削温度会随之增大，此时热载荷影响机制逐渐占主导地位，工件表层将产生残余拉应力，并随切削速度的提高而增大。当然，当切削温度超过工件材料的相变温度时，残余应力的大小和性质主要取决于表层金相组织的变化。当进给量增加时，切削力增大，切削表层温度升高，此时在热载荷和机械载荷影响机制共同作用下，将使残余应力层深度随之增加。

4.3 切削表面残余应力测试

测量材料的应力首先需要测定应变，再根据应力–应变关系式求出应力。残余应力是在工件没有外力作用时，其内部存在的应力，所以其测定方法具有特殊性。一般残余应力的测定方法分为两大类：一类是机械测量法 (应力释放法)，另一类是物理测量法 (无损检测法)，其中切削加工领域常用的测试方法主要有 X 射线衍射法和盲孔法等。残余应力测量方法及其特点如表 4.2 所示。

表 4.2 残余应力测量方法及特点

分类		名称	特点
机械测量法	全破坏法	切条法	被测试件彻底破坏，不宜用于测量局部集中应力，适用于薄板试件
		逐层剥层法	被测试件彻底破坏，操作复杂，可测量工件内部的应力，适用于厚板或复杂截面工件
	半破坏法 (局部破坏法)	盲孔法 (钻孔法)	只在被测部位钻一定直径的盲孔，数据稳定，破坏性小，简便易行，应用广泛，多用于厚板表面应力的测量
		钻阶梯孔法	盲孔法的改进，多用于测量平面应力沿厚度方向的分布
		套钻环形槽法	局部破坏，操作较复杂，适用于厚板表面应力的测量，已逐渐被盲孔法代替
物理测量法		X 射线衍射法	设备较贵，操作较复杂，应用广泛，适用于表面应力的测量
		中子衍射法	设备和测试费用昂贵，只能在特定的实验室进行，可测量结构内部的应力
		高能同步加速器辐射法	
		电磁法	只适用于铁磁性材料的表面应力测量，操作简便，但数据分散性较大
		超声波法	操作简便，可用于三维应力测量，但目前尚处于实验室研究阶段

4.3.1 表面残余应力的 X 射线衍射测试

在表面残余应力无损测量方法中，X 射线衍射法是最常用的，也是当前技术最为成熟，应用最为广泛的测量方法[91]。X 射线衍射仪通常采用 PC 机控制，搭配各种专用软件，能自动进行衍射线的峰值定位、强度修正及应力计算等多种工作，使测量过程变得简单且易操作。

残余应力的 X 射线衍射测试法的基本思想是，一定应力状态引起的晶格应变和按弹性理论求出的宏观应变是一致的[92]，这样通过布拉格方程由 X 射线衍射技术测定晶格应变，就可推知残余应力。1961 年德国 Mchearauch 提出了 X 射线应力测定的 $\sin^2\psi$ 法，此后 $\sin^2\psi$ 法的应用不断扩大，逐渐成为 X 射线衍射应力测定的标准方法[93]。

1. X 射线衍射测试理论

X 射线衍射现象是射线照射到晶体上发生散射的一种特殊表现。晶体微观结构 (原子、分子或离子) 的排列具有周期性，当 X 射线照射到其表面发生散射时，与入射波波长相同的相干散射波将会互相干涉，在某些特定的方向上互相加强，产生衍射线，这些加强的衍射线和可见光的镜面反射现象相似，所以晶体对 X 射线的衍射可视为晶体中某些晶面的 X 射线的反射。

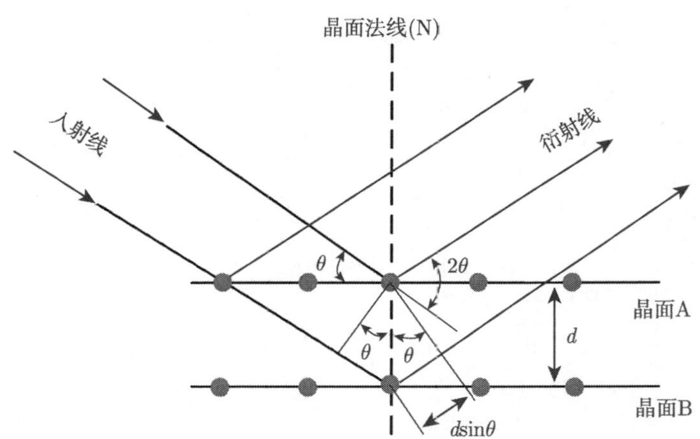

图 4.7　X 射线的衍射原理

如图 4.7 所示，当一束波长为 λ 的平行单色光 X 射线以角度 θ 照射到一个无应力的晶体上时，要实现晶面族衍射的条件是光程差为波长 λ 的整数倍[94]，即

$$\delta = 2d\sin\theta = n\lambda \tag{4.2}$$

式中，δ 为光程差，d 为晶面间距，θ 为 X 射线入射角，n 为衍射指数 (正整数)，λ 为 X 射线波长。

式 (4.2) 就是著名的布拉格方程，θ 是 X 射线产生反射的特定角度 (布拉格角)，而由于 2θ 比较容易测量，因此在实际测量中往往以 2θ 作为测量对象，因此

把 2θ 称为衍射角。那么，当应力导致晶格间距 d 发生变化时，入射角 θ 也随之变化，欲知晶面间距 d 的变化，只要测得衍射角 2θ 的变化即可。

2. 二维残余应力的测定原理及方法

1) X 射线二维残余应力的测定原理

如图 4.8 所示，平面 P 为工件表面，O 点为应力测量点，σ_φ 为所测应力，O 点的主应力为 σ_1 和 σ_2，σ_φ 与 σ_1 的夹角为 φ，σ_1、σ_2、σ_φ 所对应的应变分别为 ε_1、ε_2、ε_φ。为了测量应力 σ_φ，就必须先测出应变 ε_φ。如果沿 ε_φ 方向做工件的截面，如图 4.9 所示，此时的应变 ε_φ 可利用与 ε_φ 垂直的晶面间距 d_{hk1} 的变化来表示，但在这种情况下，不管入射角 θ 怎样变化，其产生的衍射线都只能射向工件内部，根本无法检测到衍射线，因而不能实现残余应力的测试。

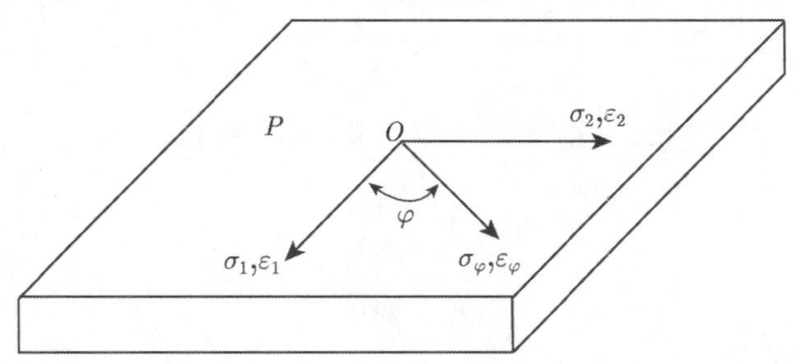

图 4.8 工件表面二维应力状态

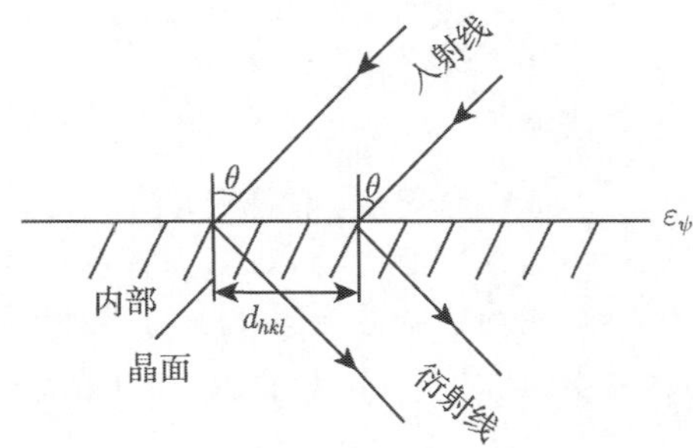

图 4.9 沿 ε_φ 截面的衍射分析

为了实现残余应力的测量，如图 4.10 所示，过 ε_φ 作平面 P 的垂直面，在此垂直面上过 O 点取与 ε_3 成 ψ 角的方向上的应变 $\varepsilon_{\psi\varphi}$。如图 4.11 所示，当 $\theta_{\psi\varphi}$ 角足够大，ψ 角足够小时，衍射线就一定能够射出工件表面，就可测定 X 射线的入

射角 (或衍射角)，从而获得 $\varepsilon_{\psi\varphi}$，其计算公式为

$$\varepsilon_{\psi\varphi} = \frac{\Delta d}{d_0} = \frac{d_{\psi\varphi} - d_0}{d_0} = -\cot\theta_0(\theta_{\psi\varphi} - \theta_0) \tag{4.3}$$

式中，d_0、θ_0 分别为无应力时的晶面间距和入射角；$d_{\psi\varphi}$、$\theta_{\psi\varphi}$ 分别为有应力时法向位于 (ψ, φ) 方向时的晶面间距和入射角；φ 为衍射晶面法线对选定坐标的旋转角；ψ 为衍射晶面法线对选定坐标的倾斜角。

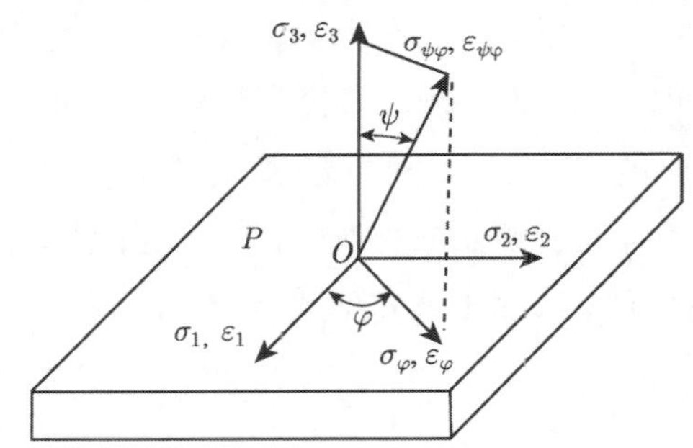

图 4.10 $\sigma_{\psi\varphi}, \varepsilon_{\psi\varphi}$ 与各主应力和主应变的关系

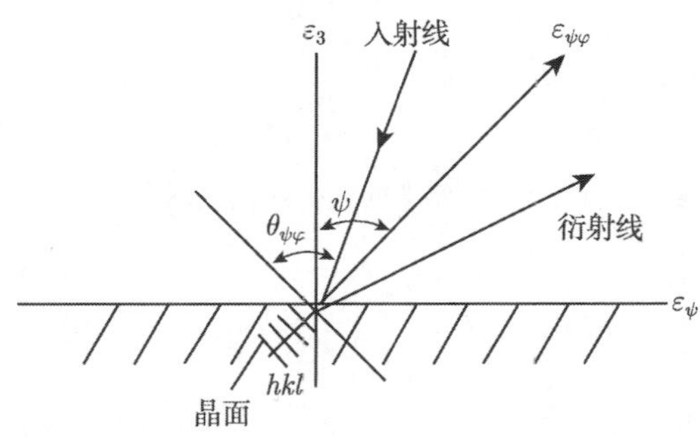

图 4.11 应变 $\varepsilon_{\psi\varphi}$ 的测定方法

如果将 $\varepsilon_{\psi\varphi}$ 与 ε_1、ε_2、ε_φ 的对应关系转换为 $\varepsilon_{\psi\varphi}$ 与 ε_φ 的对应关系，就可从测定的 $\varepsilon_{\psi\varphi}$ 求得 ε_φ，从而就求得了 σ_φ，这就是 X 射线衍射法测量表面二维残余应力的原理。

根据弹性力学，在三维空间中任意一个方向的正应力和正应变可表示为

$$\varepsilon_{\psi\varphi} = \alpha_1^2\varepsilon_1 + \alpha_2^2\varepsilon_2 + \alpha_3^2\varepsilon_3 \tag{4.4}$$

$$\sigma_{\psi\varphi} = \alpha_1^2\sigma_1 + \alpha_2^2\sigma_2 + \alpha_3^2\sigma_3 \tag{4.5}$$

式中，α_1、α_2、α_3 为 $\sigma_{\psi\varphi}$ 对应方向上的余弦，即

$$\begin{cases} \alpha_1 = \sin\psi\cos\varphi \\ \alpha_2 = \sin\psi\sin\varphi \\ \alpha_3 = \cos\psi = \sqrt{1-\sin^2\psi} \end{cases} \tag{4.6}$$

为了建立主应力和主应变两者的对应关系，根据空间应力状态的物理方程 (广义 Hook 定律) 得

$$\begin{cases} \varepsilon_1 = \dfrac{1}{E}[\sigma_1 - \nu(\sigma_2+\sigma_3)] \\ \varepsilon_2 = \dfrac{1}{E}[\sigma_2 - \nu(\sigma_3+\sigma_1)] \\ \varepsilon_3 = \dfrac{1}{E}[\sigma_3 - \nu(\sigma_1+\sigma_2)] \end{cases} \tag{4.7}$$

式中，E 为材料的弹性模量；ν 为泊松比。

将 σ_3 方向的应力取为 0，因而应力 σ_φ 可由式 (4.3)~ 式 (4.7) 求得

$$\sigma_\varphi = \frac{E}{2(1+v)}\cot\theta_0\frac{\pi}{180^\circ}\times\frac{\partial(2\theta)}{\partial(\sin^2\psi)} \tag{4.8}$$

令

$$K = -\frac{E}{2(1+\nu)}\cot\theta_0\frac{\pi}{180^\circ},\quad M = \frac{\partial(2\theta)}{\partial(\sin^2\psi)}$$

则

$$\sigma_\varphi = KM \tag{4.9}$$

式中，K 为应力常数，M 为 2θ 对 $\sin^2\psi$ 关系曲线的斜率。当 σ_φ 一定时，2θ 与 $\sin^2\psi$ 呈线性关系。

对于所给定的材料，K 值可以从相关资料查出或通过试验求出。这样，残余应力的测量问题就变成了选定若干 ψ 角测定对应的衍射角 2θ。

2) X 射线衍射角的测定

测角仪是 X 射线衍射仪中最精密、最核心的部分，用来精确测量衍射角。目前常用的有 Ω 测角仪和 ψ 测角仪，前者适用于一般工件表面残余应力的测量，后者适用于测量工件特殊部位的残余应力。现以 Ω 测角仪为例，介绍其测量原理和测量过程，其原理如图 4.12 所示。

图 4.12 中，X 光从电子管 F 发出后，经入射光阑 S_1 照射到试样表面并产生衍射，衍射线由接收光阑系统 M、S_2 进入计数器 D。电子管 F 和接收光阑 S_2 处

于同一个圆周上，将该圆周称为测角仪圆，将该圆所在的平面称为测角仪平面。在衍射测量时，通过改变 ψ 角使电子管转动，以改变入射线的方向，计数器 D 沿测角仪圆周运动，接收各衍射角 2θ 所对应的衍射强度。例如，当 ψ 为 0° 时，衍射峰的位置如图 4.13(a) 所示 (图中 ON 为试样表面法线，ON_{P} 为衍射晶面法线)；当 ψ 变为 ψ_1 时，衍射峰将随之移动，如图 4.13(b) 所示，那么根据衍射峰的位置即可确定衍射角 2θ 的值。

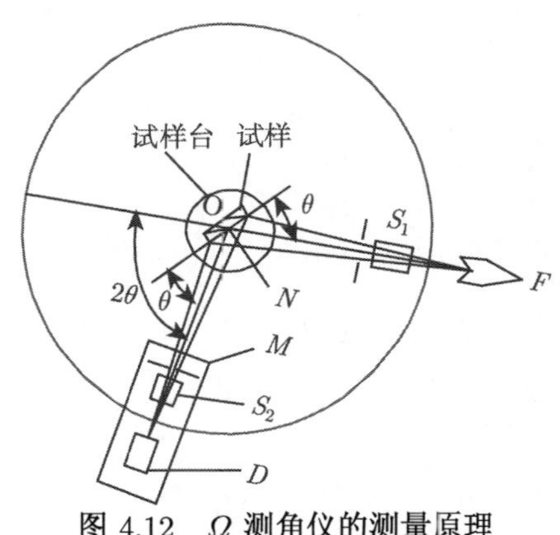

图 4.12　Ω 测角仪的测量原理

F— 电子管 (X 射线源)，S_1—入射光阑，ON—试样表面法线，M—支架，S_2—接收光阑，D—计数器

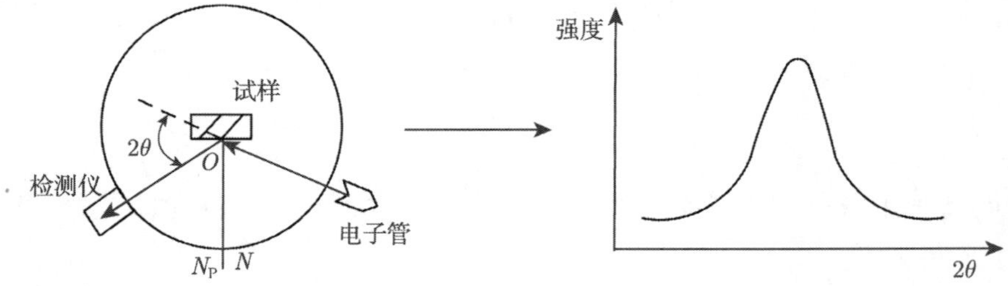

(a) ψ=0°

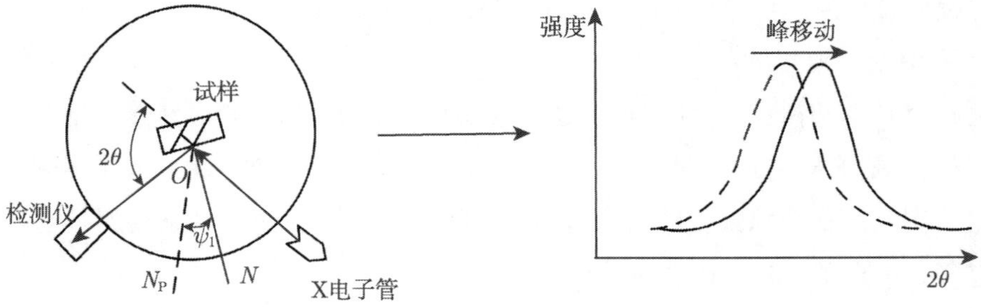

(b) $\psi=\psi_1$

图 4.13　X 射线衍射角测定过程

Ω 测角仪的衍射几何如图 4.14 所示，从式 (4.9) 可知，只要测出 $\partial(2\theta)/\partial(\sin^2\psi)$，即 M，便可计算出应力。当以不同的角度 ψ 入射时，测出相应的 2θ，用测定的 2θ 和 $\sin^2\psi$ 在直角坐标系中做散点图，两者表现出图 4.15 所示的线性关系。求出直线的斜率 M 后，乘以已知的应力常数 K_1，即可得出指定方向的应力 σ_φ。常选 ψ 角为 0°，15°，30° 和 45°，测出的 2θ 值一般都不可能恰好位于一条直线上，可采用最小二乘法对其进行线性拟合。

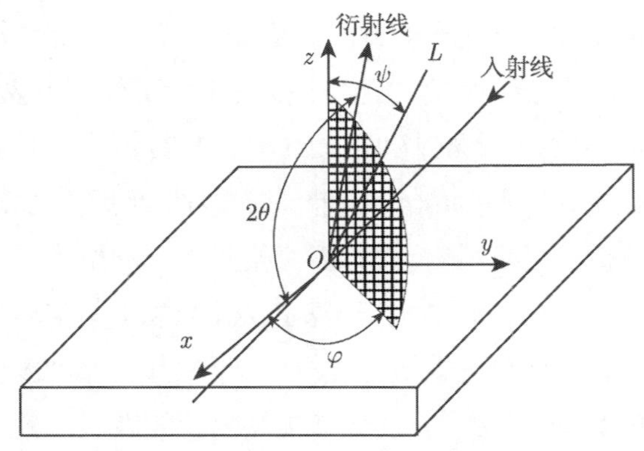

图 4.14　Ω 测角仪的衍射几何

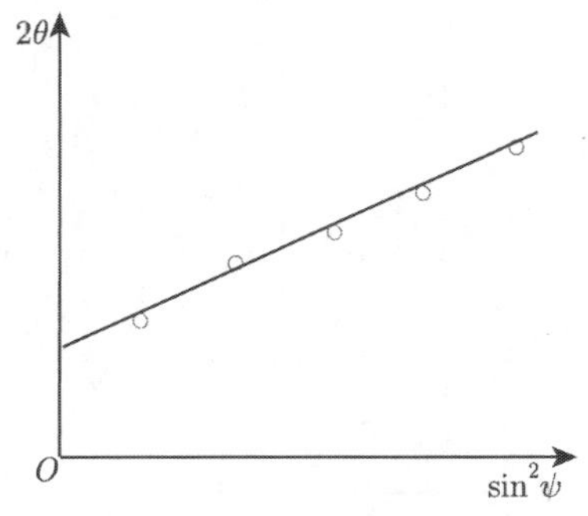

图 4.15　2θ 与 $\sin^2\psi$ 的拟合直线

3. X 射线定峰方法及误差分析

X 射线应力测定的关键是准确获取若干 ψ 角对应的衍射角 2θ，从而准确计算应力，定峰方法就是确定衍射线角的位置 (即 2θ 的值)。目前使用的定峰方法不止一种，而同一个衍射峰若采用不同的方法定峰，所得的 2θ 值是不同的。但是实际测定时，不是依据一条衍射线的 2θ 值，而是不断改变 ψ 角的值 (一般 4 个以上)，以得到不同衍射线的 2θ 值对 $\sin\psi^2$ 的斜率来确定应力值。所以定峰方法对应力测定值的影响与它对单一衍射线定峰的影响相比就小多了，这也正是所用的定峰方法虽然不同，但测试数据仍然可以相互参照的原因。在定峰之前一般还要进行背底处理和强度因子校正，定峰之后则要进行应力值的误差分析。

1) 衍射曲线的定峰

在 X 射线衍射应力分析方法的发展历程中，定峰方法曾是讨论比较多的问题之一，先后形成几种得到公认的定峰方法，即抛物线法、半高宽法、重心法等，其中半高宽法的应用最为广泛，它把扣除背底的衍射峰最大强度处的峰宽中点所对应的 2θ 值作为峰位。半高宽定峰法如图 4.16 所示，其要点是把峰高 30%~70%的两个“峰腰”部分用最小二乘法拟合后，近似为直线，然后作与横坐标平行的半高线，该半高线与两条拟合直线相交，再取两个交点之间的中点，该中点的横坐标值就是所求的峰位。国标 GB7704—87 把半高宽法作为规定的定峰方法之一。虽然用半高宽法确定的衍射角位置带有人为因素的掺杂，并且物理概念也不是很明确，但半高宽法具有较好的测量重复性，应力测量的精度也较高，不论衍射峰宽窄均有较好的适应性等优点，这也是目前应用半高宽最为广泛的原因。

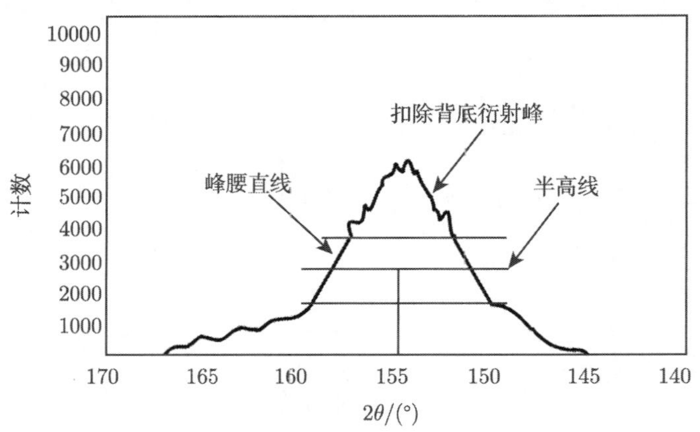

图 4.16　半高宽法定峰

2) X 射线应力测量的误差分析

用 X 射线衍射法测量残余应力时，应力的测量误差主要来源于计算方法误差、仪器测量误差、样件取舍误差、操作误差和样件状态对测量的影响。应力测试过程中，由于计算斜率的方法不变，而且样件的材料和制备工艺都相同，因此，可将计算方法误差和样件取舍误差视为系统误差，对应力测量的影响很小。由此可以认为试验中的应力测量误差主要来自仪器测量误差、操作误差和样件状态对测量的影响。

应力测量试验中选用的光栅缝隙、特征 X 射线等都会对应力测量结果产生影响，一般根据样件晶格的特点，都有一种相对比较合适的射线来进行测量。曝光时间和曝光数量也会对测量结果有很大影响，一般情况下曝光时间越长、曝光数量越多时所测得衍射强度曲线越平滑，精度就越高，但是相应的测量时间也会大大增加，所以应综合考虑测量精度和测量时间的关系，选择最合适的曝光时间和曝光数量。

在残余应力的实际测量过程中，由于测量点多和测量时间长，需不断重复地进行测量工作，这就容易导致在测量过程中出现失误，比如焦距没对好、仪器没有调平和对系统初始化时测角仪不在预设位置等，尤其是焦距没对好是测量过程中最易出现的，并且对测量结果的影响也是最大的。

样件状态对应力测量的影响主要有三个方面：样件的表面状态、晶粒大小和择优取向。由于 X 射线的穿透能力有限，所以衍射只能反映出样件表层的晶粒结构，因此样件表面状态对应力测量的影响很大。如果样件表面含有其他覆盖层，放置过程中表面被氧化以及表面比较粗糙等都会对残余应力的测量造成一定影响，严重时可导致应力测量失败。解决这类问题的一般做法是将样件待测面进行打磨或抛光处理。若晶粒过大，会使参与衍射的晶粒数目减少，从而使衍射强度不稳定，衍射峰形状异常，不易确定峰值，导致所测应力值不可靠，重复性差；若是工件材料有择优取向 (织构)，其 2θ 与 $\sin^2\psi$ 的线性关系较差，必须选择能获得最大衍射强度的 ψ 角。

X 射线衍射测量技术经过半个多世纪的发展，在理论上已经非常成熟，测量精度也比较高。X 射线衍射法的最大特点是无损测量，测量时采用无机械接触的方式测量工件上的应力，即不会产生附加应力，这在研究表面强化处理技术、控制加工表面质量等方面具有较好的实用价值。但是 X 射线衍射法也有不足之处，由于其穿透能力有限，所以用该方法所测得的只能是表面应力。一直以来人们都在研究利用 X 射线衍射法测量三维残余应力，但由于测量精度不高，实际应用得很少。

4.3.2 表面残余应力的机械测试法

钻孔法是机械测试残余应力中最常采用的方法，由 Mathar 于 1932 年提出，其基本原理是在工件具有残余应力的部位钻一小孔，使孔的邻域内由于部分应力释放而产生应变，测量此应变，经应力–应变关系式就能得出钻孔处的应力。使用钻孔法时，所钻的孔如穿透工件，这对精密工件的损伤是不可估量的，因此，为了降低工件因钻孔而受损伤的程度，可改通孔为盲孔，采用盲孔测试残余应力的方法称为盲孔法。

1. **盲孔法的测试原理**

在工件有残余应力场的部位使用专用钻孔装置钻一小盲孔，当去除部分材料后小盲孔处的残余应力被释放，原有的应力场失去平衡，此时小孔周围将产生一定量的释放应变 (与释放应力相对应) 并引起孔周围变形，使应力场达到新的平衡，将形成新的应力场和应变场。图 4.17 为残余拉应力被释放时产生的释放应变所引起孔周围的局部变形，其变形过程可描述为：由释放应力引起弹性恢复，使孔的边缘稍微被扩大，并由于泊松应变伴随有表面局部上升的现象；若是残余压应力被释放，则情况相反。

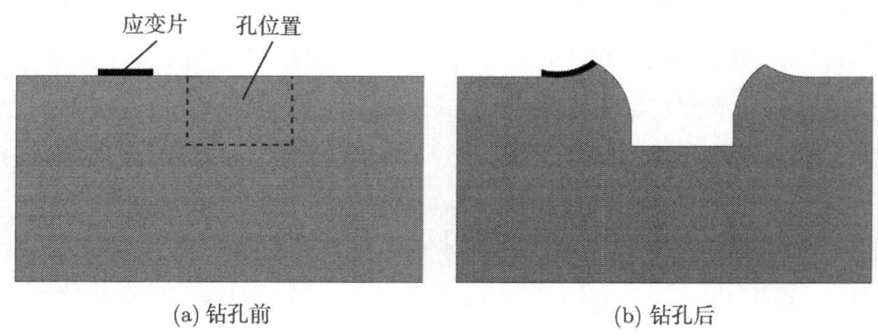

图 4.17　钻孔周围的局部变形

盲孔法通常采用应变仪测量孔周围的变形，进而确定孔内原本存在的残余应力，如图 4.18 所示，假设一个各向同性 (无织构) 材料上某一区域存在残余应力，该残余应力为平面状态，两个主应力和主应力方向角为未知量，可利用三个应变片组成的应变仪进行测量。实际测量中，多使用径向排列的三轴应变计，根据应变计测量的释放应变即可计算出残余应力。

图 4.18 中，θ_1、θ_2、θ_3 与 θ 的关系为

$$\theta_1 = \theta, \quad \theta_2 = \theta + 225°, \quad \theta_3 = \theta + 90° \tag{4.10}$$

式中，θ_1 为主应力 σ_1 与应变片 R_1 的夹角；θ_2 为主应力 σ_1 与应变片 R_2 的夹

角；θ_3 为主应力 σ_1 与应变片 R_3 的夹角。

若应变片 R_1、R_2、R_3 测出的释放应变分别为 ε_1、ε_2、ε_3，则残余应力的计算公式为

$$\begin{cases} \sigma_1 = \dfrac{1}{4A}(\varepsilon_1+\varepsilon_3) - \dfrac{1}{4B}\sqrt{(\varepsilon_1-\varepsilon_3)^2+(2\varepsilon_2-\varepsilon_1-\varepsilon_3)^2} \\ \sigma_2 = \dfrac{1}{4A}(\varepsilon_1+\varepsilon_3) + \dfrac{1}{4B}\sqrt{(\varepsilon_2-\varepsilon_3)^2+(2\varepsilon_2-\varepsilon_1-\varepsilon_3)^2} \\ \tan 2\theta = \dfrac{\varepsilon_1-2\varepsilon_2+\varepsilon_3}{\varepsilon_1-\varepsilon_3} \end{cases} \tag{4.11}$$

式中，A、B 为应力释放系数，与钻孔的孔径、应变片尺寸、孔深及材料弹性模量 E 有关。

实际测量时，应力释放系数 A、B 可由标定试验来确定。标定试验中，图 4.18 中的应变片 1 和 3 分别平行于 σ_1 和 σ_2 方向，此时 $\theta = 0°$，两个主应力的计算公式为

$$\begin{cases} \sigma_1 = \dfrac{\varepsilon_1+\varepsilon_3}{4A} + \dfrac{\varepsilon_1-\varepsilon_3}{4B} \\ \sigma_2 = \dfrac{\varepsilon_1+\varepsilon_3}{4A} - \dfrac{\varepsilon_2-\varepsilon_3}{4B} \end{cases} \tag{4.12}$$

为了简化计算，假设在工件中人为地施加单向拉伸应力场，则

$$\sigma_1 = \sigma_0, \quad \sigma_2 = 0 \tag{4.13}$$

将式 (4.13) 代入式 (4.12) 得释放系数为

$$\begin{cases} A = \dfrac{\varepsilon_1+\varepsilon_3}{2\sigma_0} \\ B = \dfrac{\varepsilon_1-\varepsilon_3}{2\sigma_0} \end{cases} \tag{4.14}$$

式中，σ_0 为单向拉伸标定样件在钻孔前的平均应力。通过测出 ε_1、ε_3 就可求出应力释放系数 A、B。

由图 4.17 可看出，当离孔中心的距离越大时，其变形趋势就越小，即应变值就越小。这就表明，在最靠近孔的边缘进行测量，才能获得残余应力较准确的测量结果。如果应力是均匀分布的，当孔的深度接近孔径的 1.2 倍时，孔附近的应变值几乎不再随孔的深度而变化，因此只需使钻孔的深度达到孔径的 1.2 倍，即可用盲孔法测定工件的残余应力。

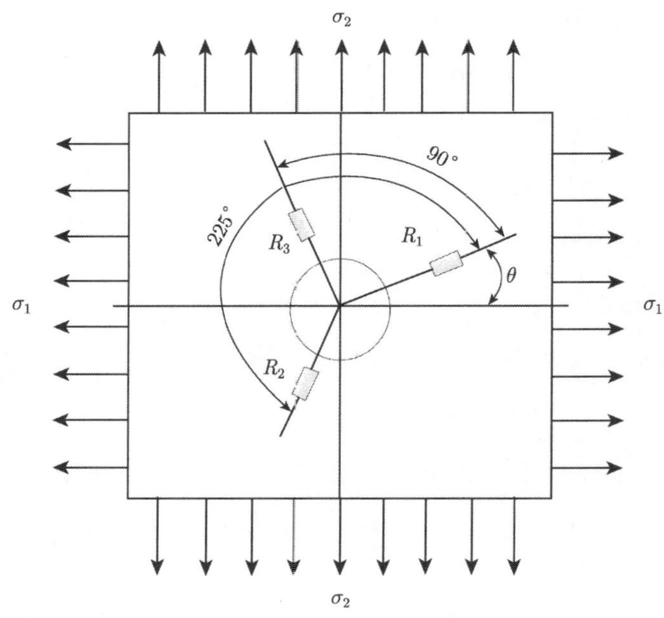

图 4.18　盲孔法应变片布置

2. 盲孔法的测试过程

盲孔法测量残余应力的步骤主要包括被测样件的表面处理、粘贴应变花和钻孔测量，各步骤对应力测量结果的影响都比较大，所以每个步骤的具体操作都应细心谨慎。

1) 被测样件的表面处理

在残余应力的测试过程中，表面状态的好坏对应力测量结果有直接影响，主要体现在样件表面是否满足应变花的贴片要求，其处理过程主要包括：

首先将样件表面打磨，即采用金相砂纸对表面进行除锈和氧化层处理 (值得注意的是，打磨时不能用力过猛，要均匀适当，以免破坏表面的原始应力状态)；其次是表面抛光，将打磨过的样件表面进行光滑处理，目的在于去除打磨造成的附加应变对测量结果的影响。

2) 粘贴应变花

应变花的粘贴质量是影响测量结果的关键因素之一。应变花的粘贴过程主要包括：首先将要粘贴应变花的样件表面部位用酒精单向擦拭，直至干净清洁为止；其次将应变花用胶水准确粘贴在擦拭干净的样件表面上 (应变花与样件表面形成一体而不应有空隙)，并且焊好测量导线；最后连接静态电阻应变仪，以待测的应变花作为补偿片，将各应变计所接电桥调零。

3) 钻孔测量

盲孔法测试残余应力的过程中，所钻盲孔的质量和精度直接影响到应力测定的准确性，其主要过程包括：首先以应变花为中心，将对中底座放置在其上方，插入显微镜，移动底座，并通过底座上的调节螺钉调整显微镜，使显微镜的十字线中心始终与应变花中心保持重合，再将对中底座用胶水固定于样件表面；其次，取出显微镜，将钻孔装置插入底座中，使钻头与应变花接触后，将钻孔装置上的定位卡圈滑动到底座的套筒上并锁紧，此时应变计的应变读数应当变化不大，再次将应变计调为零点；最后，钻孔时要确保钻头是垂直于应变花切入的，钻孔中心偏差应控制在 ±2.5μm 以内，钻孔过程要平稳的同时速度也不能过高，以避免温度过高产生温度漂移，导致孔周围切削应变增大，从而使测量不稳定；钻至预定孔深后，取出钻杆后大概 3~5min，当静态电阻应变仪读数稳定时，测出三个应变片的应变值，再减去附加应变即可得到钻孔所产生的应变值，将该应变值代入计算公式 (4.11)，即可得到残余应力值。

4.3.3 硬切削表面残余应力测试

残余应力对零件的使用性能有着重要的影响，研究过程中不仅需要测定工件表面的残余应力，更需要获得残余应力沿层深的分布。然而 X 射线衍射法只能测出切削样件的表面残余应力，如要测量残余应力沿层深的分布，就需要采用一定方法将样件进行逐层剥离，使被测区域暴露到表面，然后进行测量。通常，残余应力测试过程包括取样、样件的表面处理、样件表面剥层和残余应力测试，如图 4.19 所示。

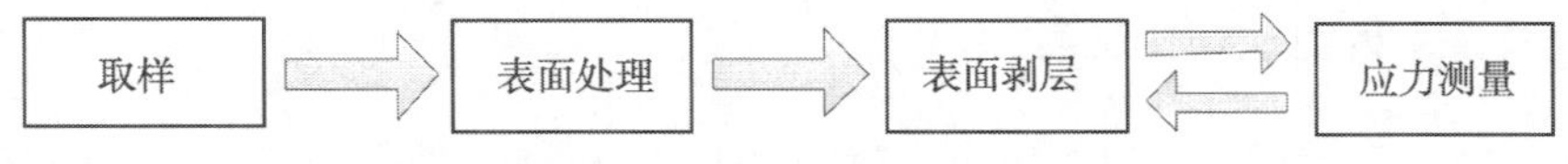

图 4.19 残余应力测试过程

下面以高速硬切削轴承外环试样为例，阐述其表层残余应力的测试过程。

1. 轴承外环样件的切割

采用线切割方法得到表层残余应力特征测试样件，其截取过程如图 4.20 所示。

每个试样切割后的尺寸为 12mm×25mm，用于测量加工表层残余应力分布特征和物相。图中 X 点为残余应力测量点，其中，σ_{11} 为进给方向的残余应力，σ_{22} 为切削速度方向的残余应力。

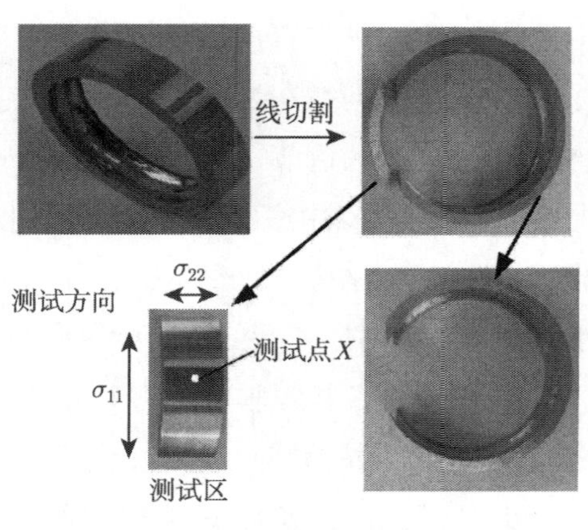

图 4.20　样件的切割

2. 样件表面处理

考虑到切削样件在放置过程中加工表面易产生氧化层或锈迹，将影响样件表面对 X 射线的吸收，降低测试精度，测试前还需对样件表面进行打磨和清洁等处理。

残余应力测试样件表面处理时，先将待测部位用细晶粒金相砂纸打磨，使其表面平整光洁无锈斑；接下来用浸有酒精的脱脂棉对打磨后的表面进行清洗，清除碎屑、灰尘等，保持样件表面待测部位的清洁干净。注意打磨过程中用力要均匀，不要过大，以免破坏样件表面原有应力场。

3. 残余应力测试样件剥层

残余应力测试样件剥层采用电解腐蚀法[95]，电解剥层的速度和剥层后的表面质量对研究试样残余应力沿层深分布至关重要。试验中，电解液由 85%的磷酸、98%的硫酸、三氧化铬和水组成，其成分比为 276(mL):91(mL):24(g):30(mL), 电流密度为 0.5~1A/cm^2, 剥层速度为 2~3μm/min。剥层深度取决于通电时间，为获得较好的表面光洁度，通电时间设为 8min，每次剥层深度约为 20μm。剥层后使用千分表测量剥除的层深厚度，并记录层深值。

4. X 射线衍射残余应力测试

选用荷兰 Panalytical 公司生产的 Empyrean(锐影)X 射线衍射仪进行残余应力测试，衍射仪在测试试验中的工作电压为 40kV，电流为 40mA，采用半高宽法定峰，Cu 靶 X 射线的波长为 1.54056 Å，衍射深度约为 7μm，入射角是 $0^\circ \sim 45^\circ$，2θ 扫描起始角为 149°，2θ 扫描终止角为 163°，2θ 扫描步距为 0.1°。用计数管通过测角仪直接记录衍射强度曲线，进而计算应力值，计数时间为 1s，采用平行光入射，接收端为 PPC 平板准直探测器，测试样件物品台为五轴联动台。

测试过程中，首先使用高度计调整聚焦面，使试样表面与聚焦面重合，之后采用平行光路对试样表面进行应力测试，得到沿切削速度方向和进给方向的应力；然后，按照每剥层一次就测试一次的步骤，得到不同深度下的残余应力值，直到应力值接近 0 时，方可结束测试。试验所测得速度和进给方向的残余应力沿层深的分布，如图 4.21 所示。

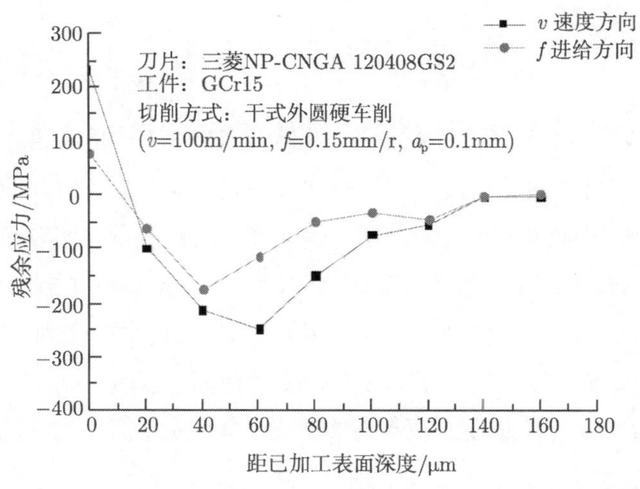

图 4.21 残余应力沿层深方向的分布

需要注意的是，电解腐蚀剥层过程中，测试样件内部应力会得到一定释放，通常实验所测得的应力值比实际偏小，为了得到准确的样件表层残余应力分布，还需利用弹性力学理论对测试结果进行相应修正。

第 5 章　切削试验设计与数据分析

目前金属切削的科学研究，大多数是基于试验研究来进行的，常用的试验方法有单因素试验、全因素试验和正交试验等。结合研究目标，选择合理的试验方法，不仅能寻求因素与指标间的客观规律，确定影响指标的主要因素，同时也可以用于预测指标量，并寻找因素水平的最优组合，以合理安排切削工艺。

本章围绕切削加工中常用的试验设计与数据分析方法进行阐述，其主要内容包括：单因素、全因素以及正交试验方法，试验数据的方差分析与回归分析方法，精密硬切削表面粗糙度正交试验和全因素试验等方面。

5.1　试验设计方法

切削研究涉及切削机理、表面质量、刀具磨破损等方面的内容，研究过程中需要设计合理试验，即通过尽可能少的试验次数同时还能获得较可靠的试验结果。在切削试验过程中，如果考虑的影响因素只有一个，则试验设计比较简单，并且所需试验次数通常也较少；若有两个影响因素，则需要根据具体情况选用全因素试验法、双因素优选法或正交试验法[96]；在三因素及更多因素时，采用正交设计无疑是最有效的，但是要全面地考虑因素间交互作用对指标的影响时，宜采用全因素试验法，若是对试验结果的精确度要求不高的情况，也可采用简单比较法。

5.1.1　单因素试验设计

试验中，只有一个因素发生变化，其他因素保持不变的试验即为单因素试验。某些情况下，做单因素试验是为正交试验做准备，为正交实验提供一个合理的数据范围。

单因素试验设计的主要问题是水平数和各水平值应如何选取。可有下列不同情况：

(1) 当试验因素与研究对象之间呈线性关系时，理论上只需要两个试验点即可求出关系曲线。但是为了提高试验结果的可靠性，消除偶然误差，试验点数应增加到 3~4 个，并进行重复试验，各试验点的数据取平均值，以达到减小随机误差的效果。

(2) 当试验因素和所研究对象的影响关系呈驼峰性时，要优选最佳点位置，单因素优选的方法有黄金分割法、分数法、对半法等[97]。

(3) 单因素试验时为消除试验方法等的干扰，可采取分组试验法。

单因素试验设计时，首先需确定试验指标和试验因素，然后确定试验范围，最后根据实际情况及试验要求合理安排试验点。

5.1.2 全因素试验设计

设影响试验指标的因素为 A、B 和 C，每个因素各取三个水平，这是一个三因素三水平的试验，见表 5.1。试验的目的是寻找最适宜的因素和水平的搭配，使试验效果最好。

表 5.1 试验因素水平

水平 \ 因素	A	B	C
水平 1	A_1	B_1	C_1
水平 2	A_2	B_2	C_2
水平 3	A_3	B_3	C_3

全因素试验设计就是将试验的所有因素的各水平进行全面组合，即在某一试验中有 n 个因素，每个因素有 m 个水平，则全因素试验需要 m^n 次，如三因素三水平试验，则需 $3^3(27)$ 次试验，试验安排如图 5.1 所示。

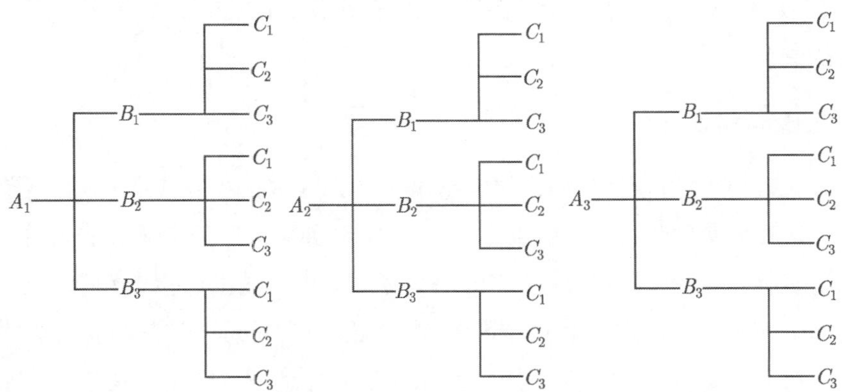

图 5.1 三因素三水平全因素试验安排

图 5.2 为三因素三水平全因素 27 个试验点的分布，这 27 个试验点的分布非常均匀，各因素和水平的搭配非常全面。

由于全因素试验设计包含了所有因素和水平的组合，得出的结论与实际情况更为接近。另外，全因素试验方法还能够研究各因素和因素之间的交互作用。在该方法的使用过程中，应恰当地选择因素和水平，当选择的因素和水平过多时，一方面不仅工作量大费时费力，而且很难保证全部试验条件一致；另一方面数据分析也会变得异常复杂，同时解释主效应和交互作用也比较困难。

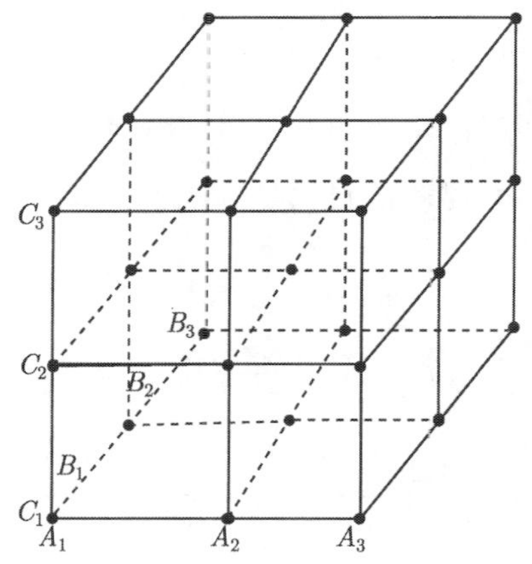

图 5.2　全因素试验点的分布

当全因素试验较为复杂时，通常可将没有交互作用的因素分离出来进行单因素试验，将其余的因素进行全因素试验，这样可将复杂试验分解为容易实施的若干个单因素试验和因素较少的全因素试验，然后再将各个试验数据放到一起分析与讨论，这样就极大地减少了由于试验的复杂性给实施带来的困难，从而提高了对试验的可控性。

5.1.3　正交试验设计

在 5.1.2 节中，若采用全因素试验法来设计三因素三水平试验，尽管试验结果较准确，但工作量非常大，实施起来有一定困难。如果选用正交试验法来设计三因素三水平试验，试验点只有 9 个，如图 5.3 所示，可以看出试验点分布均匀 (正方体中的每个面都有三个点)，且在全部的 27 个试验点中极具代表性 (正方体中的每条线上都有一个点)。也就是说，用正交试验法安排的试验方案，其各因素水平的搭配是 “均衡的”，或者说试验点是均衡地分布在所有水平搭配的组合中。

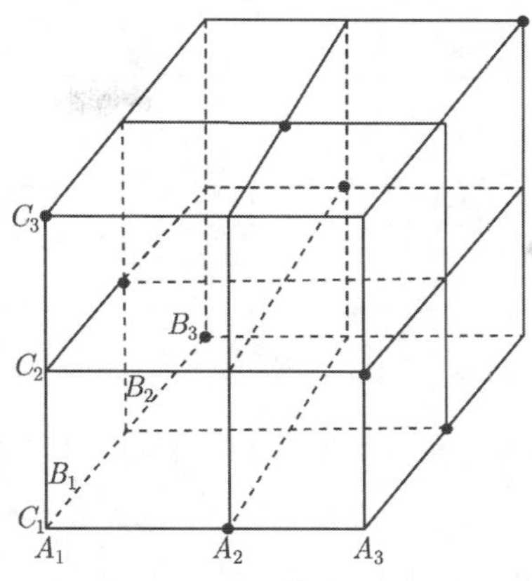

图 5.3 正交试验点的分布

1. 正交试验设计

采用正交法进行试验设计时，试验点的选取不是随机的，而是根据相应的正交表来选取，使各个因素的不同水平的试验次数相同，且每个因素水平出现的几率都相等。正因为这一特点，使用正交表安排的试验都是具有代表性的，并可以很好地反映出各因素各水平对试验指标的影响情况。因此，用正交法设计的试验可以在保证试验结果准确性的前提下，有效地减少了试验次数。

1) 正交表

正交表是正交试验设计的核心，应对它有必要的了解。正交表由代表水平和因素的数字组成，这些数字具有一定的数学性质。正交表的类型有很多，常见的二水平正交表有 $L_4(2^3)$，$L_8(2^7)$，$L_{12}(2^{11})$，$L_{16}(2^{15})$ 等；三水平正交表有 $L_9(3^4)$，$L_{18}(3^7)$，$L_{27}(3^{18})$ 等；四水平正交表有 $L_{16}(4^5)$ 等。下面将以常用的正交表 $L_9(3^4)$ 为例，说明正交表的性质和使用，如表 5.2 所示。

表 5.2 $L_9(3^4)$ 正交表

试验号 \ 列号	1	2	3	4
1	1	1	1	1
2	1	2	2	2
3	1	3	3	3
4	2	1	2	3
5	2	2	3	1

续表

试验号 \ 列号	1	2	3	4
6	2	3	1	2
7	3	1	3	2
8	3	2	1	3
9	3	3	2	1

$L_9(3^4)$ 正交表的 9 个横行表示需要做 9 次试验；4 个纵列表示最多可以安排 4 个因素；每个纵列中的数字 1、2、3 表示 3 个不同水平。根据上述对正交表 $L_9(3^4)$ 组成的描述，可解释正交表 $L_n(r^m)$ 中符号的含义如下:

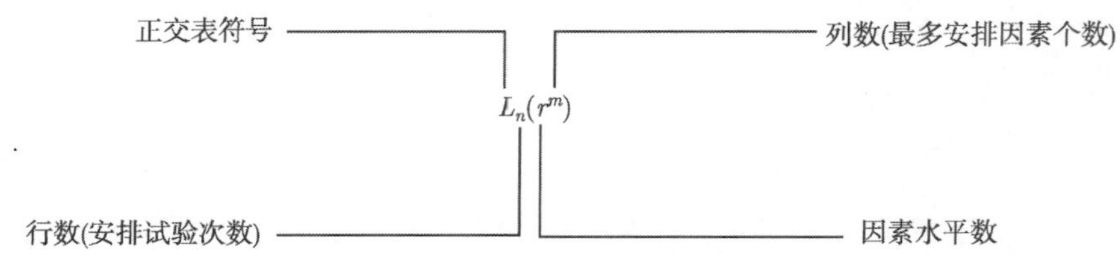

上述正交表有两个基本性质，即正交表的“正交性”：

(1) 每个纵列中不同数字出现的次数相同，即 1、2、3 均出现了 3 次；

(2) 4 个纵列中的任意两个，其横向形成 9 个数字对 (1,1)、(1,2)、(1,3)、(2,1)、(2,2)、(2,3)、(3,1)、(3,2)、(3,3) 出现的次数都是一次，即任意两个纵列中的数字 1、2、3 之间的搭配是均匀的。

在试验中，由于试验条件的限制，导致某些因素水平数减少，或者需增加重点考察因素的水平数，针对这些情况就产生了混合水平正交表。混合水平正交表就是各因素的水平数不完全相同的正交表，例如有的因素有 2 个水平，有的因素有 3 个或 4 个水平，所以就要用混合水平的正交表来安排这些试验。混合水平正交表有多种，如 $L_8(4^1{\times}2^4)$、$L_{16}(4^4{\times}2^3)$、$L_{18}(3^7{\times}2)$ 等。现以 $L_8(4^1{\times}2^4)$ 为例说明其特点，如表 5.3 所示。

上述正交表最多可安排 5 个因素，其中一个因素有 4 个水平，其余 4 个因素各有 2 个水平，共需要进行 8 次试验，表中任意两列都是均衡搭配的。

2) 正交试验设计步骤

通常，一个完整的正交试验由试验设计和数据分析两部分组成。在安排试验时，其基本步骤如下:

表 5.3 $L_8(4^1 \times 2^4)$ 正交表

试验号 \ 列号	1	2	3	4	5
1	1	1	1	1	1
2	1	1	2	2	2
3	1	2	3	1	2
4	1	2	4	2	1
5	2	1	3	2	1
6	2	1	4	1	2
7	2	2	1	2	2
8	2	2	2	1	1

(1) 明确试验目的，确定试验指标。

任何试验都是为了解决某一个问题或得到某些结论而进行的，正交试验首先也应该有一个明确的试验目的，即试验要解决的主要问题；其次需要有一个试验指标来表达试验结果的特性和判断水平组合的好坏，并衡量或考核试验效果。试验指标是用于衡量试验结果好坏的特性值，如表面加工质量、生产率或加工成本等。

(2) 挑因素、选水平、制定因素水平表。

影响试验指标的因素众多，但由于试验条件的限制，不可能对所有因素进行全面考察，所以应具体问题具体分析，根据试验目的和专业知识、经验，选出主要因素，忽略次要因素 [98]。另外，在确定各因素取值的范围及水平时，一般尽可能使各因素的水平数相等，以方便试验数据分析。试验的因素和水平选定后，应排出因素水平表，各因素中水平的排列顺序可以是随机的，也可以按照大小顺序排列。

(3) 选择合适的正交表，进行表头设计。

首先根据因素的水平数，来确定选用什么水平的正交表；然后根据因素的个数，决定选多大的表。一般来说，要选用其列数大于等于因素个数或试验次数较少的正交表。但如果要求精度高，并且试验条件允许，也可以选择较大的表。

选好正交表后，需进行表头设计，即将试验因素安排到正交表相应的列中，把所挑选的因素和水平列成正交表。哪个因素排在哪一列上，可以是任意的，但是当考虑因素间的交互作用时，因素在表头上的排列需遵照一定的规则。

(4) 列出试验方案，进行试验。

将排有因素的各列中的数字换成因素的相应水平值，即可得到试验方案，每一行的各水平组合就构成了一个试验条件。在试验安排好后，就要严格按照各试验条件进行试验，测定试验结果，记录所得数据及有关情况。

试验顺序可以随机进行，在试验中应避免因操作人员和仪器设备不同引起的系统误差，并尽可能使试验中除所考察的因素外的其他因素固定不变。

(5) 对试验结果进行统计分析，选择优化组合方案。

试验结果分析的目的是找出哪些因素对指标有明显影响，各个因素以何种水平组合最好 (最优方案)，通常可采用直观分析法或方差分析法。

在进行试验结果分析时，需注意：虽然极差值大的因素一定是主要因素，但某列极差不大时，并不一定能说明该列因素不重要，也可能是所选水平范围反映不出该因素的重要性，必要时可通过进一步试验来判定。

另外，在安排试验时，空列没有排因素，从理论上说该列极差值应为零，但实际试验过程中，不可避免地存在误差，会导致空列极差值不为零，而其值反映了误差的大小。一般情况下，空列的极差值都比较小，如果某列极差值与空列极差值相近，则说明该列因素不重要。但是，当空列极差值很大时，则可能有尚未考虑到的重要交互作用。

(6) 进行验证试验，作进一步分析。

验证试验的目的是检验最优试验条件与实际状况是否一致，否则还需进行新的正交试验。

2. 交互作用正交试验设计

在许多试验中不仅要考虑单个因素对试验指标的作用，还要考虑因素间的交互作用对试验结果的影响，此时就需要采用交互作用正交试验设计方法。该方法与无交互作用的正交试验设计方法的差别主要在表头设计上。

1) 交互作用的判别

假设有两个因素 A 和 B，它们各取两个水平 A_1、A_2 和 B_1、B_2，这样因素 A 和 B 共有 4 种水平组合，在每种水平下各做一次试验。

如果因素 A 由水平 A_1 变到水平 A_2，试验指标的变化与因素 B 取哪个水平无关；同样，当因素 B 由水平 B_1 变到水平 B_2 时，试验指标的变化与因素 A 取哪个水平无关，则认为因素 A 与 B 之间无交互作用。如果因素 A 或 B 对试验指标的影响与另外一个因素取哪个水平有关，则认为因素 A 与 B 之间有交互作用。

上述作用关系可用图 5.4～ 图 5.6 表示，其中，图 5.4 的两条直线平行，表示 A 和 B 无交互作用；图 5.5 的两条直线相交，表示 A 和 B 有很强的交互作用；图 5.6 的两条直线近似平行，则表示 A 和 B 有交互作用，但不是很明显，在安排试验时，通常可以将其忽略。

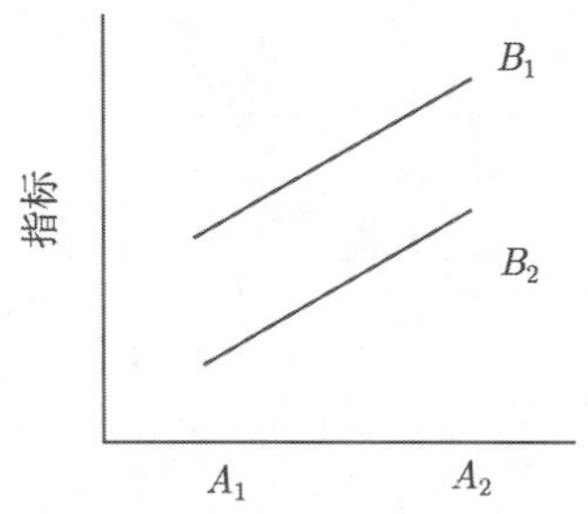

图 5.4 因素 A 和 B 无交互作用

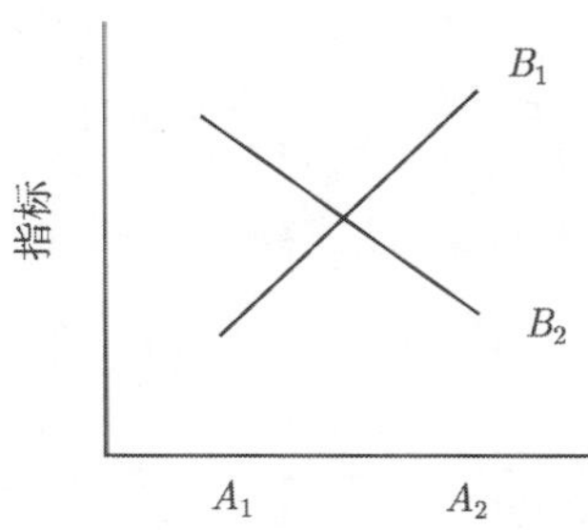

图 5.5 因素 A 和 B 有很强交互作用

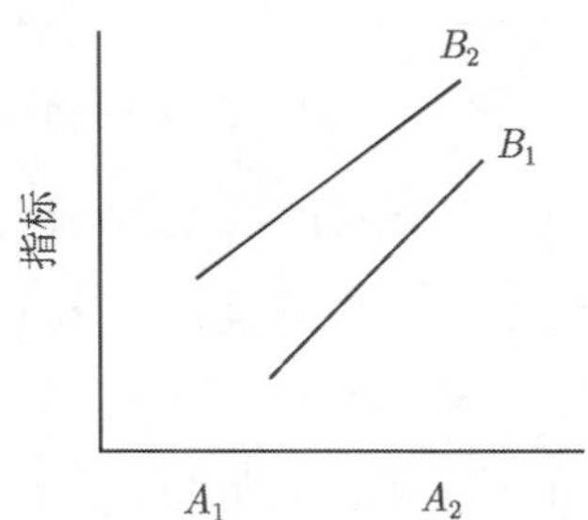

图 5.6 因素 A 和 B 无明显交互作用

2) 表头设计

由于正交表具有正交性，考察因素间的交互作用可以像考察试验因素一样进行。若因素 A 和 B 之间的交互作用记作 $A \times B$，在确定了因素 A 和 B 的列号后，$A \times B$ 的列号可以像因素 A 和 B 一样安排在正交表中，但是其列号不能任意选择，需进行交互作用正交表表头设计以确定 $A \times B$ 的列号。

交互作用正交表表头是通过查所选正交表对应的交互作用表来选取的。常用正交表中的二列间交互作用列表，就是用于查找交互作用列号而使用的表。现以 $L_8(2^7)$ 正交表的二列间的交互作用列表为例，说明该表的使用方法，见表 5.4。

表 5.4 中所有数字都表示列号，从该表可以查出正交表 $L_8(2^7)$ 中任何两列的交互作用列号。例如，要查第 3 列和第 6 列的交互作用列号，首先在表的对角线上

找到列号 (3) 和 (6)，然后从 (3) 向右横着看，从 (6) 向上竖着看，得到交叉的数字为 5，即为它们的交互作用所在列号。所以如果将因素 A 和 B 分别放在正交表的第 3 列和第 6 列，则其交互作用 $A\times B$ 应放在第 5 列。类似地，还可从表中查出其他任意两列间的交互作用列号。

表 5.4　$L_8(2^7)$ 二列间交互作用列表

列号（ ）＼列号	1	2	3	4	5	6	7
	(1)	3	2	5	4	7	6
		(2)	1	6	7	4	5
			(3)	7	6	5	4
				(4)	1	2	3
					(5)	3	2
						(6)	1
							(7)

在正交表上进行表头设计时，如果同一列上安排 2 个及 2 个以上的因素或交互作用，则称为“混杂”现象。这种现象原则上是不能出现的，即正交表中的每一列只能放置一个因素 (包括交互作用)。但在实际应用中，要完全避免混杂现象是很困难的，这就要求设计最佳表头时应尽量减少混杂。即使有的交互作用影响事先估计不太大，原则上是不要把它们和单独因素混在一起，而是将它们都放在与单独因素不同的列上，以免与单独因素效应相混杂。

最佳表头设计一般可以直接查对应正交表的表头设计表而得到，它是根据交互作用表整理出来的，使用起来非常方便。例如，表 5.5 就是正交表 $L_8(2^7)$ 的最佳表头设计。

表 5.5　$L_8(2^7)$ 最佳表头设计

因素数＼列号	1	2	3	4	5	6	7
3	A	B	$A\times B$	C	$A\times C$	$B\times C$	
4	A	B	$A\times B$	C	$A\times C$	$B\times C$	D
			$C\times D$		$B\times D$	$A\times D$	

需要注意的是，交互作用不是具体的因素，而是因素间的一种搭配作用，是没有水平的。因此，交互作用所在的列在实际试验方案中不起任何作用，即不作为试

验参数参加试验，但其对试验指标有一定影响。在统计分析试验结果时，可以把它看作一个单独因素，以便反映交互作用的大小。

5.2 试验数据分析

试验设计与数据分析是密不可分的，合理的试验设计只是试验成功的充分条件，后续还需要对试验数据进行正确的统计和分析，从试验数据中寻找到规律性的信息，以用于指导生产实践。

试验数据分析主要解决的问题：一是确定影响试验指标的主次因素，抓住主要矛盾，可采用方差分析等方法；二是寻找试验因素和试验指标之间的近似函数关系，对试验结果进行预报和优化，可采用回归分析等方法。

5.2.1 试验数据的方差及极差分析

1. 单因素试验数据的方差分析

单因素试验数据的方差分析又称为一元方差分析，它讨论的是一种因素对试验结果有无显著影响 [99,100]。设因素 A 有 r 个水平 A_1, A_2，$\cdots$，A_r，在每种水平下的试验结果服从正态分布，如果在水平 A_i 下作了 n_i 次试验，获得了 n_i 个试验结果 $y_{ij}(j=1,2,\cdots, n_i)$，通过单因素试验方差分析可以判断因素 A 对试验结果有无显著影响。

单因素试验方差分析的基本步骤如下：

1) 计算平均值

组内平均值 $\overline{y_i}$，其表达式为

$$\overline{y_i} = \frac{1}{n_i}\sum_{j=1}^{n_i} y_{ij}, \quad (i = 1, 2, \cdots, r) \tag{5.1}$$

组内和 T_i，其表达式为

$$T_i = \sum_{j=1}^{n_i} y_{ij} = n_i \overline{y}_i \tag{5.2}$$

总平均值 $\overline{y}$，其表达式为

$$\overline{y} = \frac{1}{n}\sum_{i=1}^{r} T_i, \quad (n \text{ 是试验总次数}) \tag{5.3}$$

2) 计算离差平方和

总离差平方和 S_T，其表达式为

$$S_T = \sum_{i=1}^{r} \sum_{j=1}^{n_i} (y_{ij} - \overline{y})^2 \tag{5.4}$$

它表示了各试验值与总平均值的偏差的平方和，反映了试验结果之间存在的总差异。

组内离差平方和 S_E 和组间离差平方和 S_A，其表达式分别为

$$S_E = \sum_{i=1}^{r} \sum_{j=1}^{n_i} (y_{ij} - \overline{y}_i)^2, \quad S_A = \sum_{i=1}^{r} n_i (\overline{y}_i - \overline{y})^2 \tag{5.5}$$

组内离差平方和反映了一种由随机误差产生的在各水平内、各试验值之间的差异程度；组间离差平方和反映了一种由因素 A 各水平的不同作用造成的各组内平均值之间的差异程度。可见三种离差平方和之间的关系为：S_T 等于 S_E 与 S_A 的和，这说明试验值之间的总差异来源于两个方面，一是因素取不同水平，二是试验的随机误差。

3) 计算自由度

由离差平方和的计算公式可知，在相同的误差条件下，试验数据越多，计算出的离差平方和就越大，因此不仅要用离差平方和来反映试验值之间差异的大小，还需考虑试验数据的多少对离差平方和带来的影响，该影响可以由自由度表达。

总自由度 $\mathrm{d}f_T$ 的表达式为

$$\mathrm{d}f_T = n - 1 \tag{5.6}$$

组间自由度 $\mathrm{d}f_A$ 的表达式为

$$\mathrm{d}f_A = r - 1 \tag{5.7}$$

组内自由度 $\mathrm{d}f_E$ 的表达式为

$$\mathrm{d}f_E = n - r \tag{5.8}$$

上述三个自由度的关系可表示为

$$\mathrm{d}f_T = \mathrm{d}f_A + \mathrm{d}f_E \tag{5.9}$$

4) F 检验

$$F_A = \frac{S_A/(r-1)}{S_E/(n-r)} > F_a(r-1,\ n-r) \tag{5.10}$$

若满足式 (5.10)，则认为因素 A 对试验结果的影响较大，否则认为因素 A 对试验结果无明显影响。上述分析的结果通常以表格的形式列出，称为方差分析表，如表 5.6 所示。

表 5.6 单因素试验方差分析表

方差来源	离差平方和	自由度	平均离差平方和	F 值	显著性
组间 (因素 A)	S_A	$r-1$	$\overline{S}_A=S_A/(r-1)$	$\overline{S}_A/\overline{S}_E$	
组内 (误差)	S_E	$n-r$	$\overline{S}_E=S_E/(n-r)$		
总计	S_T	$n-1$			

2. *正交试验数据的方差分析*

正交试验数据的方差分析不仅可以研究各因素对指标有无显著影响，还可以确定因素的主次关系以及因素水平的最优组合，即优化试验参数。现介绍正交试验方差分析的原理和步骤。

1) 离差平方和的分解及自由度的计算

设试验的总次数为 n，第 i 次试验的结果为 $y_i(i=1,2,\cdots,n)$，则总平均试验结果为

$$\overline{y}=\frac{1}{n}\sum_{i=1}^{n}y_i \tag{5.11}$$

则总离差平方和为

$$S_{总}=\sum_{i=1}^{n}(y_i-\overline{y})^2 \tag{5.12}$$

现将 $S_{总}$ 分解为正交表各列的离差平方和之和 (列数 N)，即

$$S_{总}=S_1+S_2+\cdots+S_N \tag{5.13}$$

其中，

$$S_j=\frac{\sum\limits_{i=1}^{m}K_{ij}^2}{r}-\frac{1}{n}\left(\sum_{i=1}^{n}y_i\right)^2,\quad (j=1,2,3,\cdots,n-1) \tag{5.14}$$

式中，m 为水平数，r 为各水平的重复次数，K_{ij} 为第 j 个因素的 i 水平对应的试验数据之和。

总自由度 $T_{总}$ 的表达式为

$$T_{总} = n - 1 \tag{5.15}$$

组间自由度 T_j 的表达式为

$$T_j = r - 1 \tag{5.16}$$

每个因素各占一列，则该列上的离差平方和、自由度就是该因素的离差平方和、自由度，如因素 C 在第三列，则

$$\mathrm{S}_C = S_3, \quad T_C = T_3 \tag{5.17}$$

有交互作用占有的列数及位置可利用交互作用列表，若试验是在 m 水平的试验表上进行，两个因素的交互作用共占 $m-1$ 列，那么该交互作用的离差平方和 $S_{交}$ 是 $m-1$ 列的离差平方和之和，其表达式为

$$S_{交} = S_{交1} + S_{交2} + \cdots + S_{交(m-1)} \tag{5.18}$$

两交互因素的自由度 $T_{交}$ 为这两个因素的自由度之积，如交互作用 $A \times B$ 的离差平方和的自由度为

$$T_{交} = T_{A\times B} = T_A \times T_B = (m-1)^2 \tag{5.19}$$

误差的离差平方和 S_E 等于各空白列的离差平方和之和, 即

$$S_E = S_{空1} + S_{空2} + \cdots + S_{空i} \tag{5.20}$$

误差的离差平方和自由度 T_E 为各空白列自由度之和，即

$$T_E = T_{空1} + T_{空2} + \cdots + T_{空i} \tag{5.21}$$

2) F 检验

对各因素及有交互作用的因素计算统计量 F_j，其表达式为

$$F_j = \frac{S_j/T_j}{S_E/T_E} > F(T_j, T_E), \quad (j = 1, 2, 3, \cdots, n-1) \tag{5.22}$$

若满足式 (5.22)，则认为第 j 个因素对试验结果有显著影响，否则认为该因素对试验结果无显著影响。同样，上述分析的结果也可排成表格的形式，如表 5.7 所示。

表 5.7 正交试验方差分析表

方差来源	离差平方和	自由度	平均离差平方和	F 值	显著性
A	S_A	T_A	S_A/T_A	F_A	
B	S_B	T_B	S_B/S_B	F_B	
$A\times B$	$S_{A\times B}$	$T_{A\times B}$	$S_{A\times B}/T_{A\times B}$	$F_{A\times B}$	
$\vdots$	$\vdots$	$\vdots$	$\vdots$	$\vdots$	
误差 E	S_E	T_E	S_E/T_E		

3. 正交试验数据的极差分析

正交试验数据除了用方差分析法进行统计分析外，还可用极差分析法进行统计分析。极差分析的目的有两个：一是衡量各因素对试验结果的影响；二是确定某个因素取哪个水平最好。在很多情况下需要给出各因素对指标的影响规律时，采用此方法既能得到影响规律曲线又能得出最优水平组合。

极差分析法简单明了，计算量小，便于掌握。该方法常用于试验误差不大，精度要求不高的情况，如筛选因素的初步试验以及在寻求最优生产条件、最佳工艺、最好配方等的科研生产试验中，是人们在实际工作中经常采用的方法。极差分析法分析正交试验数据的步骤如下：

(1) 计算各因素各水平的综合平均值，选出各因素的最优水平。具体方法是将同一因素同一水平的试验数据求平均值，以因素 A 为例，首先求出因素 A 的第 i 水平对应的数据之和 K_{iA}，然后除以该水平的试验次数得到综合平均值 $\overline{K}_{iA}$。如果试验指标越大越好，则因素 A 下的最优综合平均值 $\overline{K}_{i_0A}$ 为各水平综合平均值的最大值 $\max\left|\overline{K}_{iA}\right|$；反之，为各水平综合平均值的最小值 $\min\left|\overline{K}_{iA}\right|$。用同样的方法可求得其他因素的综合平均值和最优水平。

(2) 计算各因素的综合平均值的极差，区分因素的主次。仍以因素 A 为例，其综合平均值的极差为

$$R_A = \max_i |\overline{K}_{iA}| - \min_i |\overline{K}_{iA}| \tag{5.23}$$

将各因素的极差按由大到小的顺序排列，极差大的因素，通常认为对试验指标的影响较大。

(3) 选取最优水平组合。一般选用各因素的最优水平进行搭配，从而得到最优组合，但在有些情况下，考虑到经济、效率以及条件的限制也可以有一定的灵活性，对于重要的因素一定要选取最优水平。

在以上的分析中，如需考虑交互作用，则可将交互作用与因素一样来对待。

5.2.2 试验数据的回归分析

回归分析是研究自变量和因变量之间关系的一种常用统计分析方法，按照所涉及自变量的多少可分为一元和多元回归分析；按照自变量和因变量之间的关系类型可分为线性和非线性回归分析。

回归分析的主要内容是：通过对试验数据的观察，寻找自变量和因变量之间的相互关系，建立数学表达式 (或经验公式)；对所建立的数学表达式的可信度进行验证，判断此表达式的合理性。

1. 一元线性回归分析

一元线性回归分析是用来确定自变量 x 和因变量 y 之间函数关系的一种方法。一元指的是自变量 x 只有一个，因变量 y 在某种程度上随自变量 x 变化而变化。自变量 x 是可以控制的，但因变量 y 是随机的。如果自变量和因变量之间的关系是呈线性的，那么如何确定这两个变量之间的关系，这就是一元线性回归分析要解决的问题。

一元线性回归分析的数学模型是在试验数据 $(x_i, y_i)(i = 1, 2, \cdots, n)$ 的基础之上建立的，其关系式为

$$y_i = a + bx_i - \varepsilon_i, \quad (i = 1, 2, \cdots, n) \tag{5.24}$$

式中，a、b 为回归系数；ε_i 为每次试验的误差，一般假定 ε_i 是一组相互独立且服从正态分布 $\varepsilon_i \sim N(0, \sigma^2)$ 的随机变量。

若用一个确定的函数关系式来代替该模型，便可得到一元线性回归方程：

$$\hat{y} = a + bx \tag{5.25}$$

式中，$\hat{y}$ 就是因变量 y 的回归值 (估计值)；a，b 为回归系数，通常采用最小二乘法求解。

回归系数的最小二乘法求解是通过最小化试验值与回归值的偏差的平方和，寻找回归系数的过程 [101]。使用最小二乘法确定回归系数的原则是：将所求系数代入回归方程后，所得数值应能较好地接近试验值。

根据数学中的极值定理，只要将函数 $q(a, b)$ 分别对变量 a、b 求偏导数，并使其结果等于零，就可使函数 $q(a, b)$ 达到最小，应满足方程组

$$\begin{cases} \dfrac{\partial q}{\partial a} = 0 \\ \dfrac{\partial q}{\partial b} = 0 \end{cases} \tag{5.26}$$

其中

$$\begin{cases} \dfrac{\partial q}{\partial a} = -2\sum_{i=1}^{n}(y_i - a - bx_i) \\ \dfrac{\partial q}{\partial b} = -2\sum_{i=1}^{n}(y_i - a - bx_i) \cdot x_i \end{cases}$$

经整理得

$$\begin{cases} n \cdot a + b \cdot n\overline{x} = n\overline{y} \\ n \cdot ax + b\sum_{i=1}^{n} x_i^2 = \sum_{i=1}^{n} x_i y_i \end{cases} \tag{5.27}$$

式中，$\overline{x}$ 为 x 的平均值，$\overline{y}$ 为 y 的平均值。$\overline{x}$ 和 $\overline{y}$ 的表达式为

$$\overline{x} = \frac{1}{n}\sum_{i=1}^{n} x_i; \quad \overline{y} = \frac{1}{n}\sum_{i=1}^{n} y_i \tag{5.28}$$

方程组 (5.27) 称为 “正规方程组”，解此方程可求得系数 a、b。

2. 多元线性回归分析

多元线性回归是多元回归分析中的一种常用的方法，该模型的标准形式为

$$y = f(z_1, z_2, \cdots, z_k) = \beta_0 + \sum_{j=1}^{k} \beta_j x_j + \varepsilon \tag{5.29}$$

式中，$z_1, z_2, \cdots, z_k$ 是自变量，且 y 与 k 个自变量是线性相关；x_j 是 z_i $(i = 1, 2, \cdots, k)$ 的函数；β_j 是回归系数；β_0 是常数项。例如：

$$y = \beta_0 + \beta_1 \sin z_1 + \beta_2 \cos z_2 \tag{5.30}$$

设

$$x_1 = \sin z_1, \quad x_2 = \cos z_2 \tag{5.31}$$

则式 (5.30) 可转化为线性形式：

$$y = \beta_0 + \beta_1 x_1 + \beta_2 x_2 \tag{5.32}$$

多元线性模型建立后，就要求解回归系数。一般地，如果因变量 y 与 k 个自变量 $x_1, x_2, \cdots, x_k$ 之间存在线性关系，则有 n 组试验值 $(x_{i1}, x_{i2}, \cdots, x_{ik}, y_i)$ 满足式 (5.29)，即

$$y_i = \beta_0 + \sum_{j=1}^{k} \beta_j x_{ij} + \varepsilon_i, \quad (i = 1, 2, \cdots, n) \tag{5.33}$$

令

$$y = \begin{bmatrix} y_1 \\ y_2 \\ \vdots \\ y_n \end{bmatrix}, X = \begin{bmatrix} 1 & x_{11} & x_{12} & \cdots & x_{1k} \\ 1 & x_{21} & x_{22} & \cdots & x_{2k} \\ \vdots & \vdots & \vdots & \vdots & \vdots \\ 1 & x_{n1} & x_{n2} & \cdots & x_{nk} \end{bmatrix}, \beta = \begin{bmatrix} \beta_0 \\ \beta_1 \\ \beta_2 \\ \vdots \\ \beta_k \end{bmatrix}, \varepsilon = \begin{bmatrix} \varepsilon_1 \\ \varepsilon_2 \\ \vdots \\ \varepsilon_n \end{bmatrix} \tag{5.34}$$

则式 (5.33) 可简化为

$$y = X\beta + \varepsilon \tag{5.35}$$

式 (5.35) 为多元线性模型的矩阵表达式。

设

$$Q = (y - X\beta)^{\mathrm{T}}(y - X\beta) \tag{5.36}$$

即

$$Q = y^{\mathrm{T}}y - 2\beta^{\mathrm{T}}X^{\mathrm{T}}y + \beta^{\mathrm{T}}X^{\mathrm{T}}X\beta$$

求解最小二乘估计向量 $\hat{\beta}$，需要使 Q 取极小值，即需满足

$$\frac{\partial Q}{\partial \beta}\Big|_{\hat{\beta}} = -2X^{\mathrm{T}}y + 2X^{\mathrm{T}}X\hat{\beta} = 0$$

则

$$\hat{\beta} = (X^{\mathrm{T}}X)^{-1}X^{\mathrm{T}}y \tag{5.37}$$

通过式 (5.37) 求出回归系数后，就可建立多元线性回归方程的数学表达式。

3. 一元非线性回归分析

当回归模型是非线性时，采用 $y = f(x)$ 来描述。一般情况下，非线性回归问题通过适当的线性变换，可转换为线性问题去解决。一般步骤是，首先根据试验数

据，在直角坐标系中画出散点图，然后根据散点图预测 y 与 x 之间的函数关系，最后通过适当的变换，使 y 与 x 呈线性关系。

例如，试验值与因素的关系为

$$M = cp^b \tag{5.38}$$

式中，M 是试验值，p 是因素，c 和 b 是常数。

对式 (5.38) 两边同时取对数，可得

$$\lg M = \lg c + b \lg P \tag{5.39}$$

设

$$y = \lg M, \quad x = \lg P, \quad a = \lg c \tag{5.40}$$

则式 (5.38) 通过线性变换可转化为一元线性方程：

$$y = a + bx \tag{5.41}$$

式中，a 和 b 是回归系数，可通过最小二乘法求解。

然而，不是所有的一元非线性函数都能转化为线性函数，但由于任何复杂的一元连续函数都可以用高阶多项式近似表达，为此，对那些难以线性化的表达式，可用下式来拟合：

$$\hat{y} = a + b_1x + b_2x^2 + \cdots + b_mx^m \tag{5.42}$$

设

$$X_1 = x, \quad X_2 = x^2, \quad \cdots, \quad X_m = x^m \tag{5.43}$$

则式 (5.42) 可转化为多元线性方程：

$$\hat{y} = a + b_1X_1 + b_2X_2 + \cdots + b_mX_m \tag{5.44}$$

这样就可以用多元线性回归分析求系数 $a, b_1, b_2, \cdots, b_m$。

4. 多元非线性回归分析

对于多元非线性模型，有些情况下可通过适当转换为线性模型 (同一元非线性模型的转换)。当曲线类型不易判断时，可采用多项式近似替代。

如果变量 y 与 x 的关系可以用 p 次多项式表示，则该多项式的模型为

$$y_i = \beta_0 + \beta_1 x_i + \beta_2 x_i^2 + \cdots + \beta_p x_i^p + \varepsilon_i, \quad (i = 1, 2, \cdots, n) \tag{5.45}$$

如果对式 (5.45) 的非线性项用不同的线性项代替，就可以利用多元线性回归分析的方法来求解。设

$$x_{i1} = x_i, \quad x_{i2} = x_i^2, \quad \cdots, \quad x_{ip} = x_i^p \tag{5.46}$$

则式 (5.45) 可转化为

$$y_i = \beta_0 + \beta_1 x_{i1} + \beta_2 x_{i2} + \cdots + \beta_p x_{ip} + \varepsilon_i, \quad (i = 1, 2, \cdots, n) \tag{5.47}$$

由此就将多元非线性回归问题转化为多元线性回归问题来处理了。同理，多元多项式回归问题也可以转化为多元线性回归模型来解决。设

$$x_{i1} = z_{i1}, \quad x_{i2} = z_{i2}, \quad x_{i3} = z_{i1}^2, \quad x_{i4} = z_{i2}^2, \quad \cdots \tag{5.48}$$

则多元多项式

$$y_i = \beta_0 + \beta_1 z_{i1} + \beta_2 z_{i2} + \cdots + \beta_3 z_{i1}^2 + \beta_4 z_{i2}^2 + \cdots + \varepsilon_i \tag{5.49}$$

可转化为

$$y_i = \beta_0 + \beta_1 x_{i1} + \beta_2 x_{i2} + \cdots + \beta_3 x_{i3} + \beta_4 x_{i4} + \cdots + \varepsilon_i \tag{5.50}$$

式 (5.50) 可按照多元线性回归模型分析方法来求解。

一般情况下，经回归分析得到的经验公式需进行显著性检验，从而确认因素与试验值是否有关系以及验证经验公式的可信度。

5.2.3 回归方程的显著性检验

为了确认自变量与因变量之间是否线性相关以及线性相关的程度，必须对回归方程进行显著性检验。常用的检验方法有相关系数检验和 F 检验。

1. 一元线性回归方程的显著性检验

1) 相关系数检验

相关系数 r 是用来描述自变量 x 与因变量 y 之间的线性相关程度，其计算公式为

$$r = \frac{L_{xy}}{\sqrt{L_{xx} L_{yy}}} \tag{5.51}$$

式中

$$L_{xy}=\sum_{i=1}^{n}x_iy_i-n\overline{x}\,\overline{y}$$
$$L_{xx}=\sum_{i=1}^{n}x_i^2-n\left(\overline{x}\right)^2$$
$$L_{yy}=\sum_{i=1}^{n}y_i^2-n\left(\overline{y}\right)^2 \tag{5.52}$$

相关系数 r 的取值范围为 $|r|\leqslant 1$，其中：

(1) 如果 $|r|$ 等于 1，则表明 x 与 y 完全线性相关；

(2) 一般情况下 $0<|r|<1$，即 x 与 y 之间存在一定的线性相关，当 r 大于零时，为正线性相关 (直线斜率为正)；当 r 小于零时，为负线性相关 (直线斜率为负)；

(3) 如果 r 等于 0，此时 x 与 y 没有线性关系，当然也可能存在其他类型的关系。

对于给定显著性水平 α 后，只有 $|r|>r_{\min}$ 时，才能说明 x 与 y 存在密切的线性关系，其中 $r_{\min}$ 为临界值。

2) F 检验

F 检验实质上就是方差分析。一元线性回归方差分析以表格的形式给出 (见表 5.8)。

表 5.8 一元线性回归方差分析

方差来源	自由度	离差平方和	均方和	F	显著性
回归	1	S_R	S_R	$S_R/(S_E/(n-2))$	
误差	$n-2$	S_E	$S_E/(n-2)$		
总和	$n-1$	S_T			

表 5.8 中：$S_R=bL_{xy},S_T=L_{yy},S_E=S_T-S_R,b=\dfrac{L_{xy}}{L_{xx}},n$ 是试验次数。

若 $F>F_{0.01}(1，n-2)$，则说明 x 与 y 有十分显著的线性关系；若 $F_{0.05}(1，n-2)<F<F_{0.01}\ (1，n-2)$，则说明 x 与 y 有显著的线性关系；若 $F<F_{0.05}(1，n-2)$，则说明 x 与 y 没有有线性关系。

2. 多元线性回归方程的显著性检验

1) 复相关系数检验

在多元线性回归分析中，复相关系数 R 反映了一个变量 y 与多个变量 x_j $(j=1,2,\cdots,m)$ 之间线性相关的程度，其计算公式如下：

$$R=\sqrt{S_R/S_T} \tag{5.53}$$

这里 $0\leqslant R\leqslant 1$，当 R 为 1 时，说明 y 与 x_j $(j=1,2,\cdots,m)$ 之间存在严格的线性关系；当 R 为 0 时，说明 y 与 x_j $(j=1,2,\cdots,m)$ 之间不存在线性关系；当 $0<R<1$ 时，说明 y 与 x_j $(j=1,2,\cdots,m)$ 之间存在一定的线性关系。当 m 为 1，复相关系数即为一元线性相关系数。同样，对于给定显著性水平 α 后，只有当 $R>R_{\min}$ 时，才能说明 y 与 $x_j(j=1,2,\cdots,m)$ 之间存在着密切线性关系，其中 $R_{\min}$ 是临界值，与显著性水平和试验数据组数有关。

2) F 检验

多元线性回归方差分析同样以表格的形式给出 (见表 5.9)。

表 5.9 多元线性回归方差分析

方差来源	自由度	离差平方和	均方和	F	显著性
回归	m	S_R	S_R/m	$\dfrac{S_R/m}{S_E/(n-m-1)}$	
误差	$n-m-1$	S_E	$S_E/(n-m-1)$		
总和	$n-1$	S_T			

表 5.9 中：

$$S_T=L_{yy},\quad S_R=b_1L_{1y}+b_2L_{2y}+\cdots+b_mL_{my},\quad S_E=S_T-S_R \tag{5.54}$$

若 $F>F_{0.01}(m,n-m-1)$，则说明 x_j $(j=1,2,\cdots,m)$ 与 y 有十分显著的线性关系；若 $F_{0.05}(m,n-m-1)<F<F_{0.01}(m,n-m-1)$，则说明 x_j $(j=1,2,\cdots,m)$ 与 y 有显著的线性关系；若 $F<F_{0.05}(m,n-m-1)$，则说明 x_j $(j=1,2,\cdots,m)$ 与 y 没有线性关系。

5.3 精密硬切削表面粗糙度正交试验

为了获得最佳切削参数组合，实现硬切削的高品质加工，本节设计了精密硬切削表面粗糙度正交试验。试验以表面粗糙度 Ra 为指标，以切削用量 (切削速度、切削深度和进给量) 为影响因素，通过方差分析检验了各因素的显著性，并通过极差分析获得了各因素的影响规律和最优切削参数组合。

试验是在大宇车削加工中心 PUMA230MS 上进行的，被加工材料为淬火后硬度为 (60±2)HRC 的轴承钢 GCr15；使用的刀具是 Sandvik CB7015 PCBN 刀具，具体几何参数见表 5.10，切削形式是干式切削。

表 5.10 试验用刀具几何参数

前角	后角	刃倾角	主偏角	刀尖圆弧	倒棱宽	倒棱前角
$\gamma_o/(°)$	$\alpha_o/(°)$	$\lambda_s/(°)$	$\kappa_r/(°)$	r_ε/mm	$b_{\gamma t}$/mm	$\gamma_{b_{\gamma t}}/(°)$
0	7	0	90	0.4	0.1	−30

5.3.1 硬切削表面粗糙度正交试验设计

根据精密硬切削的理论并结合生产实际，切削深度 a_p 的取值范围为 0.05～0.3mm，进给量 f 的范围为 0.1～0.3mm/r，切削速度 v_c 取值范围为 100～200m/min，各因素的水平值见表 5.11。

针对该试验可选用 4 因素 3 水平的正交表，即 $L_9(3^4)$，试验方案如表 5.12 所示。

表 5.11 试验因素和水平

水平＼因素	切深 a_p/mm	进给量 f/(mm/r)	切削速度 v_c/(m/min)
水平 1	0.1	0.05	100
水平 2	0.2	0.1	150
水平 3	0.3	0.15	200

表 5.12 试验方案

试验号＼因素	切削深度 a_p/mm	进给量 f/(mm/r)	切削速度 v_c/(m/min)
1	1(0.1)	1(0.05)	1(100)
2	1(0.1)	2(0.10)	2(150)

续表

试验号 \ 因素	切削深度 a_p/mm	进给量 f/(mm/r)	切削速度 v_c/(m/min)
3	1(0.1)	3(0.15)	3(200)
4	2(0.2)	1(0.05)	2(150)
5	2(0.2)	2(0.10)	3(200)
6	2(0.2)	3(0.15)	1(100)
7	3(0.3)	1(0.05)	3(200)
8	3(0.3)	2(0.10)	2(150)
9	3(0.3)	3(0.15)	1(100)

5.3.2　硬切削表面粗糙度正交试验数据分析

在保证其他试验条件不变的情况下，根据表 5.12 安排的试验方案进行切削试验，所得试验数据如表 5.13 所示，

为了分析切削深度、进给量和切削速度对表面粗糙度的影响程度，利用方差分析法对表 5.13 中的试验数据进行计算与分析，分析结果见表 5.14。

表 5.13　表面粗糙度正交试验数据

试验号 \ 因素	切削深度 a_p/mm	进给量 f/(mm/r)	切削速度 v/(m/min)	表面粗糙度 R_a/μm
1	1	1	1	0.58
2	1	2	2	0.64
3	1	3	3	0.74
4	2	1	2	0.54
5	2	2	3	0.62
6	2	3	1	0.98
7	3	1	3	0.51
8	3	2	2	0.66
9	3	3	1	1.15

表 5.14　表面粗糙度正交试验方差分析

方差来源	离差平方和	自由度	平均离差平方和	F 值	显著性
a_p	0.02	2	0.01	2	
f	0.25	2	0.125	25	*
v_c	0.15	2	0.075	15	
误差 E	0.01	2	0.05		

注：* 代表显著。

当显著性水平为 0.05 时，查 F 分布表得

$$F_{0.05}(2,2) = 19.00$$

由于所有因素的离差平方和的自由度都为 2，所以各因素所对应的 F 标准值都相等，即为 19。从表 5.14 中可以看出，进给量对应的 F 值最大，且大于标准值，所以进给量对表面粗糙度的影响非常显著。切削速度和切削深度对应的 F 值均小于标准值，所以切削速度和切削深度对表面粗糙度的影响不显著，但切削速度对应的 F 值接近标准值，而切削深度对应的 F 值远小于标准值，可见，切削速度对表面粗糙度有一定影响，而切削深度几乎没影响。

为了获得各因素对指标的影响规律，并找到最优水平组合，利用极差分析法对试验数据进行了进一步分析，其结果如表 5.15 所示。

表 5.15 表面粗糙度正交试验极差分析

试验 \ 因素	切削深度 a_p/mm	进给量 f/(mm/r)	切削速度 v_c/(m/min)	表面粗糙度 R_a/μm
1	1	1	1	0.58
2	1	2	2	0.64
3	1	3	3	0.74
4	2	1	2	0.54
5	2	2	3	0.62
6	2	3	1	0.98
7	3	1	3	0.51
8	3	2	2	0.66
9	3	3	1	1.15
K_1	1.96	1.63	2.71	
K_2	2.14	1.92	1.84	
K_3	2.32	2.87	1.87	
$\overline{K}_1$	0.65	0.54	0.9	
$\overline{K}_2$	0.71	0.64	0.61	
$\overline{K}_3$	0.77	0.96	0.62	
R(平均极差)	0.12	0.42	0.29	
因素主次	进给量 → 切削速度 → 切削深度			
最优组合	$a_{p1}f_1v_2$			

为了更直观地分析各因素对表面粗糙度的影响，可用各因素的水平作横坐标，用表面粗糙度值作纵坐标，做出因素–指标关系图，如图 5.7 所示。

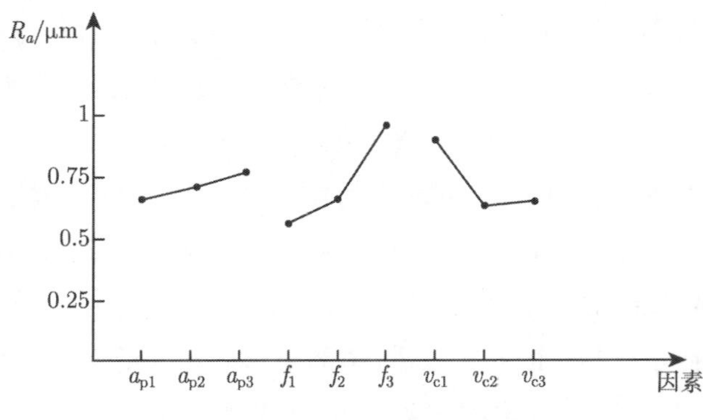

图 5.7　各因素对指标的影响规律

从图 5.7 中可看出，在给定因素水平的范围内，当切削深度增加时，表面粗糙度呈微小增大趋势；当进给量增加时，表面粗糙度迅速增大；当切削速度由 v_{c1} 增加到 v_{c2} 时，表面粗糙度减小，而由 v_{c2} 增加到 v_{c3} 时，表面粗糙度基本不变。

5.4　精密硬切削表面粗糙度全因素试验

为了建立精密硬切削表面粗糙度的预测模型和分析各影响因素的交互作用对表面粗糙度的影响，本节设计了精密硬切削表面粗糙度全因素试验 [14]。试验以表面粗糙度 R_a 为指标，以切削速度、进给量、切削深度和刀尖圆弧半径为影响因素，利用多元线性回归分析方法求出表面粗糙度的预测模型，并对该模型的显著性进行了检验和试验验证。

5.4.1　硬切削表面粗糙度的全因素试验设计

通过对硬态切削表面粗糙度影响因素的综合分析，并结合实际切削条件，试验设计中切削速度的取值范围为 100~200m/min，进给量的取值范围为 0.1~0.3mm/r，切削深度的取值范围为 0.1~0.3mm，刀尖圆弧半径的取值范围为 0.4~1.2mm。研究中对 v_c、f、a_p、r_ε 四个参数分别取三种不同水平 (见表 5.16)，组合后共有 3^4(81) 个试验点。

表 5.16 因素水平

参数	水平 1	水平 2	水平 3
$v_{\mathrm{c}}/(\mathrm{m/min})$	100	150	200
$f/(\mathrm{mm/r})$	0.1	0.2	0.3
$a_{\mathrm{p}}/\mathrm{mm}$	0.1	0.2	0.3
$r_{\varepsilon}/\mathrm{mm}$	0.4	0.8	1.2

5.4.2 表面粗糙度预测模型的建立与显著性检验

在硬切削表面粗糙度全因素试验的基础上，利用多元线性回归分析方法建立精密硬车表面粗糙度预测模型，并对该模型进行显著性检验。回归分析中以切削速度、进给量、切削深度和刀尖圆弧半径为自变量，以表面粗糙度 Ra 值为因变量。

根据实验分析结果，表面粗糙度预测数学理论模型可表示为

$$R_a = Cv^p f^q a_{\mathrm{p}}^m r_{\varepsilon}^n \tag{5.55}$$

上述模型尽管不是多元线性模型的标准形式，但是可以转化，将上式两边同时取对数可变为线性表达式：

$$\ln(Ra^*) = \ln C + p\ln(v) + q\ln(f) + m\ln(a_{\mathrm{p}}) + n\ln(r_{\varepsilon}) \tag{5.56}$$

式中，C 为常数；R_a^* 为实际表面粗糙度 R_a 的预测值；p、q、m、n 为指数。通过适当的变换，式 (5.56) 可用下面的多元线性数学模型表示：

$$y = b_0 + b_1x_1 + b_2x_2 + b_3x_3 + b_4x_4 \tag{5.57}$$

式中，y 为模型粗糙度预测值的对数值，系数 b_0、b_1、b_2、b_3、b_4 可用最小二乘法求得。运用多元线性回归分析可得到数学模型，其表达式为

$$y = 0.6251 - 0.0812x_1 + 1.1521x_2 - 0.0437x_3 - 0.4101x_4 \tag{5.58}$$

变换为表面粗糙度预测模型 (5.55) 的表达式为

$$R_a^* = 58.5789v^{-0.2003}f^{1.6621}a_{\mathrm{p}}^{-0.063}r_{\varepsilon}^{-0.5916} \tag{5.59}$$

得到表面粗糙度预测模型后，该模型是否能很好地预测表面粗糙度，这就需要对预测模型的可信度进行检验，即回归方程的显著性检验。利用多元回归方差分析的相关公式分别计算相关系数 r 和 F 值，将计算结果汇总与表 5.17 中。

表 5.17　表面粗糙度回归方程方差分析表

来源	自由度	平方和	均方和	F	R	显著性
回归	4	52.6758	13.1689	229.02	0.9234	*
误差	76	4.3684	0.0575			
总和	80	57.0442				

注：* 代表显著。

取显著性水平为 0.01，查表得

$$F_{0.01}(4,76)=3.58,\quad R_{\min}=0.413$$

表 5.17 中的 F 远大于标准值 $F_{0.01}$，R 为 0.9234 接近于 1 且满足 $R>R_{\min}$。可见切削表面粗糙度全因素试验数据的拟合效果较好，能够实现粗糙度的高精度预测。

采用方差分析不仅考虑单因素对试验指标的影响，也可以最为全面地考虑因素间交互作用对指标的影响，这一特点比正交试验考虑的还要全面，此处的方差分析的对象就是个体。运用方差分析对该全因素试验数据进行分析研究，如表 5.18 所示。

表 5.18　表面粗糙度影响因素分析

来源	平方和	自由度	均方和	F	贡献率	显著性
v	2.2661	2	1.1331	7.89	0.75	*
f	212.6194	2	106.3097	630.31	70.67	*
a_{p}	1.2695	2	0.6348	3.76	0.42	*
r_{ε}	50.1256	2	25.0628	148.48	16.66	*
fa_{p}	1.5283	4	0.3821	2.26	0.51	
va_{p}	3.5567	4	0.8892	3.79	1.18	*
vr_{ε}	0.6551	4	0.1638	0.97	0.23	
vf	1.0152	4	0.2538	2.14	0.34	
fr_{ε}	22.7610	4	5.6902	33.71	7.56	*
$a_{\mathrm{p}}r_{\varepsilon}$	0.5951	4	0.1488	0.83	0.19	
vfa_{p}	0.4564	8	0.0571	0.33	0.15	
vfr_{ε}	0.3464	8	0.0433	0.26	0.11	
$va_{\mathrm{p}}r_{\varepsilon}$	0.6367	8	0.0796	0.47	0.21	
$fa_{\mathrm{p}}r_{\varepsilon}$	0.3281	8	0.0410	0.24	0.10	
误差	2.7012	16	0.1688			
总和	300.8608	80				

注：* 代表显著。

影响因素显著性分析结果表明：影响表面粗糙度最显著的因素是进给量 (这与

5.3.2 中正交试验的方差分析结果是一致的)，其次是刀尖圆弧，进给量和刀尖圆弧的交互作用以及切削速度对其影响也比较显著，相对上述因素，切削深度对其影响较小，但切削速度和切削深度的交互作用对表面粗糙度却有一定的影响。

5.4.3　表面粗糙度预测模型仿真与验证

图 5.8 为表面粗糙度预测模型仿真图。由图分析可得：切削深度的变化对表面粗糙度的影响较小，进给量和刀尖圆弧是影响表面粗糙度的主要因素，而切削速度对表面粗糙度也有一定影响。

图 5.9 为不同切削条件下表面粗糙度预测准确性的实验验证，C 为预测值，B 为实验值。其中，图 5.9(a) 中，当切削速度变化时，刀尖圆弧半径为 0.4mm，切削深度为 0.1mm，进给量为 0.15mm/r固定不变；图 5.9(b) 中，当进给量变化时，刀尖圆弧半径为 0.4mm，切削深度为 0.2mm，切削速度为 120m/min不变；图 5.9(c) 中，当切削深度变化时，刀尖圆弧半径为 0.8mm，进给量为 0.15mm/r，切削速度

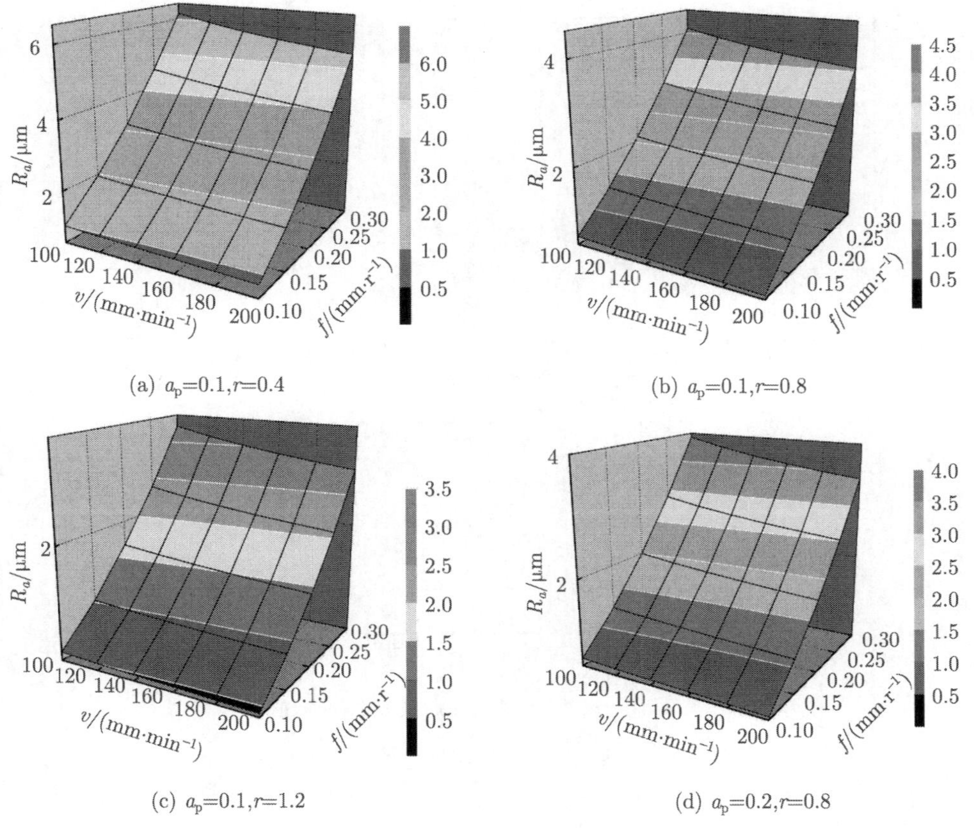

(a) a_p=0.1,r=0.4

(b) a_p=0.1,r=0.8

(c) a_p=0.1,r=1.2

(d) a_p=0.2,r=0.8

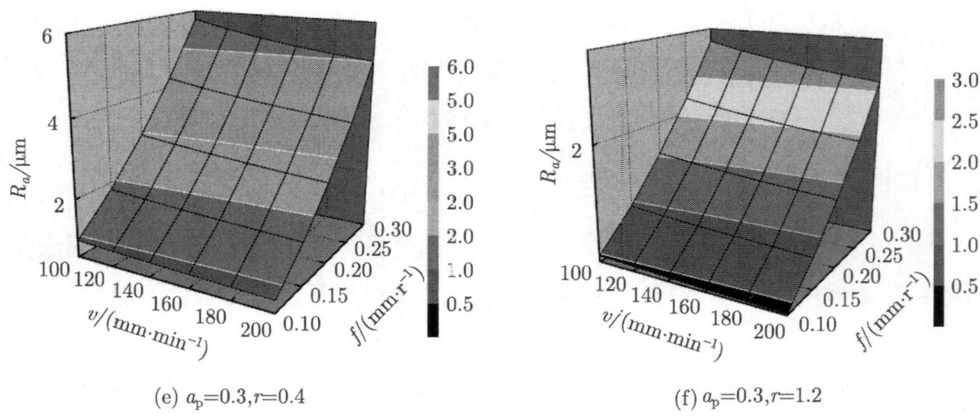

(e) a_p=0.3,r=0.4　　(f) a_p=0.3,r=1.2

图 5.8　表面粗糙度仿真结果

为 120m/min不变。通过对图 5.9 中实验值与预测值进行对比分析可得：预测值与实验值吻合较好。这表明该模型能够正确指导如何选用切削用量和刀具的几何参数，从而实现对硬态切削表面粗糙度准确地预测。

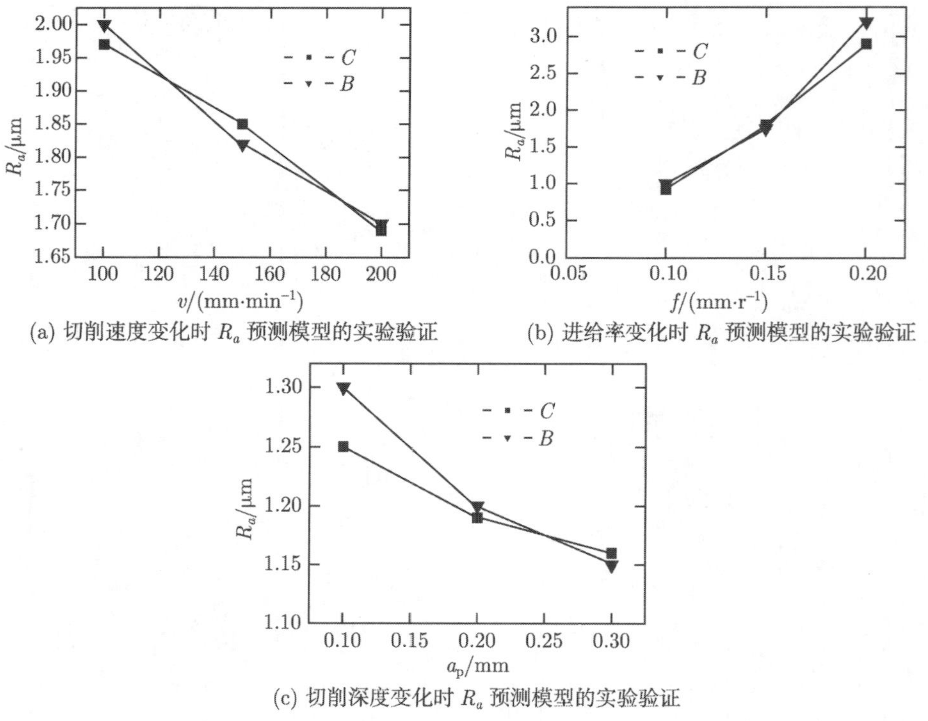

(a) 切削速度变化时 R_a 预测模型的实验验证

(b) 进给率变化时 R_a 预测模型的实验验证

(c) 切削深度变化时 R_a 预测模型的实验验证

图 5.9　不同切削条件下表面粗糙度预测与试验值对比

第 6 章　难加工材料切削加工表面完整性

在航空航天、舰船、石油化工等领域，零部件往往工作在高温、高压、高应力的环境中，因此对零件材料的要求非常高，需要具有高硬度、高韧性、高强度、耐腐蚀、耐磨损、抗疲劳等性能，如超高强度钢、高温合金、钛合金、不锈钢及高温结构陶瓷材料等。然而，它们的这些特性却增加了切削加工的难度，切削过程中切削力大、切削温度高、刀具耐用度降低，对切削表面的完整性具有极大的影响。

本章围绕典型难加工材料切削加工表面完整性相关研究成果进行阐述，主要内容包括：淬硬钢和高温合金切削加工的表面形貌、变质层微观结构、残余应力等表面完整性特征的影响规律。

6.1　淬硬钢切削加工表面完整性

淬硬钢是典型的耐磨和难加工材料，这类工件经淬火处理后硬度高达 50~65HRC。由于其具有较高的机械强度和抗疲劳磨损能力，因而被广泛应用于轴承、汽车、模具等工业领域。一般情况下，淬硬钢工件的粗加工是在淬火前进行的，而在淬火后进行磨削精加工。但磨削加工效率低、砂轮及磨削液消耗量大、成本高且切削废液污染程度严重。随着 PCBN 等超硬刀具技术的发展和高性能加工机床系统的应用，把硬态切削作为淬硬钢最终精加工方法已经成为了现实。

硬态切削指用 PCBN 等超硬刀具对硬度大于 50HRC 的淬硬钢材料进行精密切削加工的工艺。与传统的磨削加工工艺相比，硬态切削加工具有较高的加工柔性和加工效率，可以避免污染和节省能源，而且还能够得到可与磨削相当甚至超过磨削的加工表面质量 [102−106]。

6.1.1　硬切削加工试验设计

硬切削试验样件为淬硬后 GCr15 轴承外环，其硬度为 (60±2)HRC，外径为 47mm，宽度为 12mm，样件安装在专用的芯轴上，装夹后的试验系统如图 6.1 所示。切削力测量采用瑞士 KISTLER 公司的 9257B 三向压电测力仪，切削温度测量仪器采用 ThermoVision A40M 红外热像仪，在 CNC 加工中心 PUMA 230MSB 上进行，刀具选用 SANDVIK 公司的 CNGA120404S01030A 牌号 7015 型刀片，样件和刀具如图 6.2 所示。加工中不使用切削液和冷却液。

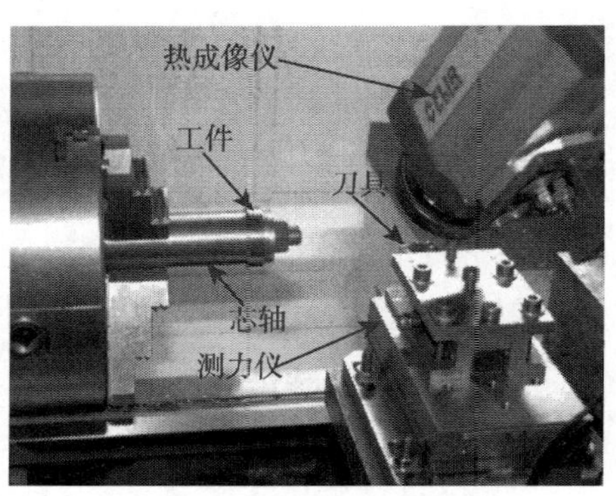

图 6.1　硬车削试验现场

(a)试验工件

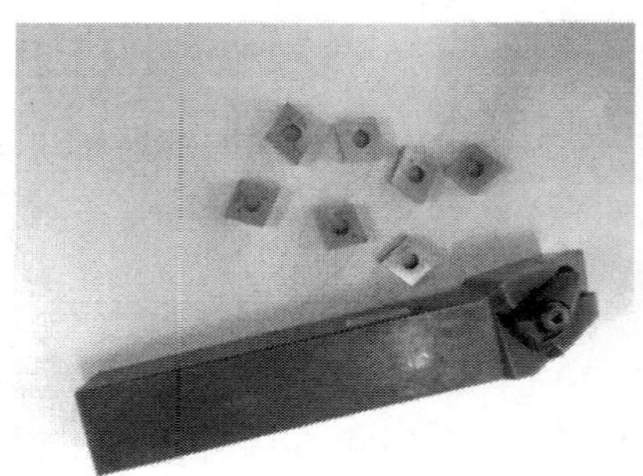

(b)试验刀具

图 6.2　试验用工件和刀具

试验选用 7 组不同的切削参数 (见表 6.1)，每组参数在不同的刀具磨损状态下进行 5 次试验，包括 7 把 PCBN 刀具和 35 个试验样件。每一组切削试验过程中，工件与 PCBN 刀片一一对应，切削深度为 0.1mm 保持不变，每把刀具走刀 20 次结束后，对刀片磨损进行检测。后续的各组试验只需更换试件，并进行刀片磨损检测。7 组试验都完成后，最后统一对样件的表面形貌、表面白层、表层残余应力等进行检测 [107]。

为了从微观层面分析白层的组织结构、特征形成机制，利用光学显微镜和 SEM 相结合的材料分析手段，对加工表面的纵向剖面进行了微观分析，带芯轴的试样如图 6.3 所示。

表 6.1 切削试验参数

方案	切削速度 v_c/(m/min)	切削深度 a_p/mm	进给量 f/(mm/r)
1	100	0.1	0.05
2	150	0.1	0.05
3	200	0.1	0.05
4	300	0.1	0.05
5	100	0.1	0.1
6	150	0.1	0.15
7	200	0.1	0.1

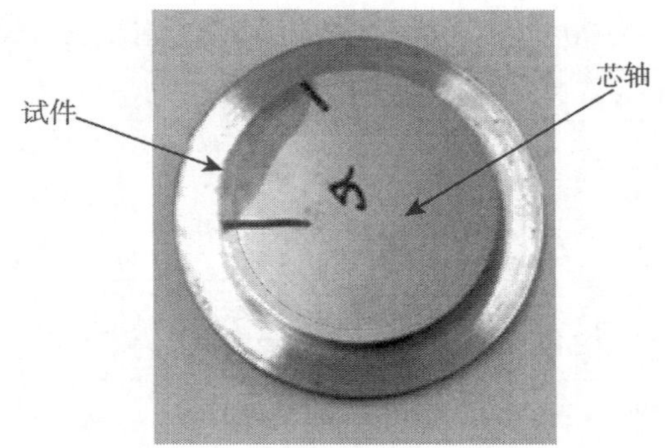

图 6.3 白层试件 (带芯轴)

表层特征的物相和残余应力分析采用荷兰 Panalytical 公司锐影 X 射线衍射仪，如图 6.4 所示。首先改变倾斜角 ψ，使波长为 1.54056 Å的 X 射线以不同入射角照射在测试样件表面上，然后通过接收端接收各衍射角 2θ 所对应的衍射强度，通过求解 2θ 与 $\sin 2\psi$ 的斜率 M，便可计算出残余应力数值。

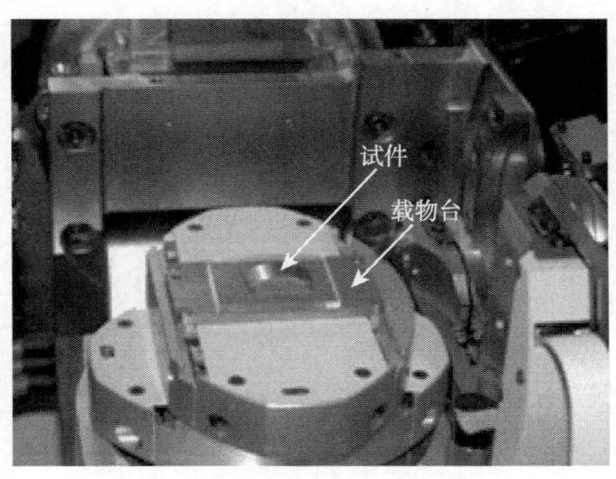

图 6.4 试样的 X 射线衍射测试

6.1.2　硬切削加工表面形貌

为了研究切削速度和后刀面磨损量 (VB) 对硬切削加工表面形貌的影响规律，采用 TalySurf CCI 型三维轮廓测量仪对硬切削加工表面进行测量，测量参数包括：二维表面粗糙度 R_a 和三维表面粗糙度 S_a，表面峭度 S_{ku} 和偏斜度 S_{sk}，支承面积率参数 S_k、S_{pk}、S_{vk}，表面承载体积参数 S_{bi}、S_{ci}、S_{vi}。表 6.2 和表 6.3 分别为切削速度 100m/min 和 300m/min 时，不同后刀面磨损条件下的表面形貌测量结果。

表 6.2　切削速度为 100m/min 时不同后刀面磨损条件下表面形貌测量结果

VB/μm	R_a/μm	S_a/μm	S_{sk}	S_{ku}	S_k	S_{pk}	S_{vk}	S_{bi}	S_{ci}	S_{vi}
0	0.24	0.39	0.20	2.01	1.65	0.43	0.34	0.70	1.35	0.38
60	0.29	0.49	0.37	2.29	1.43	0.65	0.36	0.44	1.48	0.38
140	0.32	0.54	0.10	2.64	1.15	0.42	0.45	0.35	1.32	0.54

表 6.3　切削速度为 300m/min 时不同后刀面磨损条件下表面形貌测量结果

VB/μm	R_a/μm	S_a/μm	S_{sk}	S_{ku}	S_k	S_{pk}	S_{vk}	S_{bi}	S_{ci}	S_{vi}
0	0.68	1.1	−0.23	3.04	3.89	1.41	1.80	0.62	1.09	0.61
80	0.82	1.30	−0.03	2.69	3.67	1.18	1.14	0.48	1.23	0.55
150	0.85	1.36	−0.98	3.87	3.26	2.567	1.714	0.27	0.53	0.77

1. 表面三维轮廓

图 6.5 和图 6.6 分别为切削速度为 300m/min 和 100m/min 时不同刀具磨损状态对应的加工表面微观形貌。

(a) VB=0μm　　(b) VB=80μm

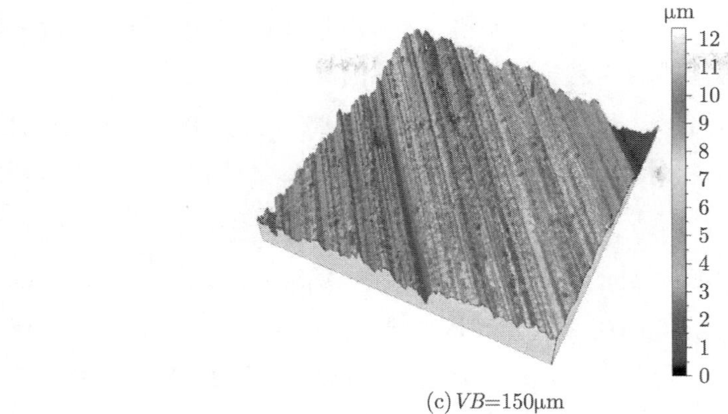

(c) VB=150μm

图 6.5　切削速度为 300m/min 时不同后刀面磨损条件下 3D 表面轮廓

(a) VB=0μm

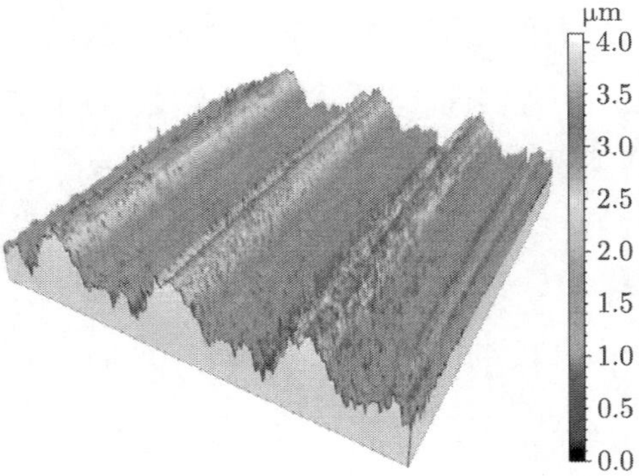

(b) VB=60μm

(c) VB=140μm

图 6.6　切削速度为 100m/min 时不同后刀面磨损条件下 3D 表面轮廓

由图 6.5 和图 6.6 可知，沿切削进给方向，加工表面存在的波峰和波谷在一定的范围内起伏变化，呈现出规律性；而随着刀具磨损的增大，波谷越来越深，波峰越来越高，使得表面越来越粗糙。在图 6.5 所示的高速切削条件下，加工表面相对较粗糙，S_a 值在 1μm 以上，尖峰和凹谷变得更加随机；而在图 6.6 所示的低速切削条件下，加工表面相对较平坦，S_a 值在 0.5μm 左右，呈现出较规则的尖峰和凹谷。

图 6.7 为切削速度为 300m/min、后刀面磨损量为 80μm、进给量为 0.05mm/r 时，沿进给方向的工件表面的 2D 粗糙度轮廓曲线；图 6.8 为切削速度为 100m/min、后刀面磨损量为 60μm、进给量为 0.1mm/r 时，沿进给方向的工件表面 2D 粗糙度轮廓曲线。

图 6.7 和图 6.8 中 2D 轮廓曲线是通过图 6.5(b) 和 6.6(b) 三维形貌沿切削进给方向的二维剖面投影得到的。虽然该数据曲线只反映了沿进给方向的粗糙度特征，但是由图 6.7 和图 6.8 所示的粗糙度曲线更为直观地发现：100m/min 切削条件下表面轮廓比 300m/min 切削条件下粗糙度 R_a 值更小；且在近似刀具磨损条件下，100m/min 切削时加工表面产生尖峰和凹谷的更为规则，还呈现出较好的规律性。

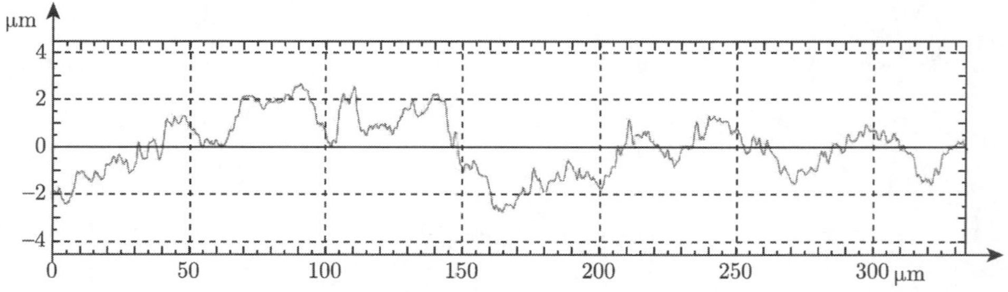

图 6.7　切削速度为 300m/min、后刀面磨损量为 80μm 时 2D 粗糙度轮廓曲线

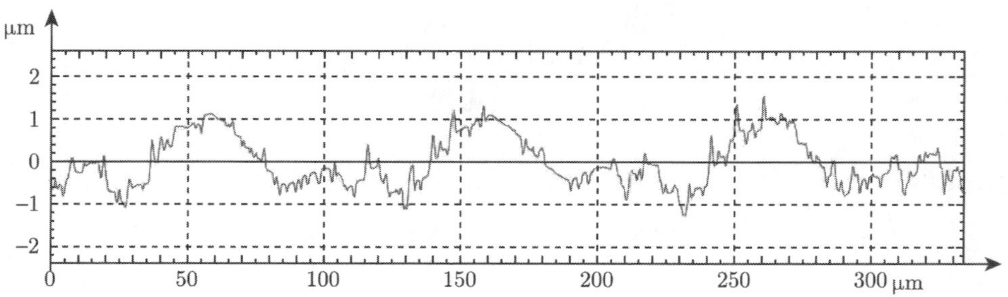

图 6.8　切削速度为 100m/min、后刀面磨损量为 60μm 时 2D 粗糙度轮廓曲线

2. 表面峭度和偏斜度

峭度和偏斜度均是描述表面高度分布特征的数值统计量，峭度为表面高度分布偏离高斯分布严重程度的度量标准，而偏斜度为表面背离基准面的不对称度的指标。图 6.9 和图 6.10 分别为切削速度为 300m/min 和 100m/min 时，不同刀具磨损状态对应的加工表面峭度和偏斜度分布。

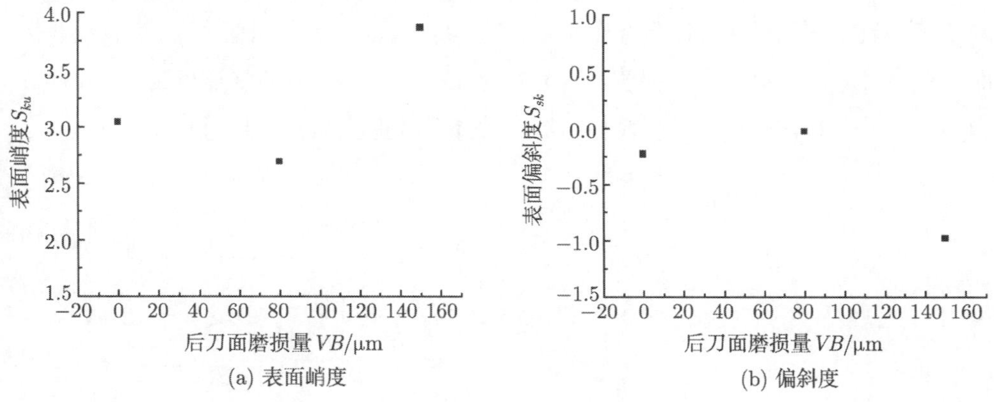

(a) 表面峭度 (b) 偏斜度

图 6.9 切削速度为 300m/min 时表面峭度和偏斜度

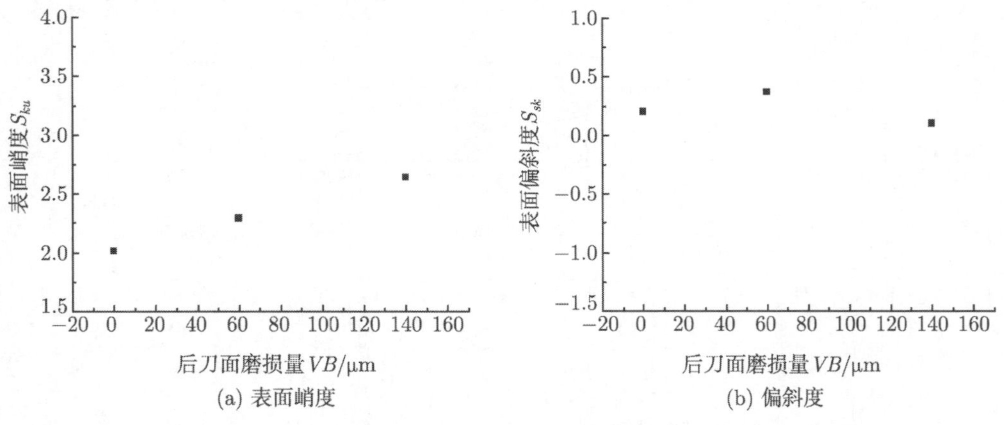

(a) 表面峭度 (b) 偏斜度

图 6.10 切削速度为 100m/min 时表面峭度和偏斜度

在图 6.9 中，加工表面偏斜度均呈现负值，这表明加工表面呈现为向基准面下凹谷偏离的特征，此时的峭度值也超过了 3，高于高斯正态分布曲线；结合峭度和偏斜度两个指标分析可知，高速切削条件下会产生较深且陡峭的波谷，同时伴随着刀具进一步磨损，加工表面变得更为峻峭。

在图 6.10 中，加工表面偏斜度为正值，且数值较小，峭度值均小于 3。结合峭度和偏斜度分析可知，在低速切削条件下，加工表面多出现较为平坦的凸峰，而随着刀具磨损的增大，加工表面有向峻峭转变的趋势。

3. 支承面积率参数

三维支承面积率曲线特征参数是加工表面微观不平度轮廓高度特性的描述，反映了零件表面耐磨性能，包含 3 个参数：S_k 为轮廓核心区面积值，S_{pk} 为轮廓峰区面积值、S_{vk} 为轮廓谷区面积值。图 6.11 和图 6.12 分别为切削速度为 300m/min 和 100m/min 时，不同刀具磨损状态对应的加工表面支承率曲线分布。

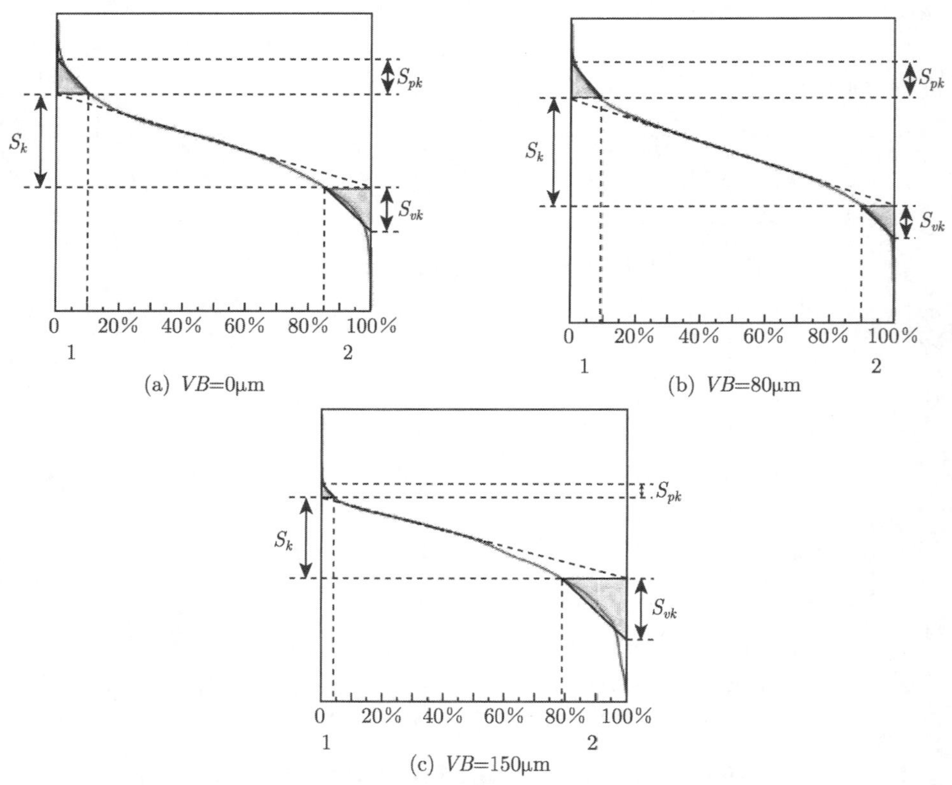

图 6.11　切削速度为 300m/min 时不同后刀面磨损条件下 3D 表面支承率曲线

图 6.11 和图 6.12 中，对加工表面支承率曲线分析可知，随着后刀面磨损量的增大，两种切削条件下核心支承面积参数 S_k 均逐渐减小，这将进一步降低零件表面的耐磨能力；然而，切削速度为 100m/min 时核心支承面积所占比例相对较大，

体现出了相对较好的耐磨特性。

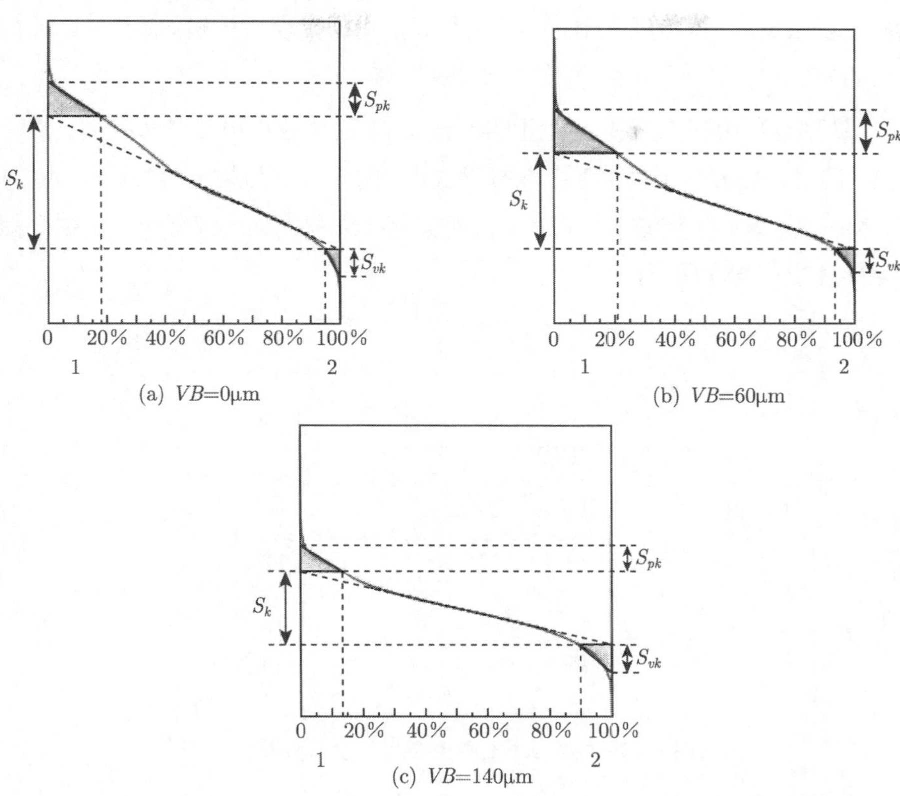

(a) VB=0μm (b) VB=60μm (c) VB=140μm

图 6.12 切削速度为 100m/min 时不同后刀面磨损条件下 3D 表面支承率曲线

4. 表面承载体积参数

表面承载体积参数包括表面支承指数 S_{bi}，核心区液体滞留指数 S_{ci}，谷区液体滞留指数 S_{vi}，这是由支承率曲线将加工表面划分的三个体积区域，如图 6.13 所示。

从表 6.2 和表 6.3 中的表面承载体积参数测量结果可知：随着刀具磨损量增大，表面支承指数 S_{bi} 和核心区液体滞留指数 S_{ci} 逐渐减小，且在切削速度为 300m/min 条件下减小程度尤为明显。

结合以上表面形貌分析可知：

(1) 硬态切削加工中三维参数相比二维参数能表达出更全面的表面特性，然而，二维轮廓曲线在描述切削加工过程中的表面粗糙程度时具有简单直观的优势。

(2) 高速切削条件强热力载荷下，加工表面形貌形成过程更为复杂，比如偏斜度指标呈现出负值，可考虑是由材料塑流和表层白层出现所引起的，此时三维粗糙度参数急剧恶化，将导致工件使役性能大幅下降。

(3) 切削过程中随着刀具后刀面的磨损，一方面导致已加工表面产生更高的切削温度，同时还使刀具工件接触区域振动加剧，将形成更为粗糙的加工表面，表面峭度、偏斜度、核心区支撑曲线面积、表面支承指数和核心区液体滞留指数等相关三维粗糙度指标均有所下降。

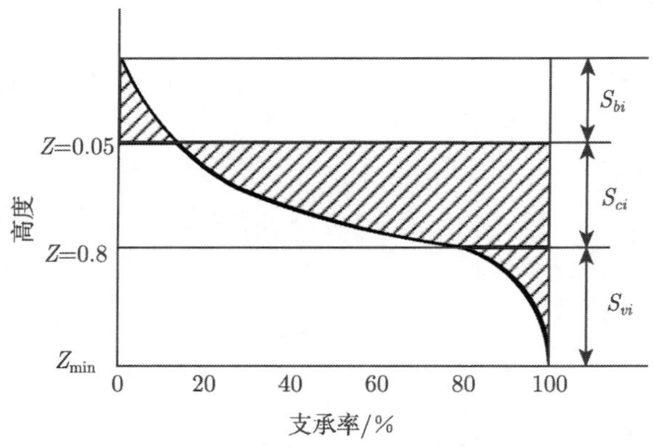

图 6.13　表面承载体积功能区域及其分界值

5. *刀具后刀面磨损对表面粗糙度的影响*

图 6.14 和图 6.15 分别是 PCBN 刀具切削淬硬轴承钢 GCr15 时，在切削速度为 120m/min 和 200m/min 时，后刀面磨损量和表面粗糙度随切削时间变化的曲线。

图 6.14 中，当切削速度为 120m/min，切削时间 50 min 时，PCBN 刀具后刀面磨损量为 150μm，在该切削时间范围内，刀具后刀面磨损对工件表面粗糙度 R_a 值的影响较小，R_a 值在一定的区域内波动。之后，随着刀具进一步磨损，表面粗糙度 R_a 值显著增大。同样，图 6.15 中，切削速度为 200m/min 的切削条件下，表面粗糙度 R_a 值也存在着相同的变化规律。由此可知: PCBN 刀具硬车淬硬钢过程中，后刀面磨损量在 150μm 以内时对工件表面粗糙度 R_a 值影响较小，而随着后刀面磨损量进一步增大，表面粗糙度 R_a 值将显著增大。

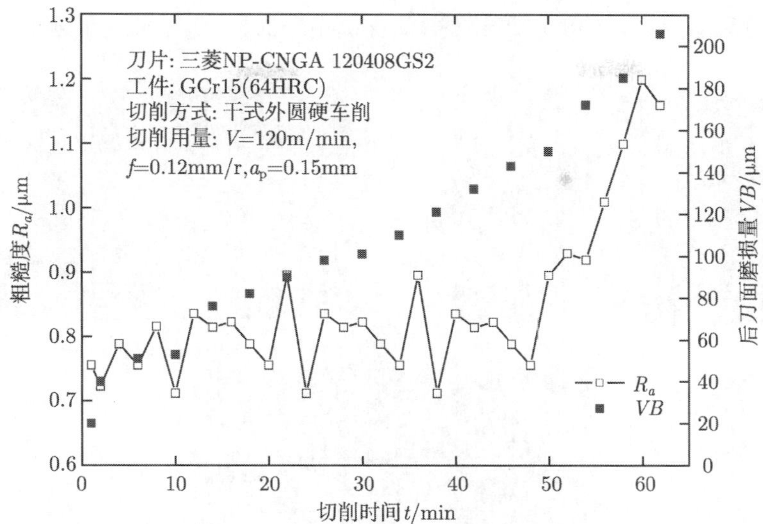

图 6.14 切削速度为 120m/min 时硬切削刀具磨损和表面粗糙度

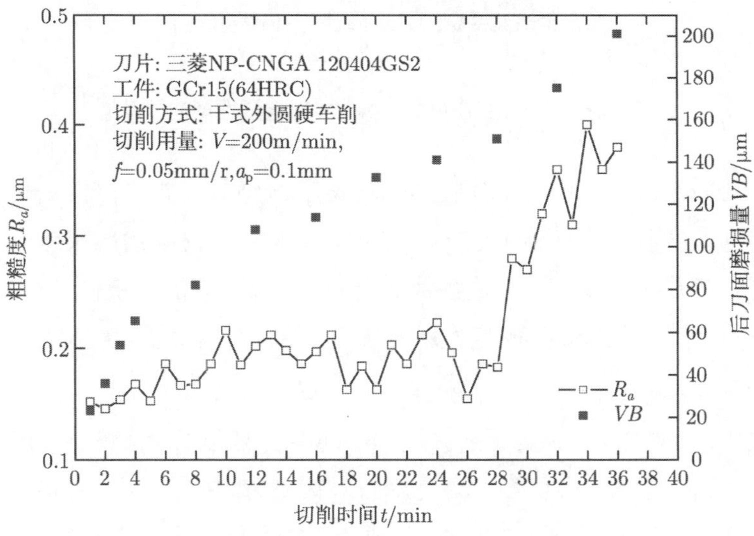

图 6.15 切削速度为 200m/min 时硬切削刀具磨损和表面粗糙度

6. 硬切削加工表面侧向塑流

切削加工表面形貌决定于刀具参数、切削参数以及切削过程中振动、颤震等因素。硬切削中，金属软化效应能够提高 PCBN 刀具寿命，但同时会对已加工表面形貌产生不利的影响，如被切削层材料在刀具切削部分与工件间的高温挤压作用下，会产生沿刀具切削刃方向的塑性流动 (简称侧向塑流)，如图 6.16 所示。

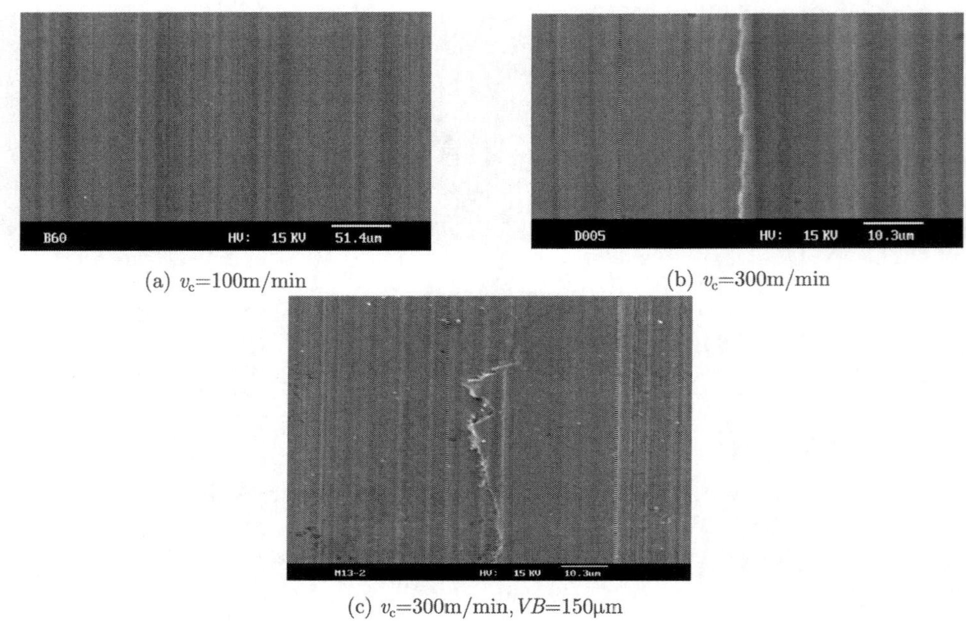

(a) v_c=100m/min　(b) v_c=300m/min

(c) v_c=300m/min, VB=150μm

图 6.16　不同切削条件下的金属材料塑性侧向流动

由图 6.16(a) 和 (b) 可知，切削速度 300m/min 条件下加工表面的材料侧向塑流较严重，这是由于高速切削时会产生大量的切削热，虽然切屑的快速离开能带走大部分热量，但由于切削区域散热条件的限制，积存下来的热量也是相对较大的，同时热传导时间短，热量主要存留在材料表层，使材料表层软化效果显著，易产生塑性流动现象。

由图 6.16(c) 可知，当后刀面磨损达 150μm 时，已加工表面侧向塑流程度进一步加剧，此时后刀面与工件间摩擦更为剧烈，接触温度快速升高，材料表层软化效果显著，工件硬度降低，在加工表面上形成了更加不规则的塑性流动现象。

此外，刀具切削刃的磨损、微崩刃及切削过程中振动、颤震等均会复制在已加工表面上，将使已加工表面形貌变得更为复杂。

6.1.3　硬切削加工表面白层特征

光学显微镜和扫描电镜的观测结果如图 6.17 所示。由图可以观察到工件表面间断不连续的白层和基体材料，白层与基体材料有一定的界限，其结构特征具有明显致密化的特点。

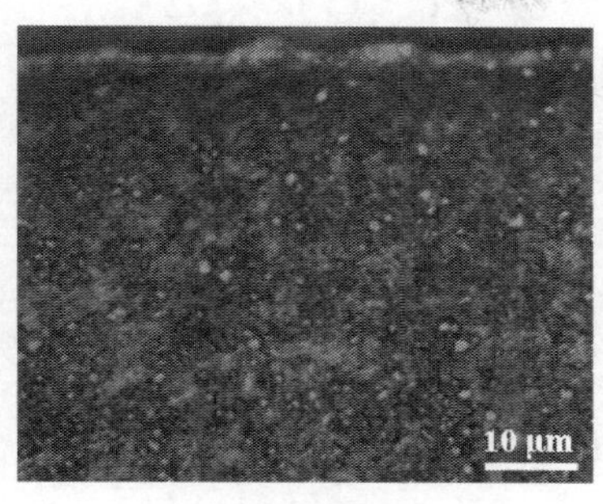

(a)光学显微镜

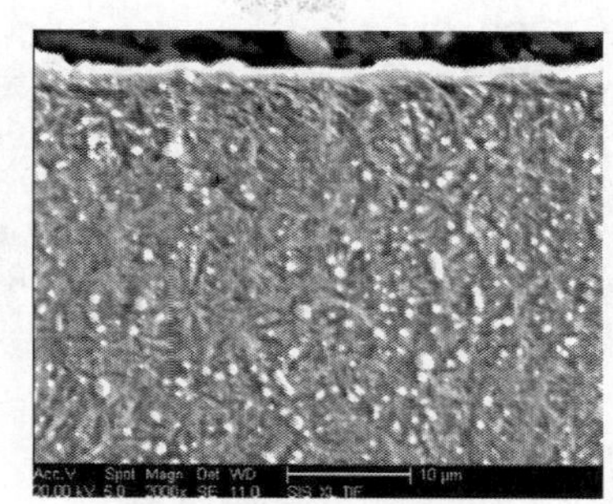

(b)扫描电镜

图 6.17 高速硬切削加工表面白层形貌

1. *后刀面磨损对白层的影响*

图 6.18 所示为切削速度为 100m/min、后刀面磨损量不同时，高速硬切削加工表面的白层形态。由图可知，后刀面未磨损状态下，工件加工表面白层很薄，其厚度大约在 1.5μm，白层下部黑色的过火层厚度也较小；随着后刀面磨损加剧至 110μm 时，白层厚度达到 3μm 左右，其分布较均匀连续；当刀具磨损量达到 150μm 时，白层明显变厚，其分布也变得不均匀不连续，厚度更是达到 5μm。

由此可见，刀具磨损对白层的影响作用明显，当后刀面处于正常磨损状态时，白层分布较为连续且均匀。当后刀面磨损加剧时，刀具与工件接触表面摩擦作用导致工件表面温度上升，表面热效应进一步加剧，出现了厚薄不一的白层组织。

2. *切削速度对白层的影响*

图 6.19 为不同切削速度、后刀面未磨损状态下，加工工具表面组织结构的显微结构。在切削速度为 100m/min 时，白层厚度为 1.5μm 左右；当切削速度增加到 200m/min 时，白层厚度达到 2.5μm 左右；当切削速度进一步提高到 300m/min 时，白层厚度已经达到了 4μm。

可见，随着切削速度的增大，白层厚度逐渐增加。其主要原因是，随着切削速度的提高，刀具与工件之间的摩擦和挤压作用加剧，导致切削区域温度升高，在温升的作用下，工件加工表面金相组织发生变化，较高的切削速度导致加工表面快速淬火效应，因而白层的厚度会不断增加。

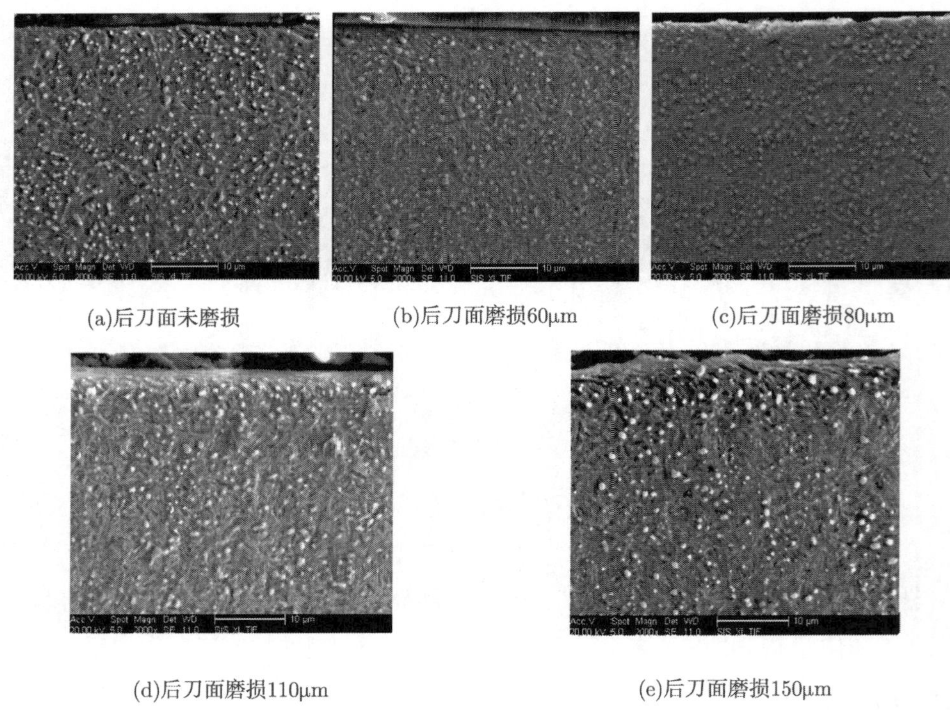

(a)后刀面未磨损　(b)后刀面磨损60μm　(c)后刀面磨损80μm

(d)后刀面磨损110μm　(e)后刀面磨损150μm

图 6.18　高速硬切削加工刀具磨损对表面白层形貌的影响

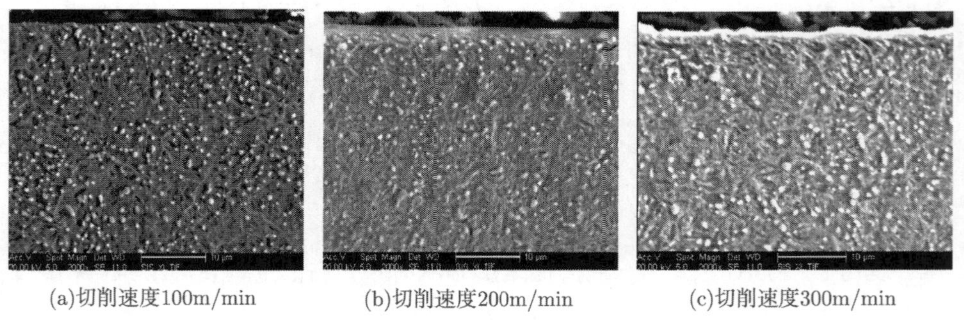

(a)切削速度100m/min　(b)切削速度200m/min　(c)切削速度300m/min

图 6.19　高速硬切削加工切削速度对表面白层形貌的影响

3. 白层微观组织的 SEM 分析

工件的加工表面在经历硬切削加工过程的高温、高压和高应变过程后，其白层组织与基体组织存在明显差异，获取白层的微观组织形态和分布规律是分析白层形成机理的基础。为详细观察白层与过渡层的微观组织及分布特征，对白层和过渡层区域分别放大 4000 倍和 8000 倍成像，其显微组织如图 6.20 所示。

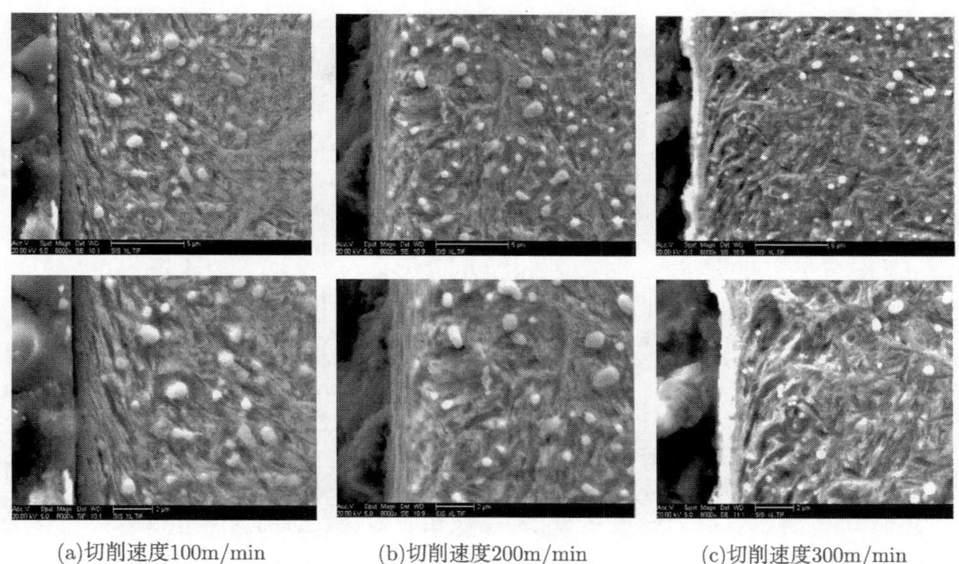

(a)切削速度100m/min (b)切削速度200m/min (c)切削速度300m/min

图 6.20 白层区域微结构的 SEM 观察 (4000 倍/8000 倍)

由图 6.20 可以看到，加工表面的微观组织存在较明显的分层现象，白层与基体的组织形态明显不同。从加工表面到基体，依次存在白层、过渡层和基体 3 种不同的组织形态。由图中可见，表面白层组织发生了一定程度的晶粒细化，多是细晶组织，同时弥散分布着碳化物颗粒；过渡层区域的组织相对粗大，为典型过火层组织；基体材料为均匀分布的马氏体、少量碳化物和少量残余奥氏体。

当切削速度为 100m/min 时，加工表面为组织变形均匀的塑性变形区，且具有一定的方向性，此时白层比较规则，为一定厚度的超细化层；当切削速度增加到 300m/min 时，已观察不出原始组织，白层熔附在已加工表面上，且厚度不均匀。结合上述分析可知，在切削速度为 100m/min 时产生的白层主要是由于机械变形，而在切削速度到达 300m/min 时产生的白层是由于较高温度产生的马氏体相变。

4. 白层微观组织 X 射线衍射物相分析

为确定加工表面的相变情况，采用 X 射线衍射法 (XRD) 对加工表面的物相进行检测。X 射线衍射法通过晶体的衍射线相对强度来表征不同晶体的结构，利用对样品测试得到的衍射数据与标准多晶体 X 射线衍射图谱进行对比来确定晶体结构。切削速度为 100m/min、后刀面磨损量为 0.1mm 状态下的分析结果如图 6.21 所示。

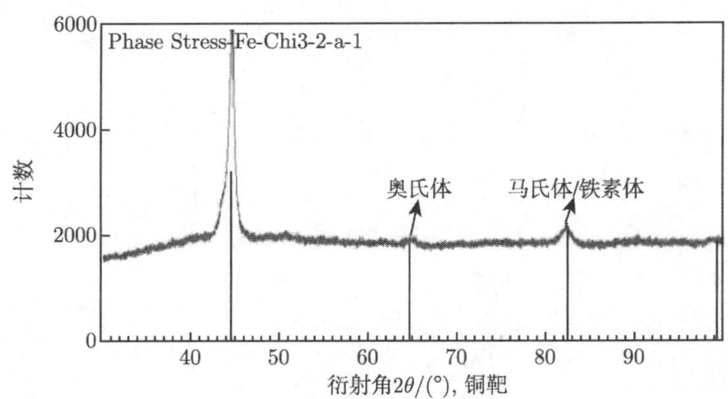

图 6.21　X 射线衍射物相分析

由图 6.21 各衍射峰的分析可知，加工表面明显存在有马氏体和残余奥氏体等组织结构。其中，奥氏体峰值大约在 64° 附近，其强度相对较低；而铁素体/马氏体峰值大约在 82°，强度较高。然而，工件材料淬硬钢 GCr15 中存在大量的碳化物，其衍射峰强度低，因此在各个衍射峰中不易观察到。

加工前工件组织结构主要是体心立方 (BBC) 的马氏体及较少的面心立方 (FCC) 的奥氏体，加工之后的衍射峰中，面心立方的奥氏体相有大量增加，可推断出在加工区域发生了明显的奥氏体相变；同时，X 衍射物相中存在有明显的铁素体/马氏体峰，由此可推断加工表层还发生了一定程度的机械变形和马氏体相变。

图 6.22 为切削速度分别在 100m/min、200m/min 和 300m/min 条件下，未磨损刀具和后刀面磨损量为 0.1mm 状态下，基于各衍射峰的强度宽度获得的加工表面各区域残余奥氏体的比例。基体材料含有 3%~4% 奥氏体，而硬切削加工表面白层和黑层的残余奥氏体含量明显超过了基体的含量。

图 6.22 表明，随着切削速度和刀具磨损的增大，残余奥氏体的含量逐渐增大，其中切削速度的影响尤为显著，这主要是由切削温度的变化引起的。随着切削速度的增加，产生的切削热增加，刀具工件界面处切削温度逐渐升高，此时奥氏体在每秒钟超过 200 ℃的快速升温中逐渐形成；同时随着切削速度的提高，冷却速度也变得更加迅速，不允许奥氏体完全转变成马氏体，导致较高量的奥氏体被保留下来。当磨损后的刀具和工件之间摩擦时，界面处的温度升高，切削力载荷也增大，加剧了奥氏体应变诱发马氏体相变和动态再结晶等多种机制，使得残余奥氏体含量进一步增大。

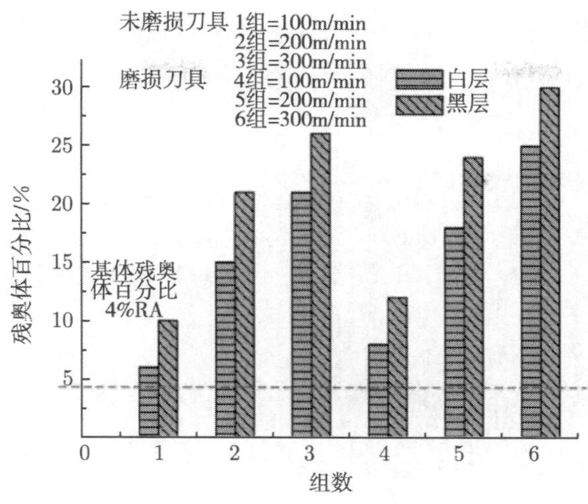

图 6.22 高速硬切削加工表层残奥体百分比

在切削速度为 100m/min 时，表面的残余奥氏体增加并不是十分明显，结合 SEM 分析得到的是细致、规则的组织形态，因此分析白层形成机制主要为塑性变形引发的晶粒细化。随着切削速度的增大，特别是切削速度达到 300m/min 时，表面的残余奥氏体含量增加已非常显著，可确定此时白层形成机制主要是由于马氏体相变所致。

5. 白层表层微观硬度分析

白层显微硬度的测试采用显微硬度机，加载的载荷为 200g，保持加载时间 10s 后进行显微硬度测试，并在 500 倍金相显微镜下进行观察。

考虑到白层是由未回火马氏体和残余奥氏体组成的，其硬度主要取决于 C 元素的含量，结合 XRD 物相分析估算其硬度应在 60~65HRC，而回火层硬度预计比基体部分低 3~5HRC。图 6.23 是切削速度为 100m/min、刀具未磨损状态下加工表面显微硬度测试结果，从而证明了上述推算。

图 6.24 是切削速度分别为 100m/min、200m/min 和 300m/min 条件下、未磨损刀具和后刀面磨损量为 0.1mm 时，硬切削加工表面各区域显微硬度对比。

由图 6.24 可见，当切削速度由 100m/min 增大到 200m/min 时，白层的显微硬度逐渐增大；由 200m/min 增大到 300m/min 时，白层的显微硬度却有所减小。同时随着刀具磨损程度的加剧，白层的显微硬度也逐渐增大。切削速度在 200m/min 以下时，产生白层的主要原因是以机械变形因素为主，并逐步提升加工表面硬度。

当切削速度进一步提升达到 300 m/min 时，产生白层的原因则是由高温下产生的马氏体相变，使表面硬度相比低速条件下有所减小。

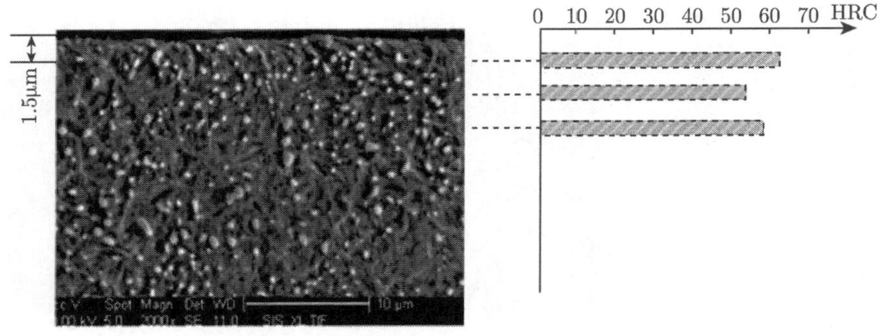

图 6.23 硬切削加工表层显微硬度测试

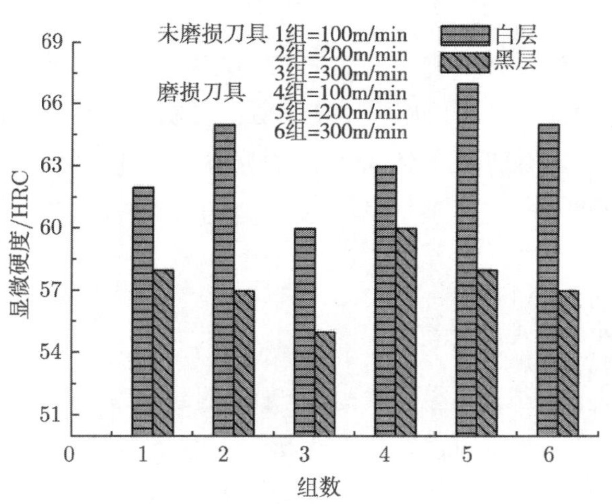

图 6.24 硬切削表层显微硬度

6. *硬切削表层白层特征形成机制分析*

综上分析可知，高速硬切削加工表面白层的形成过程中发生了剧烈的晶粒细化，导致了白层的高硬度、耐腐蚀特性。白层的微观组织与基体材料相比具有很大的变化，白层内存在细小铁素体、马氏体和残奥体等组织形态，对零件的疲劳寿命和使役性能有很大的影响。

结合 SEM、X 射线衍射物相分析和显微硬度分析可知，白层形成过程中存在两种不同的影响作用机制：一种是马氏体相变，即由快速加热和淬火从而导致的马氏体相变形成残余奥氏体；另一种是晶粒细化，即塑性变形导致晶粒细化和动态再结晶，产生晶粒细小的微观结构。

低速切削条件下，加工表面的残余奥氏体增量较小，显微硬度较高，表现为细致、规则的组织形态，其形成机制主要为塑性变形和机械载荷引发的晶粒细化。高速切削条件下，表面的残余奥氏体含量增加显著，显微硬度有所降低，组织形态非常不均匀并呈熔覆状态，其白层形成机制主要是由马氏体相变所致。而在中间切削速度时，表面的残余奥氏体增量明显，显微硬度也较高，组织不均匀但整体较细致，此时形成机制为上述两种机制的混合作用结果。

6.1.4　硬切削加工表层残余应力特征

加工表面残余应力形成机制较为复杂，一方面与工件材料的特性、机械载荷及热载荷有关；另一方面切削过程中已加工表面既受到第一变形区强力挤压、剪切滑移变形的作用，也受到后刀面与工件间的摩擦熨烫作用，这些因素综合影响着加工表面残余应力分布状态。残余应力容易使零件发生变形、开裂等严重不利后果，但若能使其大小和分布合理，则会提高零件表面的疲劳强度，可极大地提高零件的使用寿命。表层残余应力为工件表层区域中残余压应力或拉应力，利用 X 射线衍射进行衍射峰分析和参数拟合，获得测试应力值，如图 6.25 所示。

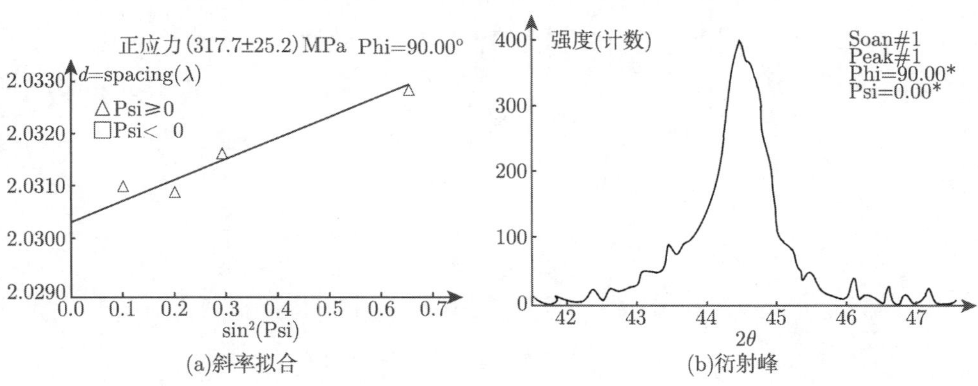

(a)斜率拟合　　(b)衍射峰

图 6.25　X 射线衍射残余应力测量

1. *刀具磨损对高速硬切削加工表层残余应力的影响*

图 6.26 和图 6.27 分别是切削速度为 200m/min，后刀面磨损量 VB 为不同值时，残余应力在不同切削方向上沿深度方向的分布试验曲线。其中图 6.26 为切削

速度方向上残余应力沿工件表层深度方向的分布，图 6.27 为进给方向上残余应力沿工件表层深度方向的分布。

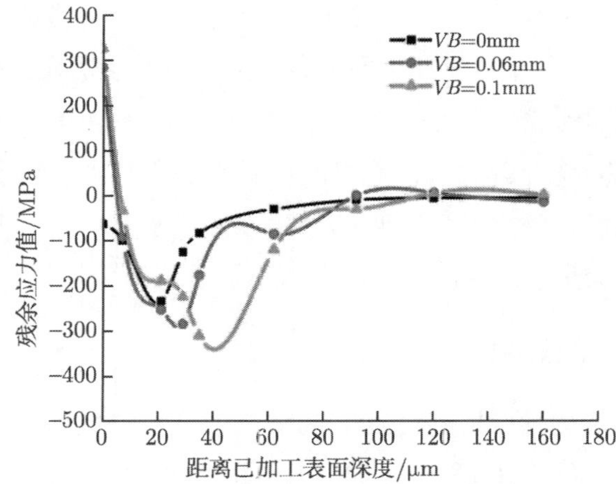

图 6.26　速度方向上刀具磨损对残余应力分布的影响

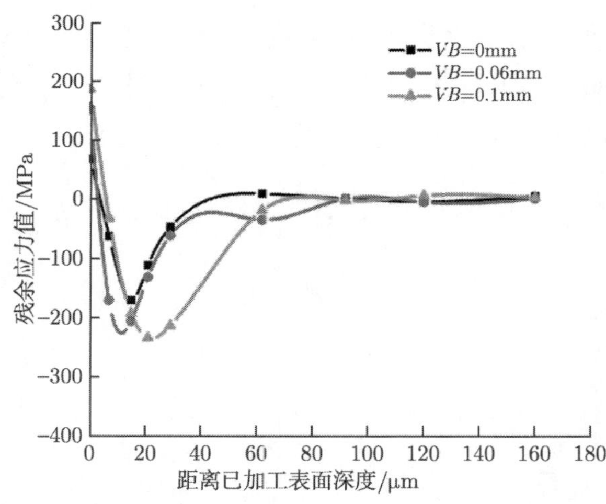

图 6.27　进给方向上刀具磨损对残余应力分布的影响

由图 6.26 和图 6.27 可知：残余应力在切削速度和进给两个方向上的变化趋势是基本相同的，均呈 “勺” 形分布，且在工件表层以下很小的区域内残余应力具有较大的梯度下降。

从图 6.26 可以看出：在切削速度方向上，随着后刀面磨损量的增大，表面的残余应力由残余压应力逐渐向残余拉应力转变；工件内部的残余应力均为压应力，且随着刀具磨损量增大，残余应力的大小和影响深度都逐渐增大。这表明在切削速度方向上，随着 PCBN 刀具后刀面磨损量的增大，切削力随之逐渐增大，同时单位时间内刀具与工件间的碾压、摩擦力作用加剧，接触表面产生了大量的切削热，造成了表层内残余应力向拉应力转变、里层的残余压应力逐渐增大。

由图 6.27 可知：在进给方向上，工件表面残余应力均为残余拉应力，随着后刀面磨损量的增大，表层残余应力的分布规律与速度方向上的分布规律大致相同。但是，无论是表层残余应力的值，还是表层以内残余应力的大小及影响深度都比在速度方向上的要小。

2. 切削速度对高速硬切削加工表层残余应力的影响

图 6.28 和图 6.29 分别是在相同的后刀面磨损量 VB 为 0.06mm，切削速度不同的条件下，残余应力在不同切削方向上沿深度方向的分布试验曲线。其中，图 6.28 为切削速度方向上残余应力沿工件表层深度方向的分布，图 6.29 为在进给方向上残余应力沿工件表层深度方向的分布。

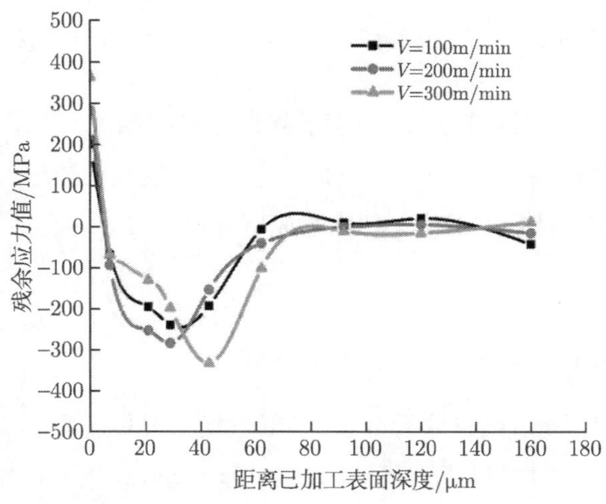

图 6.28 速度方向上切削速度对残余应力分布的影响

由图 6.28 和图 6.29 可知：残余应力在切削速度和进给两个方向上的变化趋势是基本相同的，均呈“勺”形分布。从图 6.28 可知：在切削速度方向上，随着切削速度的增大，表面的残余拉应力逐渐增大；表层以内的残余应力均为压应力，且随着切削速度增大，残余应力的大小和影响深度都有一定的增大。主要原因为：在切削速度方向上，随着切削速度的增大，虽然切削力随之减小，但单位时间内刀具与工件间的碾压、摩擦力作用加剧，接触表面产生了大量的切削热，进而在表面层产生了较大的犁耕力，造成表层、里层的残余应力均有所增大。于是，在工件表层以下很小的区域内，残余应力具有较大的梯度下降。

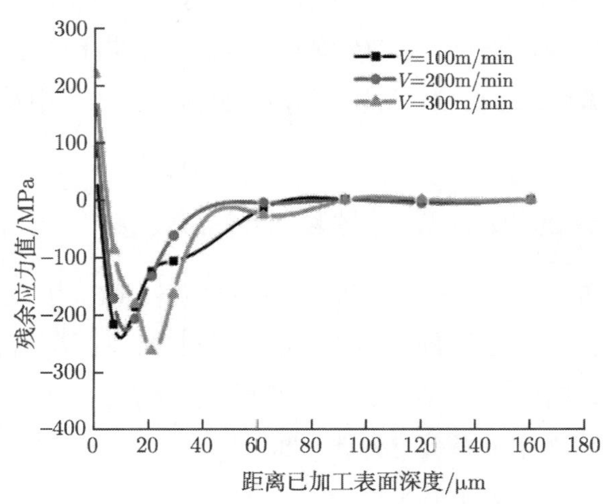

图 6.29　进给方向上切削速度对残余应力分布的影响

由图 6.29 可知：在进给方向上，随着切削速度的增大，表层残余应力的分布规律与在切削速度方向上大致相同。但是，无论是表层残余拉应力的值，还是表层以内残余应力的大小及影响深度，都比在速度方向上要小，且残余应力深度变化较小。

3. 高速硬切削表层残余应力形成机制分析

通过对残余应力测试结果分析可知，在低速切削刀具未磨损状态时，力载荷占据了主导作用，加工表层发生了明显的塑性变形，其残余应力性质表现为压应力。而随着刀具的磨损加剧，加工表层切削温度逐渐升高，导致表面冷却速度远高于表层内部，热载荷作用有所增强，由表层内部到表面产生热应力，在热应力复合作用下导致表面的压应力逐渐减小。在高速切削状态下，在刀具工件接触区域的温度较高，从而引起马氏体相变，此时残余奥氏体增量明显，马氏体到残余奥氏体的转变过程中的体积转变导致表面对基体进行压缩，引起表面上残余拉应力。

可见，硬切削加工残余应力分布是切削加工过程中机械应力、热应力和相变应力共同作用的结果。热载荷作用下使加工表层产生残余奥氏体和马氏体相变，进而产生拉应力，而力载荷作用下产生的加工表层机械应力为压应力。无论是刀具磨损还是切削速度提高，都会使热载荷作用加剧，进而逐渐超过力载荷的影响，逐渐成为应力产生的主导因素。

6.2 高温合金切削加工表面完整性

高温合金具有耐高温、耐腐蚀、组织稳定、抗氧化等优点，能在 600~1200 ℃的高温、腐蚀和复杂应力环境下进行服役，已经成为航空航天工业中不可缺少的关键材料。高温合金包括铁基、钴基和镍基三种类型，其中镍基高温合金具有优良的高温强度、理想的热稳定性、抗热疲劳性能和抗蠕变性能，广泛用于涡轮盘、涡轮轴、压气机盘、压气机轴、压气机叶片、机匣等高温部件的制造 [108−110]。

6.2.1 高温合金切削试验

该试验旨在研究硬质合金涂层刀具精密切削 (切削速度范围为 30~100m/min) 镍基高温合金 GH4169 时，切削参数对工件加工表面完整性 (表面粗糙度、加工硬化层和残余应力) 的影响作用。

试验系统如图 6.30 所示，刀片选用 SANDVIK 公司生产的硬质合金涂层刀片，型号分别为 CNMG1204-S05F、CNMG1208-S05F 和 CNMG1212-S05F。切削方式为外圆车削，棒料尺寸为直径 ϕ=120mm，长度 L=300mm，加工机床为沈阳第一机床厂生产的 CA6140 型车床，为了降低切削温度和增强接触界面润滑效果，试验中除了采用干切削方式外，还引入了微量润滑切削方式进行对比研究。

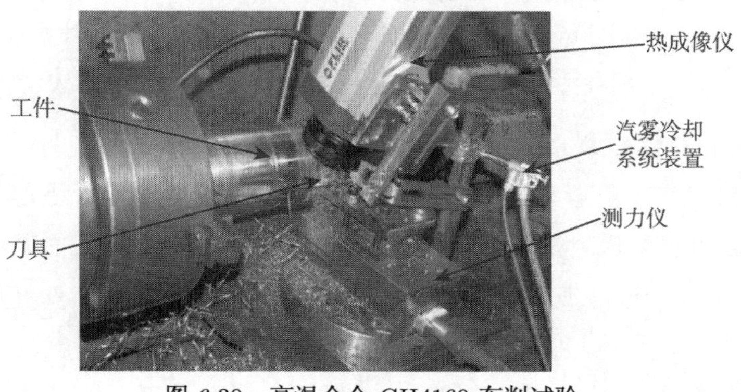

图 6.30 高温合金 GH4169 车削试验

试验中，背吃刀量为 0.1mm 保持不变，进给量选用 3 个水平 (分别为 0.05mm/r，0.1mm/r，0.15mm/r)，切削速度选用 6 个水平 (分别为 30 m/min，40 m/min，50 m/min，60 m/min，75 m/min，95 m/min)，试验方案如表 6.4 所示。

表 6.4　镍基高温合金 GH4169 切削加工表面完整性试验方案

方案	切削速度 v_c/(m/min)	进给量 f/(mm/r)	刀尖圆弧半径 r_ε/mm	润滑方式
1	30	0.1	0.4	干切、微量润滑
2	40	0.1	0.4	干切、微量润滑
3	50	0.1	0.4	干切、微量润滑
4	60	0.1	0.4	干切、微量润滑
5	75	0.1	0.4	干切、微量润滑
6	95	0.1	0.4	干切、微量润滑
7	60	0.1	0.8	干切、微量润滑
8	60	0.1	1.2	干切、微量润滑

按照实验序号进行外圆切削，走刀一次结束后，测量后刀面磨损量 VB 值，当刀片磨损量 VB 小于 0.05mm 时，将所加工的 20mm 工件做好标记预留出来，后续加工时，不加工此处，依此类推，用于检测工件表面粗糙度、加工硬化层和表层残余应力等表面特征量。

6.2.2　高温合金切削表面粗糙度

1. 刀尖圆弧半径和润滑方式对表面粗糙度的影响

图 6.31 为硬质合金涂层刀具切削镍基高温合金 GH4169 时，刀尖圆弧半径分别为 0.4mm、0.8mm 和 1.2mm，在微量润滑和干切削条件下，切削速度为 60m/min，进给量为 0.1mm/r，切削深度为 0.1mm，刀尖圆弧半径和润滑方式对表面粗糙的影响规律。

从图 6.31 可知，随着刀尖圆弧半径的增加，不管是微量润滑还是干切削条件下的表面粗糙度值均随之减小，当刀尖圆弧半径为 0.4mm 时，表面粗糙度 R_a 值在 0.6μm 左右，而当刀尖圆弧半径增大到 1.2mm 时，表面粗糙度 R_a 值显著降低，可达 0.4μm 以下。另外，微量润滑条件下产生的已加工表面粗糙度优于干切削条件下的表面粗糙度，这是因为切削液的冷却和润滑作用降低了刀屑接触区的切削温度，减小了切削区材料的塑性变形和刀具与工件间的摩擦，从而减小了切削加工表面粗糙度值。

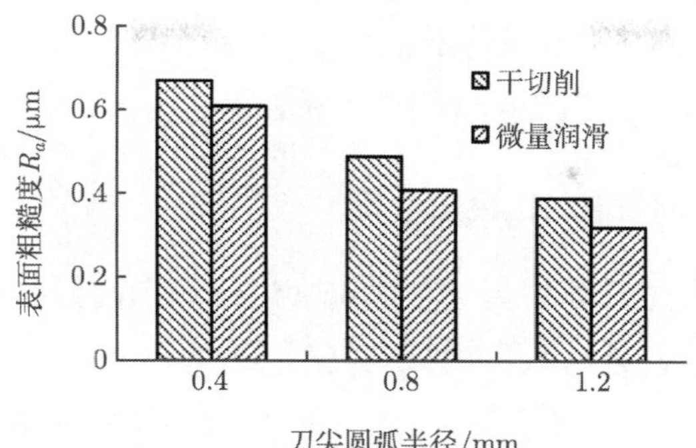

图 6.31　刀尖圆弧半径和润滑方式对表面粗糙度的影响

2. 切削速度对表面粗糙度的影响

图 6.32 为硬质合金涂层刀具切削镍基高温合金 GH4169 时，采用 CNGP120404-S05F 型刀尖圆弧半径为 0.4mm 的硬质合金刀片，切削速度分别为 30m/min、40m/min、50m/min、60m/min、75m/min、95m/min，进给量为 0.1mm/r，切削深度为 0.1mm，干切削和微量润滑的条件下，切削速度对表面粗糙度的影响。

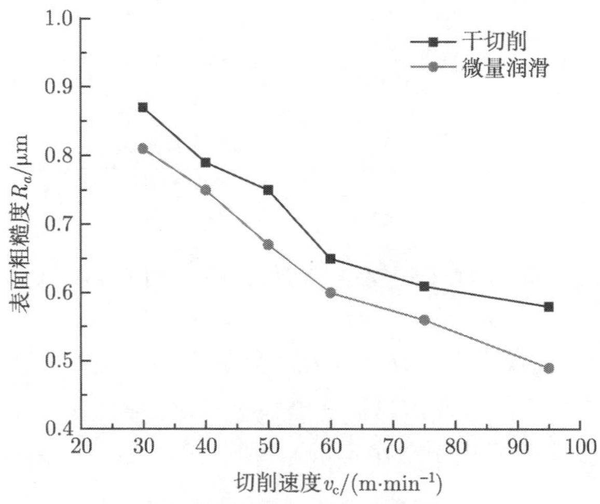

图 6.32　切削速度对表面粗糙度的影响

由图 6.32 可知，随着切削速度 v_c 的增大，无论是微量润滑还是干切削条件下的表面粗糙度值均随之减小，尤其是当速度由 30m/min 增大至 60m/min 时，表面粗糙度 R_a 值下降幅度较大，由 0.95μm 左右降至 0.65μm 左右，而当速度由

60m/min 到 95m/min 时，表面粗糙度 R_a 值处于 0.5~0.6μm，下降较为缓慢。另外，与干切削相比，微量润滑条件下加工表面粗糙度有所减小，尤其是在较高切削速度时 (大于 60m/min)，其影响作用更为显著。

6.2.3 高温合金切削表面加工硬化

图 6.33 为硬质合金涂层刀具切削镍基高温合金 GH4169 时，采用 CNGP120404-S05F 型刀尖圆弧半径为 0.4mm 的硬质合金刀片，切削速度分别为 30m/min、60m/min 和 95m/min，进给量为 0.1mm/r，切削深度为 0.10mm，微量润滑条件下，切削速度对表面加工硬化的影响。

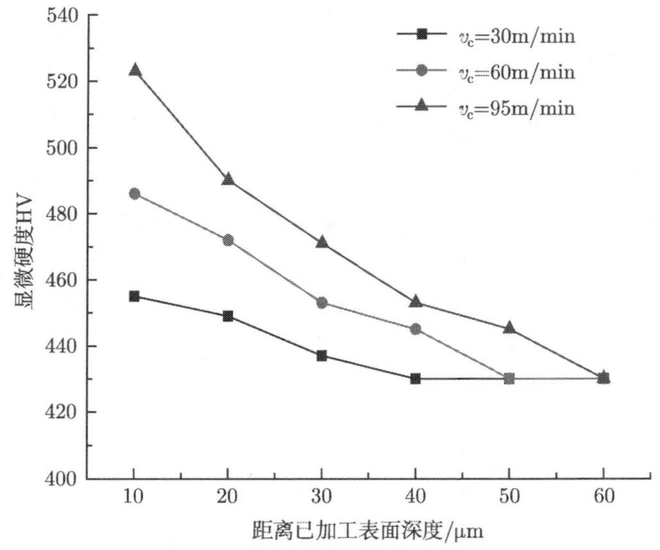

图 6.33 切削速度对镍基高温合金 GH4169 加工硬化层的影响

由图 6.33 可知，高温合金 GH4169 在切削加工中存在较为严重的加工硬化现象。随着切削速度的增加，表面层显微硬度随之增加，硬化层深度也随之增大。当切削速度为 30m/min 时，加工硬化程度为 106.1%，硬化层深度约为 40μm；当切削速度为 95m/min 时，加工硬化程度达到 121.9%，硬化层深度增大到 60μm 左右。

高温合金 GH4169 加工硬化层最上一层为无明显结构特征的薄层，在光学显微镜下呈亮白色，被称为白层。白层是在切削力和切削热综合作用产生的，如图 6.34 所示是切削速度分别为 30m/min、60m/min 和 95m/min，进给量为 0.1mm/r，切削深度为 0.1mm 时，加工表面的白层特征。

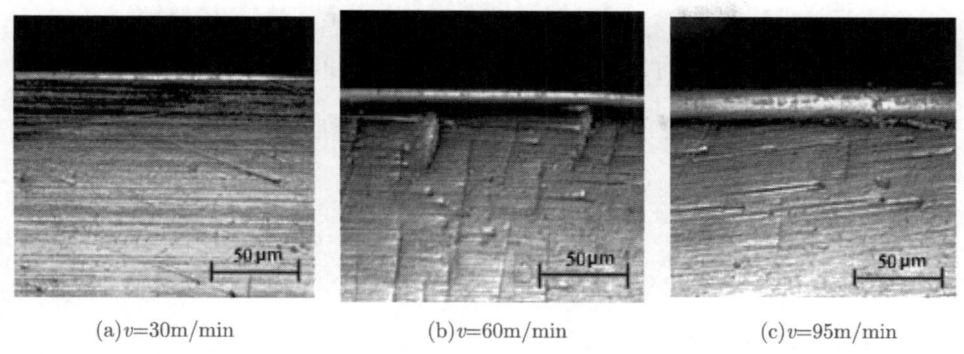

(a)v=30m/min (b)v=60m/min (c)v=95m/min

图 6.34 不同切削速度条件下镍基合金 GH4169 切削加工表面白层特征

由图 6.34 可知，工件的切削表层存在明显的白层。在切削速度为 30m/min 时，白层厚度为 3μm 左右，而在切削速度为 60m/min 时，白层厚度增加到 5μm 左右，特别是在切削速度为 95m/min 时，白层厚度可达 12μm 左右，此时白层组织特征也变得不规则。

由此可见，镍基高温合金 GH4169 加工过程中，在较低速度条件下，刀具后刀面对工件切削表面的挤压、摩擦作用引起的塑性变形占主导作用，此时硬化层较浅，白层厚度也较小；随着切削速度增大，刀具与工件间摩擦加剧，切削区温度逐渐升高，加工硬化严重，导致加工硬化层变厚，白层厚度逐渐增大。

6.2.4 高温合金切削加工表层残余应力特征

图 6.35 为采用 CNGP120404-S05F 型硬质合金涂层刀具切削镍基高温合金 GH4169 时，切削速度为 60m/min，进给量为 0.1mm/r，切削深度为 0.1mm，微量润滑条件下，残余应力沿层深方向的变化规律。图 6.36 是切削速度分别为 30m/min、40m/min、50m/min、60m/min、75m/min、95m/min，对表面残余应力的影响规律。

由图 6.35 可知，速度方向残余应力和进给方向残余应力的变化趋势相同，但在残余应力分布、大小和性质上存在一定差异。在切削加工表面，速度方向的残余应力为拉应力，而进给方向的残余应力为压应力；在距表面下约 30μm 处，速度方向压应力达到最大值；在距表面下约 20μm 处，进给方向压应力达到最大值。由图 6.36 可知，随着切削速度的增加，速度方向的残余拉应力随之增大，而进给方向的残余应力由压应力逐渐转变为拉应力。

切削表层残余应力的产生是切削力和切削热综合作用的结果，由于 GH4169 的热导率较低，切削表面温度较高，热应力在切削表面占主导地位，易产生拉应力；随着切削速度的提高，切削热的影响作用也将进一步加强。

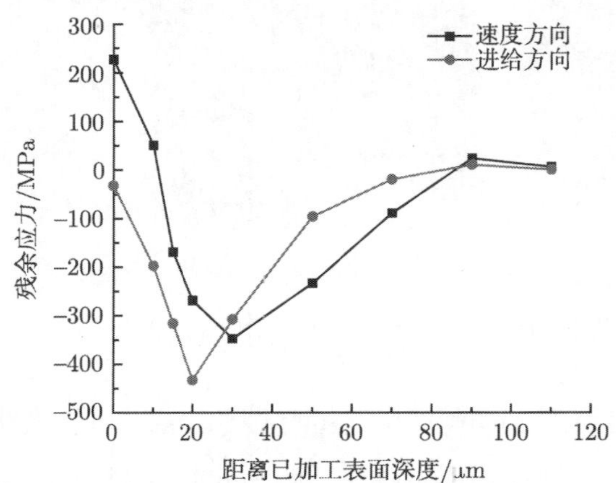

图 6.35　残余应力沿层深方向的变化规律

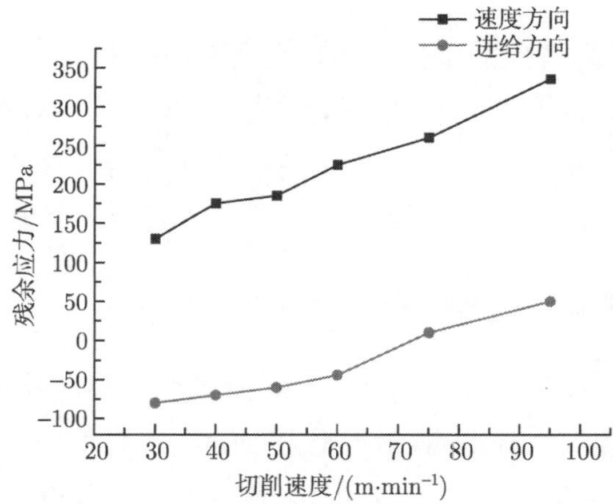

图 6.36　切削速度对表面残余应力的影响

第7章　切削加工过程的有限元模拟

高速切削是一个复杂的热力耦合动态过程，具有大变形、高温高应变率和摩擦条件复杂等特点，利用传统的解析方法很难对切削加工表面特征进行定量的分析和研究。随着计算机仿真技术在机械制造业中的应用不断扩展，很多学者将有限元模拟技术引入切削加工领域，用来分析切削过程中的弹塑性大变形动态过程。与其他传统方法相比，有限元模拟方法极大地减少了反复的切削试验工作，同时还提高了切削过程分析的精度，尤其在切削加工表面特征分析中更是体现出了传统试验和解析方法无可比拟的优势。

本章围绕切削加工有限元模拟方面进行阐述，主要内容包括：切削有限元的基本理论，切削有限元仿真的关键技术，基于正交切削模型的硬切削加工模拟，高速硬切削三维有限元模拟等。

7.1　切削有限元的基本理论

7.1.1　有限元法的基本思想

有限元法的基本思想是将连续体离散为有限个单元，并在每一个单元体边界上设置节点，通过节点把有限个单元相互连接在一起构成单元组合体，最终把一个连续域中的无限自由度求解问题转变为离散域中的有限自由度求解问题。有限元法较其他方法而言，其节点可任意配置，边界适应性好，并且计算精度与网格疏密可控，在工程分析中已得到了广泛的应用。对于不同物理性质和数学模型的求解问题，有限元法的基本步骤是相同的，只是相关的公式选择和计算求解有所不同。

有限元法分析过程可以分为物理离散化、选择位移模式、单元分析、整体分析4个部分，其分析步骤如下：

1. 物理离散化

首先确定求解域的物理性质和几何区域，然后对求解域进行物理离散化。物理离散化就是把结构体离散为具有不同大小和形状的有限个单元的过程。图 7.1 为实体模型离散为有限单元组合体的过程。

采用有限元方法分析计算得出的结果是近似结果，单元数目划分得越多，所设置的参数越精准时，得出的结果和实际越相符合，但计算量将会变得很大。其单元数量的选择要结合具体问题来进行，兼顾考虑精度和效率。

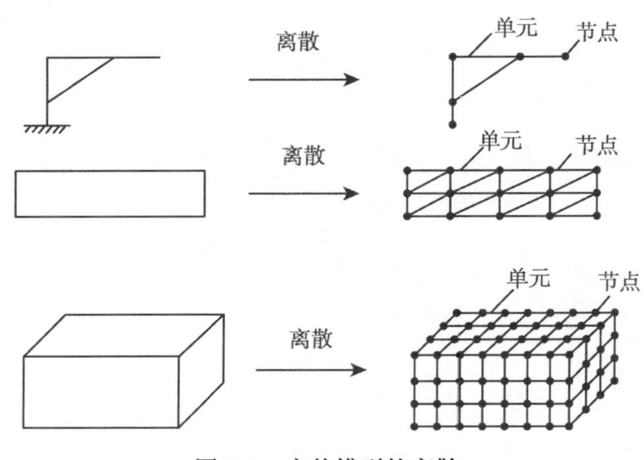

图 7.1　实体模型的离散

2. 选择位移模式

为了用节点位移表示单元的位移、应变、应力，需要构造位移函数或位移模式，即用节点坐标表示的单元任意点位移的函数。单元内任一点的位移矩阵 $\{u\}$ 可表达为

$$\{u\} = [N]\{\delta\}^{\mathrm{e}} \tag{7.1}$$

式中，$[N]$ 为形函数矩阵，其各元素均为位置坐标函数，通常采用多项式形式来表达；$\{\delta\}^{\mathrm{e}}$ 为单元的节点位移阵列。

3. 单元分析

单元分析的目的是为了推导出单元的节点位移与节点力之间的关系方程式，即单元刚度矩阵，推导过程需依据单元内部的位移几何方程、应力-应变的物理方程和单元本身的平衡方程。其建立过程如下：

根据几何方程，由式 (7.1) 导出节点位移表示的单元应变关系式，即

$$\{\varepsilon\} = [B]\{\delta\}^{\mathrm{e}} \tag{7.2}$$

其中，$[B]$ 为几何矩阵，$\{\varepsilon\}$ 为单元的应变。

根据物理方程，导出用节点位移表示的单元应力关系式，即

$$\{\sigma\} = [D][B]\{\delta\}^{\mathrm{e}} \tag{7.3}$$

其中，$[D]$ 为弹性矩阵，$\{\sigma\}$ 为单元应力。

根据平衡方程，建立节点力和节点位移之间的单元关系式，即

$$\{F\}^{\mathrm{e}} = [k]^{\mathrm{e}}\{\delta\}^{\mathrm{e}} \tag{7.4}$$

式中，$[k]^{\mathrm{e}}$ 为单元刚度矩阵；$\{F\}^{\mathrm{e}}$ 为单元中的节点力。

式 (7.4) 中单元刚度矩阵可表达为

$$[k]^{\mathrm{e}} = \iiint [B]^{\mathrm{T}}[D][B]\,\mathrm{d}x\mathrm{d}y\mathrm{d}z \tag{7.5}$$

4. 整体分析

整体分析就是将各个单元组合成离散的集合体，以代替原来的连续体，即将各单元的节点载荷矩阵和节点位移矩阵叠加到整个连续体上。结构整体刚度方程为

$$\{F\} = [K]\{\delta\} \tag{7.6}$$

式中，$[K]$ 为总体刚度矩阵，$\{F\}$ 为载荷矩阵，$\{\delta\}$ 为整个物体的节点位移矩阵。上述方程需结合边界条件进行适当修正。

7.1.2 高速切削过程的特征

1. 切削区弹塑性大变形

根据 Oxley 切削变形理论 [111]，考虑到剪切区的扩展以及加工硬化、温度–速度效应等因素，高速切削加工变形区除了常规切削加工具有的高温、高压等特点外，更体现出以下的特征：

(1) 强热–力耦合载荷。由于切削变形区剧烈的温度和应力梯度变化，刀具和工件已加工表面在加工过程中受到短时的热力载荷冲击，整个切削过程为强热–力耦合作用过程。

(2) 应变速率快和流动应力高。高速切削过程中，一般应变速率为 $10^4 \sim 10^5\mathrm{s}^{-1}$，材料常规力学试验的应变速率约为 $10^{-3}\mathrm{s}^{-1}$，切削变形区中的应变速率远大于静态材料试验时的应变速率，且随着材料应变速率的增大，材料的流动应力会更大。

(3) 切削变形区的绝热剪切现象。绝热剪切是材料在冲击载荷作用下形成的，存在于切削、高速成型等涉及冲击载荷的高速变形过程中。冲击载荷作用下，因应变速率高，材料的变形时间短，绝大部分的塑性功、摩擦功转化为热量，来不及传递到刀具、工件等周围区域 [112]，此时由材料挤压变形产生的热量仅存在于剪切区内，剪切区处于与外界绝热的状态，之后由剪切变形区窄带内的剪切失稳和应变局部化，导致了沿剪切面的突变性剪切断裂，形成了锯齿状的切屑。在发生大塑性变形的区域中，通常存在着高硬度的绝热剪切带。

2. 切削过程的非线性

高速切削是一种典型的非线性大变形过程，其非线性特征包括材料非线性、几何非线性和边界非线性等方面。

(1) 材料的非线性。材料非线性是指应力和应变不满足线性关系而引起的非线性问题。在高温、大应变条件下，材料进入塑性变形阶段后，其应力与应变关系不再遵守 Hook 方程，而与应变率、温度等物理量相关，需采用非线性的物理方程来描述。

(2) 几何的非线性。几何非线性是指材料变形过大时，几何变形对平衡状态产生影响而引起的非线性问题。这一类问题必须分析变形对结构平衡的影响，并考虑应变与位移间的非线性关系。几何非线性的求解通常采用更新的 Lagrange 方法。

(3) 边界的非线性。边界的非线性是指边界条件发生改变而产生的非线性问题。接触问题通常都要考虑边界的非线性，如刀具与工件接触区的温度边界、相对位移边界等。

高速切削过程中，除了材料非线性、几何非线性和边界非线性以外，还存在着它们之间相互耦合的非线性问题。为了得到准确的有限元模拟值，必须充分考虑这 3 种非线性行为，才能在此基础上建立能够真实反映材料变形行为的有限元模型。

7.1.3 弹塑性热力耦合模型及大变形控制方程

1. 弹塑性热力耦合模型

切削加工过程是一个典型的大变形及弹塑性热–力耦合过程，有限元建模过程中必须考虑材料的非线性和几何的非线性，这就需要建立弹塑性材料的本构关系。而在切削加工的过程中，当外作用力较小，材料内的等效应力小于屈服极限时，为弹性状态，应力与应变符合 Hook 定律。工件随着刀具的不断切入，等效应力达到屈服应力，工件发生塑性变形，应力与应变符合 Prandtl-Reuss 流动理论。而工件塑性变形和刀具–切屑接触面之间的摩擦功转化成切削热，致使切削变形区温度升高，会产生热应变。因此，在不考虑材料蠕变的情况下，材料由弹性变形转入塑性变形阶段后，其应变量 $\mathrm{d}\varepsilon$ 可由弹性、塑性和热应变增量三部分组成，即

$$\mathrm{d}\varepsilon = \mathrm{d}\varepsilon_{\mathrm{e}} + \mathrm{d}\varepsilon_{\mathrm{p}} + \mathrm{d}\varepsilon_{\mathrm{T}} \tag{7.7}$$

式中，$\mathrm{d}\varepsilon_{\mathrm{e}}$ 为弹性应变增量，$\mathrm{d}\varepsilon_{\mathrm{p}}$ 为塑性应变增量，$\mathrm{d}\varepsilon_{\mathrm{T}}$ 为热应变增量。

(1) 当材料发生弹性变形时，应力与应变关系式为

$$\mathrm{d}\sigma = [D_{\mathrm{e}}]\,\mathrm{d}\varepsilon_{\mathrm{e}} \tag{7.8}$$

式中，$\mathrm{d}\sigma$ 为应力增量，$[D_{\mathrm{e}}]$ 为弹性应力–应变关系矩阵，$\mathrm{d}\varepsilon_{\mathrm{e}}$ 为弹性应变增量。

(2) 当材料发生塑性变形时，应力与应变关系式为

$$\mathrm{d}\sigma = [D_{\mathrm{ep}}]\,(\mathrm{d}\varepsilon - \mathrm{d}\varepsilon_{\mathrm{T}}) + \frac{[D_{\mathrm{e}}]\dfrac{\partial f}{\partial \sigma}\left(\dfrac{\partial R}{\partial \dot{\bar{\varepsilon}}}\mathrm{d}\dot{\bar{\varepsilon}} + \dfrac{\partial R}{\partial T}\right)\mathrm{d}T}{H_{\mathrm{t}}' + \left(\dfrac{\partial f}{\partial \sigma}\right)^{\mathrm{T}}[D_{\mathrm{e}}]\left(\dfrac{\partial f}{\partial \sigma}\right)} \tag{7.9}$$

$$[D_{\mathrm{ep}}] = [D_{\mathrm{e}}] - \frac{[D_{\mathrm{e}}]\dfrac{\partial f}{\partial \sigma}\left(\dfrac{\partial f}{\partial \sigma}\right)^{\mathrm{T}}[D_{\mathrm{e}}]}{H_{\mathrm{t}}' + \left(\dfrac{\partial f}{\partial \sigma}\right)^{\mathrm{T}}[D_{\mathrm{e}}]\left(\dfrac{\partial f}{\partial \sigma}\right)} \tag{7.10}$$

式中，$[D_{\mathrm{ep}}]$ 为弹塑性应力–应变关系矩阵，H_{t}' 为应变硬化率，f 为塑性势能函数，R 为后继屈服函数，T 为温度，$\dot{\bar{\varepsilon}}$ 为等效应变率。

2. 弹塑性大变形控制方程

基于材料变形体的虚功原理，结合更新的拉格朗日方程和增量变分原理，可构建出切削加工有限元的热弹塑性大变形耦合方程式，即

$$([K_{\mathrm{ep}}] + [K_{\mathrm{G}}])\left\{\dot{d}\right\} = \int_V [D_{\mathrm{ep}}]\left\{\dot{\varepsilon}^{\mathrm{t}}\right\}\mathrm{d}v - \int_V [B_{\varepsilon}]^{\mathrm{T}}\left\{\dot{R}_{\dot{\bar{\varepsilon}}T}\right\}\mathrm{d}v + \left\{\dot{F}_0\right\} \tag{7.11}$$

式中，$[K_{\mathrm{ep}}]$ 为弹塑性刚度矩阵；$[K_{\mathrm{G}}]$ 为几何刚度矩阵；$\left\{\dot{d}\right\}$ 为节点速度；$[B_{\varepsilon}]$ 为应变转化矩阵；$\left\{\dot{R}_{\dot{\bar{\varepsilon}}T}\right\}$ 为 $\dfrac{\partial R}{\partial \dot{\bar{\varepsilon}}}\mathrm{d}\dot{\bar{\varepsilon}} + \dfrac{\partial R}{\partial T}\mathrm{d}T$；$\left\{\dot{F}_0\right\}$ 为节点力速率。

7.2　有限元仿真的关键技术

金属切削过程仿真系统的建立，就是将金属切削理论、弹塑性变形理论、传热学及热力学、有限元仿真技术、计算机图形学等相关理论和技术进行有机结合的过程。其涉及以下的关键技术：材料的本构模型、刀–屑接触摩擦模型和材料失效准则等。

7.2.1　材料的本构模型

在金属材料高温、大变形和大应变速率的切削过程中，引起材料弹塑性流动的因素非常复杂，因而，在进行金属切削有限元模拟时，需要合理选择材料的本构关系模型，以确保模拟结果的正确性和可靠性。材料的本构模型是描述流动应力与应变、应变率、温度等因素之间的函数关系。

早期针对材料本构关系的研究工作，主要考虑温度和应变率的关系，其中较著名的是 Zener-Hollomon 方程 [113]，其表达式为

$$Z = \dot{\varepsilon}\exp(Q/RT) \tag{7.12}$$

式中，$\dot{\varepsilon}$ 为应变率，R 为理想气体常数，T 为温度，Q 为变形激活能。

在 Zener-Hollomon 方程的基础上，许多学者提出了不同的流动应力模型。切削有限元模拟中常用的材料本构模型有：Power Low 模型、Johnson-Cook 模型、Zerilli-Amstrong 模型等。

1) Power Low 模型

该模型通过应变、应变率和温度的幂律关系来描述材料的等效流动应力 $\bar{\sigma}$，其表达式为

$$\bar{\sigma} = \sigma_0 \left(\frac{\bar{\varepsilon}}{\bar{\varepsilon}_0}\right)^n \left(\frac{\dot{\bar{\varepsilon}}}{\dot{\bar{\varepsilon}}_0}\right)^m \left(\frac{T}{T_0}\right)^t \tag{7.13}$$

式中，$\bar{\varepsilon}$ 为等效应变，$\dot{\bar{\varepsilon}}$ 为等效应变率，T 为工件的温度，σ_0 为参考应力，$\bar{\varepsilon}_0$ 为参考等效应变，$\dot{\bar{\varepsilon}}_0$ 为参考等效应变率，m、n、t 为对应应变、应变率和温度的指数。

Power Low 模型多用于表达较低应变率条件下材料塑性变形的本构关系。

2) Johnson-Cook 模型

Johnson-Cook 模型 (简称 JC 模型) 能够较好地反映出高应变、高应变率和高温情况下的金属热力耦合大变形行为，适合于众多类型的材料而且形式较为简单，

常用于切削加工、塑性成型等材料变形过程的有限元模拟，其表达式 [114] 为

$$\bar{\sigma}=\underbrace{[A+B(\bar{\varepsilon})^{n}]}_{\text{应变硬化项}}\underbrace{\left[1+C\ln\left(\frac{\dot{\bar{\varepsilon}}}{\dot{\bar{\varepsilon}}_{0}}\right)\right]}_{\text{应变率强化项}}\underbrace{\left[1-\left(\frac{T-T_{\mathrm{r}}}{T_{m}-T_{\mathrm{r}}}\right)^{m}\right]}_{\text{热软化项}} \tag{7.14}$$

式中，T_m 为工件材料的熔化温度，T_{r} 为室温，A 为材料的屈服强度，B 为材料硬化模量，C 为应变率相关系数，n 为材料的应变硬化指数，m 为材料的热软化指数。

式 (7.14) 中，应变硬化项反映了流动应力随应变变化的规律；应变率强化项反映了流动应力随应变速率变化的规律；热软化项反映了流动应力随温度变化的规律。

许多学者对 JC 模型进行了相应的修正, 考虑了材料动态再结晶、材料硬度、应力应变率和温度耦合效应等方面的作用。

为了描述材料在高温条件下的动态再结晶行为，Andrate 和 Meyers[115] 引入了阶跃函数 $H(T)$ 用于修正 JC 模型，其表达式为

$$\bar{\sigma}=[A+B\left(\bar{\varepsilon}\right)^{n}]\left[1+C\ln\left(\frac{\dot{\bar{\varepsilon}}}{\dot{\bar{\varepsilon}}_{0}}\right)\right]\left[1-\left(\frac{T-T_{\mathrm{r}}}{T_{m}-T_{\mathrm{r}}}\right)^{m}\right]H(T) \tag{7.15}$$

式中，$H(T)$ 为

$$H(T)=\left\{1-\left[1-\frac{(\sigma_{\mathrm{f}})_{\mathrm{rec}}}{(\sigma_{\mathrm{f}})_{\mathrm{def}}}\right]u(T)\right\}^{-1},\quad u(T)=\begin{cases}0, & T<T_{\mathrm{c}}\\ 1, & T>T_{\mathrm{c}}\end{cases} \tag{7.16}$$

其中，T_{c} 为材料的再结晶温度，$(\sigma_{\mathrm{f}})_{\mathrm{rec}}$ 为再结晶后的流动应力，$(\sigma_{\mathrm{f}})_{\mathrm{def}}$ 为临近再结晶时的流动应力，$u(T)$ 为温度分段函数。

为了描述材料硬度对流动应力的影响，Umbrello[116] 对热软化项和应变硬化项进行了修正，应用于 AISI 52100 轴承钢切削模拟模型，其表达式为

$$\bar{\sigma}(\bar{\varepsilon},\dot{\bar{\varepsilon}},T,H)=(C\bar{\varepsilon}^{n}+F+G\bar{\varepsilon})\{1+[\ln(\dot{\bar{\varepsilon}})^{m}-A]\}B(T) \tag{7.17}$$

式中，H 为材料洛氏硬度，F 为修正的初始屈服应力，G 为与材料硬度相关的应变硬化参数，$B(T)$ 为修正后的热软化项。

其中，修正后的热软化项 $B(T)$ 为一个五阶多项式的指数函数：

$$B(T)=EXP(aT^{5}+bT^{4}+cT^{3}+dT^{2}+eT+f) \tag{7.18}$$

式中，系数 a、b、c、d、e、f为材料常数。

3) Zerilli-Armstrong 模型

Zerilli 和 Armstrong[117] 根据热激活位错运动理论，通过试验分析的方法提出了 FCC(面心立方晶格) 和 BCC(体心立方晶格) 两类金属材料的位错型本构关系，即 Zerilli-Armstrong 模型 (简称 ZA 模型)。

对面心立方晶格 (FCC) 材料，其表达式为

$$\bar{\sigma} = \Delta\sigma'_G + C_2\bar{\varepsilon}^{1/2}\exp(-C_3T + C_4T\ln\dot{\bar{\varepsilon}}) + kl^{-1/2} \tag{7.19}$$

对体心立方晶格 (BCC) 材料，其表达式为

$$\bar{\sigma} = \Delta\sigma'_G + C_1\exp(-C_3T + C_4T\ln\dot{\bar{\varepsilon}}) + C_5\bar{\varepsilon}^n + kl^{-1/2} \tag{7.20}$$

式中，k 为材料微观结构强度，l 为材料内部颗粒平均晶粒直径，$\Delta\sigma'_G$ 为初始位错密度和溶质影响而产生的非热应力，C_1、C_2、C_3、C_4、C_5 和 n 为材料参数。

7.2.2 刀屑接触摩擦模型

在切削加工中，剪切变形区发生剧烈的塑性变形，随之切屑沿前刀面流出，并进一步受到前刀面的挤压和摩擦，使刀–屑接触面产生复杂的摩擦关系。该摩擦作用对切削力、切削温度、刀具磨损及切屑的形成等有较大的影响，因此在进行金属切削有限元仿真时，需要建立合适的刀 - 屑接触面间的摩擦模型，才能保证仿真的准确性。对于整个切削过程而言，摩擦模型与材料本构模型同样重要。

刀具和切屑之间的接触区域的摩擦关系主要由表面正应力引起。Coulomb 摩擦模型 [118] 将刀–屑接触面之间的摩擦关系用刀具前刀面正应力 σ_n 和摩擦应力 τ_f 来表达，其关系式为

$$\tau_\mathrm{f} = \mu\sigma_\mathrm{n} \tag{7.21}$$

式中，μ 为摩擦系数。

切削过程中，刀–屑间存在极大的压力，导致部分接触面会发生粘结现象，而 Coulomb 摩擦模型只考虑了接触面间的滑动情况。Zorev[119] 基于正应力和剪切应力分布对 Coulomb 摩擦模型进行了修正，提出了一个更加真实的粘结滑动摩擦模型，将刀具和切屑之间的接触面分为两个区域，即粘结区和滑移区，如图 7.2 所示，

其摩擦模型表达式为

$$\tau_{\rm f}(x)=\begin{cases}\tau_{\rm p}, & 0<x\leqslant l_{\rm p}\ (\text{粘结摩擦区})\\ \mu\sigma_n, & l_{\rm p}<x\leqslant l_{\rm c}\ (\text{滑动摩擦区})\end{cases} \tag{7.22}$$

式中，$\tau_{\rm p}$ 为工件材料的最大剪切应力。

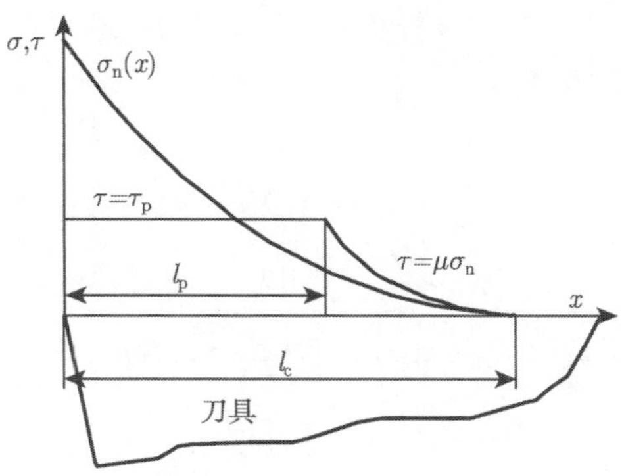

图 7.2 修正的 Coulomb 摩擦模型

Usui[120] 等提出一个用于描述刀具–切屑接触面之间摩擦关系的经验公式，表达式为

$$\tau_{\rm f}=k[1-{\rm e}^{-(\mu\sigma_n/k)}] \tag{7.23}$$

式中，k 为材料最大正应力处的剪切应力。

Dirikolu[118] 等引入参数 m、n 对式 (7.23) 进行了修正，表达式为

$$\tau_{\rm f}=mk[1-{\rm e}^{-(\mu\sigma_n/mk)^n}]^{1/n} \tag{7.24}$$

7.2.3 材料失效准则

切屑的形成过程，也就是工件材料裂纹的萌生、扩展演化过程。材料失效准则的设定决定着工件材料在怎样的情况下发生切屑分离。合理的失效准则对金属切削加工过程的正确模拟有着至关重要的作用。

切屑断裂失效不仅与临界应变、临界断裂应变和最大剪应力相关，而且与塑性应变积累有关。在切削有限元中，通常以塑性应变积累达到的临界值作为切屑发生断裂失效的判据，常用的分离准则有 Johnson-Cook(JC) 断裂失效准则、Cockroft-Latham 断裂准则等。

1. JC 断裂失效准则

Johnson 和 Cook 提出一个基于临界断裂应变的断裂失效准则，即 JC 断裂失效准则，其表达式为

$$\omega = \sum \frac{\Delta \bar{\varepsilon}^{\mathrm{p}}}{\varepsilon_{\mathrm{f}}} \tag{7.25}$$

式中，ω 为断裂失效参数，$\Delta \bar{\varepsilon}^{\mathrm{p}}$ 为等效塑性应变增量，ε_{f} 为失效应变。当断裂失效参数 ω 超过 1 时材料发生断裂。

材料的断裂失效应变 ε_{f} 为

$$\varepsilon_{\mathrm{f}} = [D_1 + D_2 \exp(D_3 \sigma^*)](1 + D_4 \ln \dot{\varepsilon}^*)(1 - D_5 T^*) \tag{7.26}$$

式中，$\sigma^* = \sigma_{\mathrm{m}}/\bar{\sigma}$ 为无量纲应力比；σ_{m} 为主应力均值；$\dot{\varepsilon}^* = \dot{\varepsilon}/\dot{\varepsilon}_0$ 为无量纲应变率；T^* 为无量纲温度；D_1、D_2、D_3、D_4、D_5 为常量。

2. Cockroft-Latham 断裂准则

Cockroft 和 Latham 认为最大拉应力是材料破坏的主要因素，将最大拉应力引入材料断裂失效的判定中，即材料最大拉应力 σ_1 沿塑性应变路径积分达到临界失效值 D，发生断裂失效，其表达式为

$$D = \int_0^{\varepsilon_{\mathrm{f}}} \sigma_1 \mathrm{d}\varepsilon \tag{7.27}$$

7.3 基于正交切削模型的硬切削加工模拟

本节基于正交切削模型对硬切削加工进行了有限元模拟，首先建立了正交切削有限元模型，在此基础上进行了切削过程绝热剪切行为的数值模拟，分析了 PCBN 刀具倒棱参数对切削力、切削温度和切屑形态的影响，模拟了加工表层残余应力特征。

7.3.1 正交切削有限元模型的建立

运用动态网格重划分技术，建立强热–力耦合 PCBN 刀具硬态切削淬硬钢 GCr15 有限元模型 [121]。模型中定义了工件材料模型为塑性体，PCBN 刀具为刚性体，如图 7.3 所示。

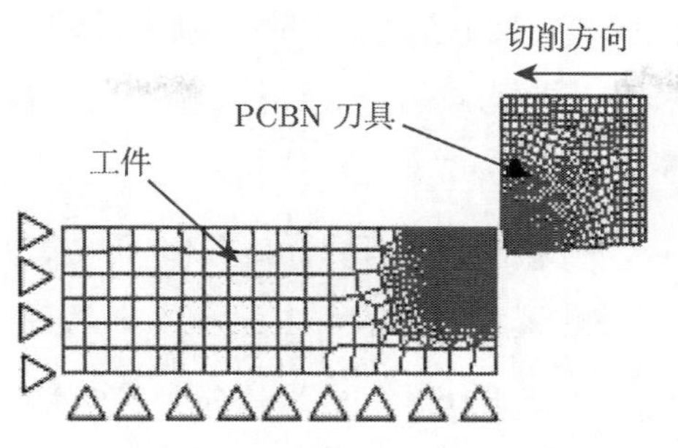

图 7.3 正交切削有限元模型

正确的材料性能数据是有限元分析的关键。淬硬钢 GCr15 的本构模型如下：

$$\sigma(\varepsilon, \dot{\varepsilon}, T, H) = B(T)(C\varepsilon^n + F + G\varepsilon) \tag{7.28}$$

式中

$$B(T) = \mathrm{EXP}(aT5 + bT4 + cT3 + dT2 + eT + f) \tag{7.29}$$

$$F(H) = 27.4H - 1700.2 \tag{7.30}$$

$$G(H) = 4.48H - 279.9 \tag{7.31}$$

式 (7.28)～ 式 (7.31) 中，C、n、a、b、c、d、e、f 为方程参数，分别为 1092、0.083、3.8121×10^{-15}、-3.2927×10^{-12}、-6.9118×10^{-9}、5.4993×10^{-6}、-1.2419×10^{-3}、0.02443；工件材料的硬度值为 (60±2)HRC。

模型中分别定义了塑性功转换系数，取值为 0.95，摩擦功转化系数，取值为 0.5，进行热传导的控制。刀–屑间摩擦模型采用修正的 Coulomb 模型。

整个切削过程分成两步：第一步，运用更新的 Lagrange 方法产生初始切屑；第二步，当切削进入稳定状态时，运用 Euler 分析法求解，得到稳定切削状态下的切削力和切削温度分布。

7.3.2 绝热剪切行为的数值模拟

切削过程绝热剪切行为的研究，以往主要是通过试验分析方法。但试验方法只能通过分析切屑的微观特征对剪切行为进行推断，无法有效地获得绝热剪切行为的动态过程。相比之下，运用有限元方法可以获得瞬时和动态的绝热剪切行为，是一种行之有效的研究方法。

本节运用有限元方法研究 PCBN 刀具切削淬硬轴承钢 GCr15，主要内容包括：在绝热剪切行为作用下，锯齿形切屑的形成过程、绝热剪切带的应变与温度的分布以及切削力动态特征等 [122]。

在高速切削淬硬钢 GCr15 的绝热剪切行为数值模拟模型中，PCBN 刀具切削刃由倒棱加钝圆组成，具体仿真参数如表 7.1 所示。

有限元模拟结果显示：锯齿形切屑形成过程分为剪切突变产生、扩展和剪切带形成 3 个阶段，如图 7.4 所示。

表 7.1　绝热剪切行为有限元模拟参数

参数	数值
工件材料	GCr15(HRC60±2)
刀具材料	PCBN
进给量/(mm/r)	0.1
切削速度/(m/min)	100
前角/(°)	0
后角 (°)	7
倒棱角度/(°)	30
倒棱宽度/mm	0.1
切削刃钝圆半径/mm	0.01

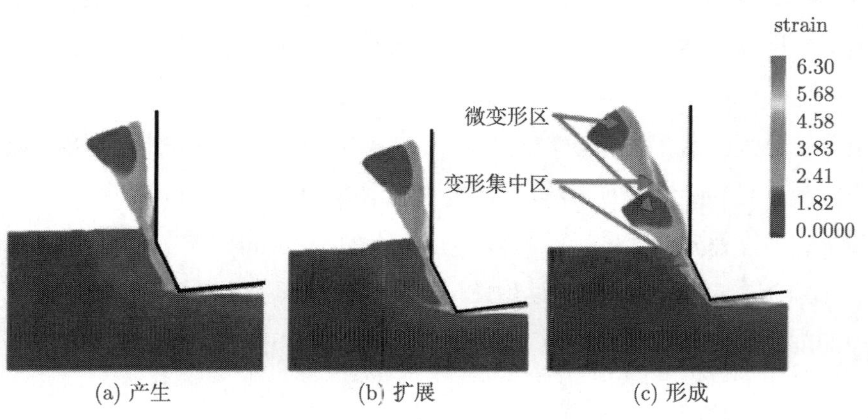

图 7.4　绝热剪切行为的数值模拟

在第 1 个阶段，如图 7.4(a) 所示，剧烈的剪切变形导致了剪切带局部区域内的温度升高，应变增大。当其增加到能够软化工件材料时，进而导致了沿剪切面的突变性剪切断裂的产生。

在第 2 个阶段，如图 7.4(b) 所示，在刀具进给的作用下，位于其前方的楔形工件材料隆起并形成初始切屑片段。随着应变继续逐渐增大和切削温度的进一步升高，剪切突变逐渐扩展。

在第 3 个阶段，如图 7.4(c) 所示，首先工件自由表面裂纹形成，然后随着刀具进给，绝热剪切发生，绝热剪切带从刀尖处起始一直延伸到工件自由表面，形成锯齿形切屑。

1. 锯齿形切屑特征

图 7.5 是硬态切削淬硬钢 GCr15 过程中，锯齿形切屑形态的仿真与实验对比。图中 L_1 为切屑最大高度、L_2 为切屑连续部分高度、L_3 为锯齿间距。表 7.2 对比了切屑特征参数的仿真和试验数据。

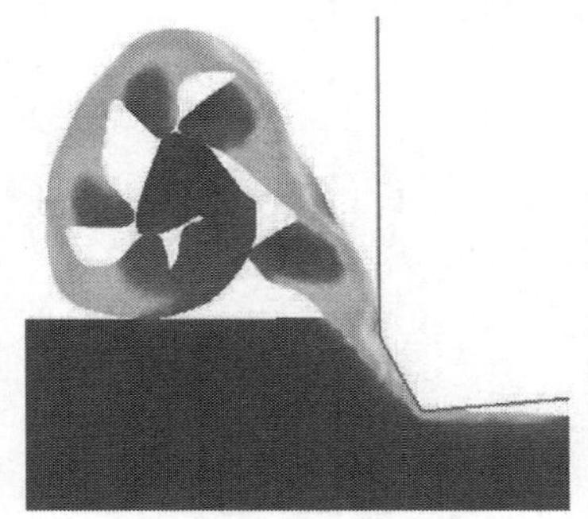
(a)仿真结果

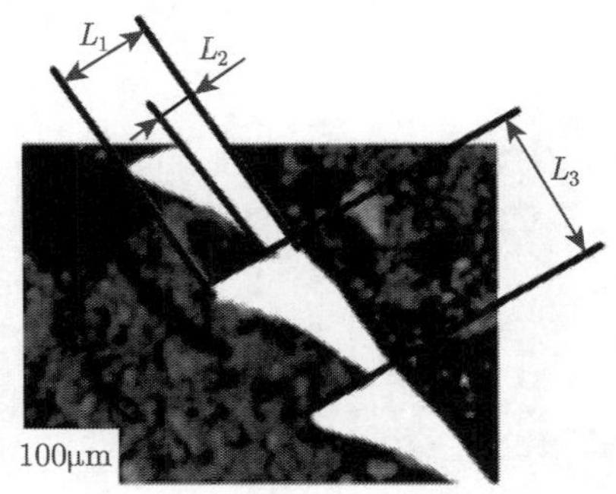

(b)试验结果

图 7.5 锯齿形切屑形态仿真与试验对比

表 7.2 锯齿形切屑相关参数仿真与试验数据对比

	L_1/μm	L_2/μm	L_3/μm
仿真结果	112	51	192
试验结果	123	45	212
误差	8.9%	13.4%	9.1%

由表 7.2 中切屑特征参数的仿真和试验数据对比可知：仿真数据与试验数据的误差在 10%左右，说明仿真有较好的精度。

2. 绝热剪切带特征

图 7.4 (c) 显示：锯齿形切屑变形非常不均匀，明显分成了变形局部集中区域和微变形区域。变形局部集中区域位于切屑节块之间很窄的剪切带内，经历了剧烈

变形，存在着较大的应变和应变率，而微变形区域位于切屑基体节块上，仅有微小应变。每个锯齿对应一个切屑节块，切屑变形被局部化集中在剪切带内，这正是由于绝热剪切行为作用的结果。这点与连续切削是不同的。

由于变形集中在剪切带内，因而在绝热剪切带内产生了较高的温度。图 7.6 显示了绝热剪切带的温度分布。其中，刀尖区域温度最高达 750℃，一直延伸到工件自由表面逐渐降低，到了工件表面至 300℃ 左右。整个剪切带的温度变化是从刀尖开始并逐渐下降，当邻近自由表面区域时温度下降逐渐变缓。

图 7.7 是绝热剪切过程中产生的动态切削力。切削力在一定数值范围内有规律地波动，周期大概是 220μm，也就是说每产生一个锯齿，刀具进给 220μm，明显比表 7.2 中的锯齿间距 L_3 数据 192μm 大。由此可见，锯齿形切屑形成过程中，切屑长度变短，切屑厚度增大，这符合传统的金属切削变形理论。

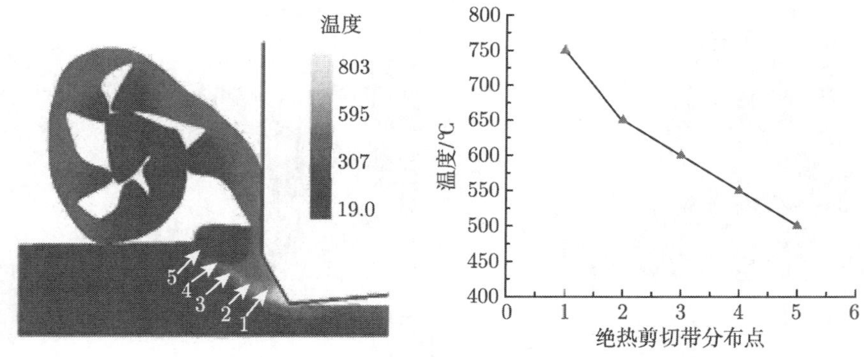

图 7.6　绝热剪切带的温度分布

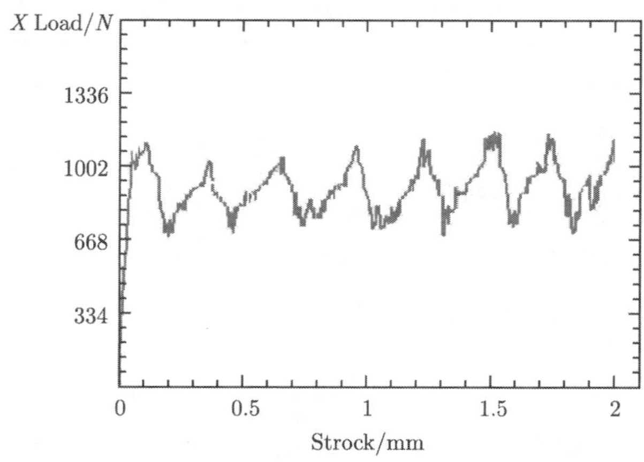

图 7.7　绝热剪切过程的动态切削力

7.3.3 倒棱参数对硬态切削过程的影响

1. 实验设计

图 7.8 是 PCBN 刀具切削淬硬钢 GCr15 直角切削实验原理图。实验中，工件外径为 160mm，硬度为 (60±2) HRC。工件被等宽的沟槽分割成均匀分布的“小片”，切削作用在单一的小片上。每个小片的厚度为 3mm，片间距为 4mm，片高度为 10mm。图 7.9 是切削实验现场。

实验中选用 5 把不同的 PCBN 刀具 (刀具材料牌号为 DBA80)，切削刃由倒棱加钝圆组成，如表 7.3 所示，具体参数同仿真参数相对应。

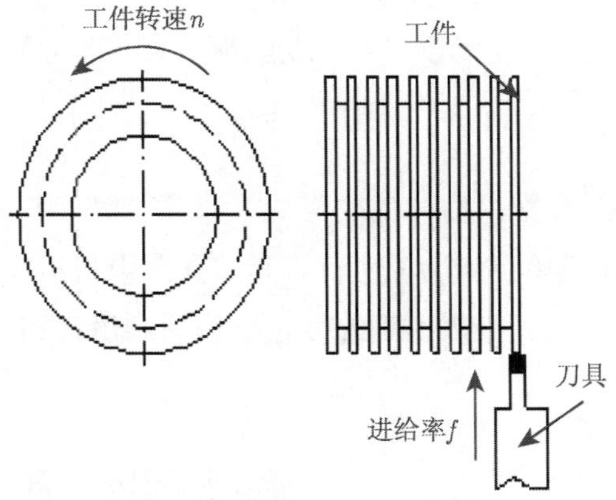

图 7.8 切削实验原理图

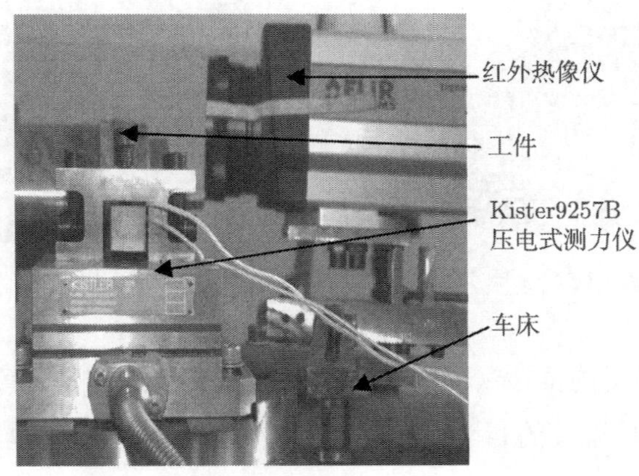

图 7.9 切削实验现场

表 7.3　倒棱 PCBN 刀具刃口几何参数

刀具序号	1	2	3	4	5
倒棱角度/(°)	10	20	30	30	30
倒棱宽度/mm	0.1	0.1	0.1	0.15	0.2

切削实验中，进给量是常量 (f=0.1mm/r)，切削速度是变量 (v=100m/min，150m/min，200m/min)。实验在带有自动变速装置的 CA6140 车床上进行。切削力使用 Kister9257B 压电式测力仪器测量，切削温度采用 FLIR Systems 的 ThermoVision A40M 型红外热像仪测量。通过分析处理由红外热像仪在稳定切削状态下获得的温度分布图片，求解刀具刃口表面平均温度。

为了研究倒棱角度和切削速度变化对硬态切削过程中切削力和切削温度的影响 [123,124]，分别建立了 15 个切削有限元仿真模型，仿真参数与实验参数相对应。

2. 切削温度

图 7.10 和图 7.11 分别是倒棱角度为 30°，切削速度为 100m/min 时，PCBN 刀具硬态切削淬硬钢过程中，切削温度有限元仿真图像和实验图像。综合对比分析实验结果和仿真结果表明：最高切削温度位于切屑和倒棱刃口接触表面上距离刀尖 0.1~0.15mm 处。

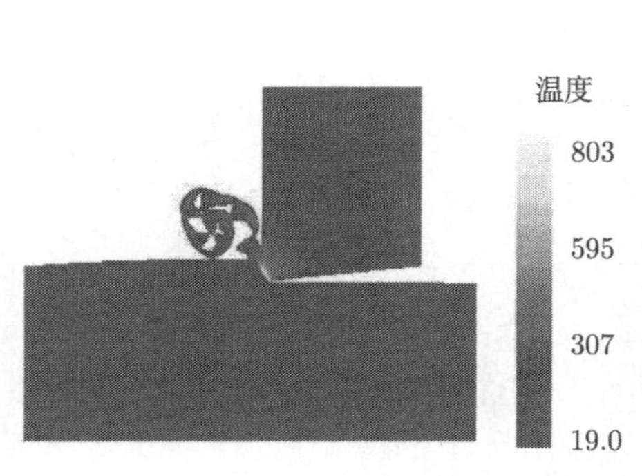

图 7.10　有限元模拟温度分布

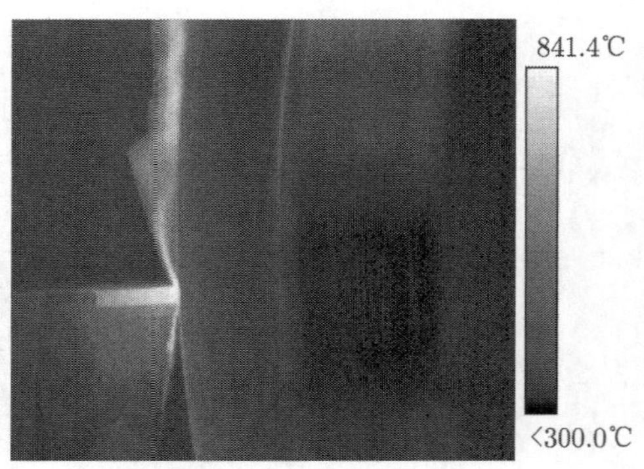

图 7.11　实验温度分布

图 7.12 是不同倒棱角度的 PCBN 刀具，在不同切削速度下切削淬硬钢时，刀具刃口表面平均温度的有限元仿真和实验数据对比。

图 7.13 是 PCBN 刀具硬态切削过程中，在不同倒棱角度和倒棱宽度条件下，切削速度对切削刃表面平均切削温度影响的实验曲线。

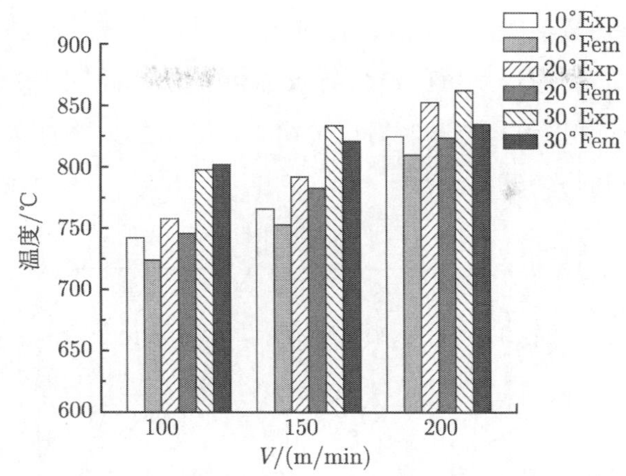

图 7.12 切削温度的有限元仿真与实验数据对比

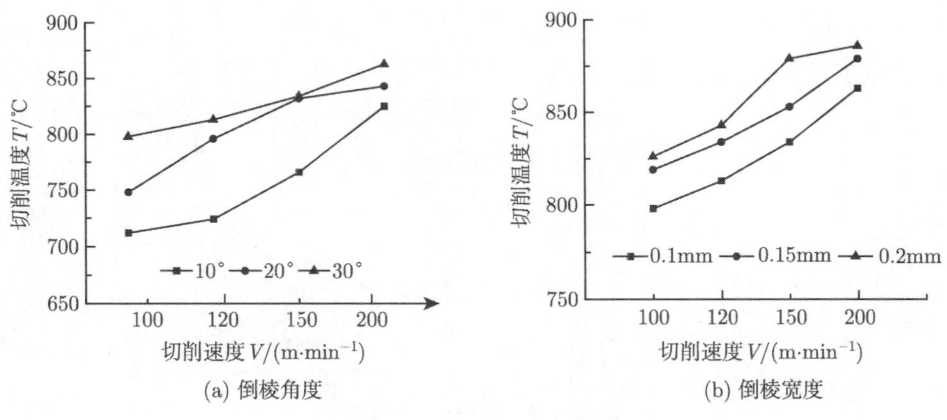

图 7.13 切削温度变化规律

由图 7.13 所示温度实验曲线可知：随着倒棱角度增大，切削温度随之增大；随着倒棱宽度的增大，切削温度逐渐增大。这主要是由于倒棱角度和倒棱宽度的增大加剧了剪切区的变形，从而产生了大量的切削热，与此同时也增大了刀–屑之间的摩擦作用，产生了大量的摩擦热。切削热和摩擦热的共同作用极大地提高了切削刃表面平均切削温度。因此，由图 7.13 可得，切削速度增大，切削温度随之显著增大，这一点与作者以往的研究结果一致。

3. 切削力

图 7.14 是切削速度为 200m/min，倒棱角度为 20° 时，主切削力 (切向力) 随切削长度变化的有限元数值模拟。图 7.15 是不同倒棱角度条件下，PCBN 刀具的

主切削力实验值与仿真值的对比。经综合对比分析可知：随着倒棱角度的增加，主切削力也随之增加；锯齿形切屑的产生导致了切削力周期性的变化；倒棱 PCBN 刀具切削 GCr15 淬硬钢过程中，随着速度增大，主切削力略有减小。主切削力的仿真值与实验数值吻合较好。

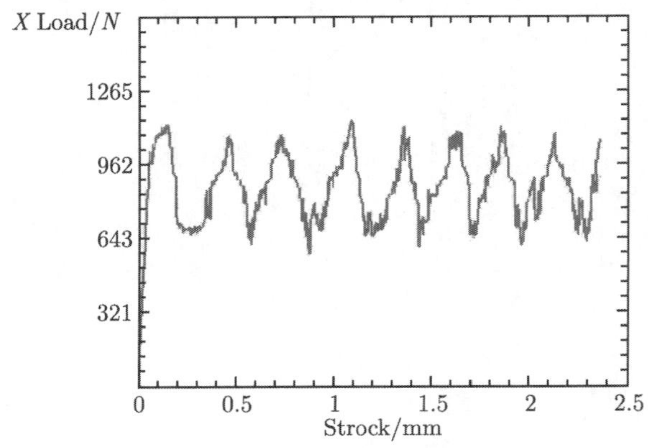

图 7.14　主切削力有限元模拟

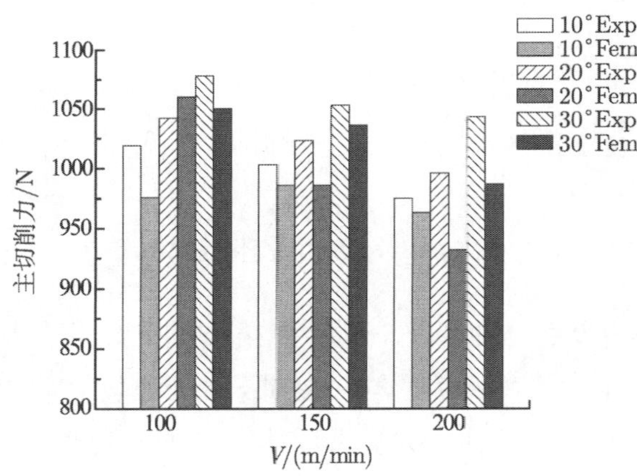

图 7.15　主切削力的有限元仿真与实验数值对比

图 7.16 是切削速度为 200m/min，倒棱角度为 20° 时，径向力随切削长度变化的有限元数值模拟。图 7.17 是硬态切削过程中不同倒棱角度的 PCBN 刀具的径向力实验与仿真数据对比。仿真得到的径向力数值比实验数值偏小 10%左右，这主要是由于二维切削仿真而产生的误差。

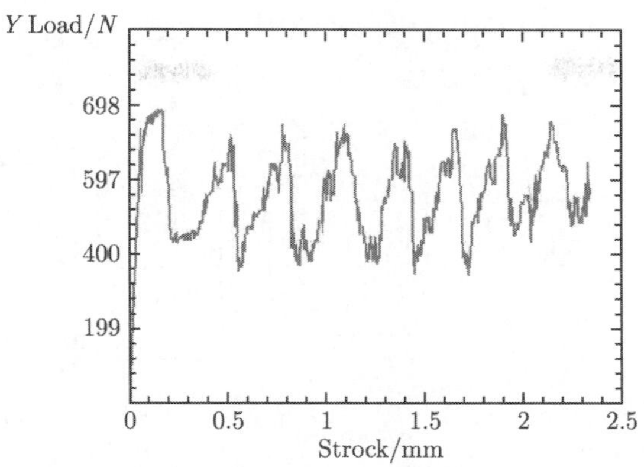

图 7.16 径向力有限元模拟

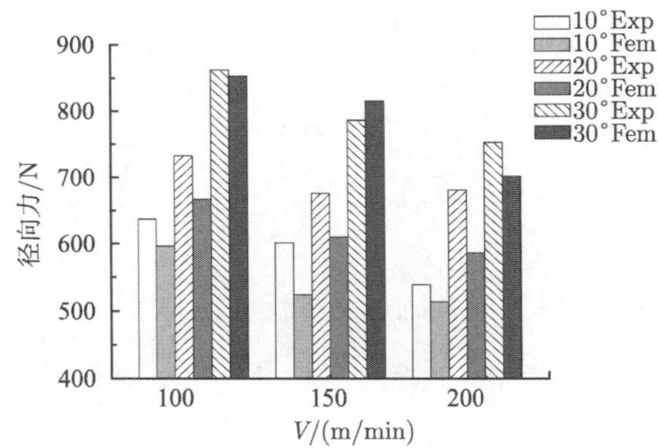

图 7.17 径向力的实验与有限元仿真数值对比

图 7.18 是 PCBN 刀具的倒棱宽度为 0.1mm，倒棱角度分别为 10°、20° 和 30°，切削速度在 100~200m/min 范围内时，切削淬硬轴承钢 GCr15 过程中主切削力和径向力的变化实验曲线。

图 7.19 是 PCBN 刀具倒棱宽度分别为 0.1mm、0.15mm、0.2mm，倒棱角度为 30° 时，主切削力和径向力随着切削速度变化的实验曲线。

由图 7.18 和图 7.19 可知：倒棱角度和倒棱宽度的增大，导致主切削力逐渐增大，同时也使得径向力逐渐增大，且后者增加程度尤为显著。这主要是因为倒棱角度的增大导致径向方向力分量的增加，从而使得径向力增加比主切削力更加显著。而倒棱宽度的增大，使得切削刃钝化程度进一步加剧，从而产生了更大的切削力。由于热软化效应的存在，随着切削速度增加，主切削力和径向力有一定减小。

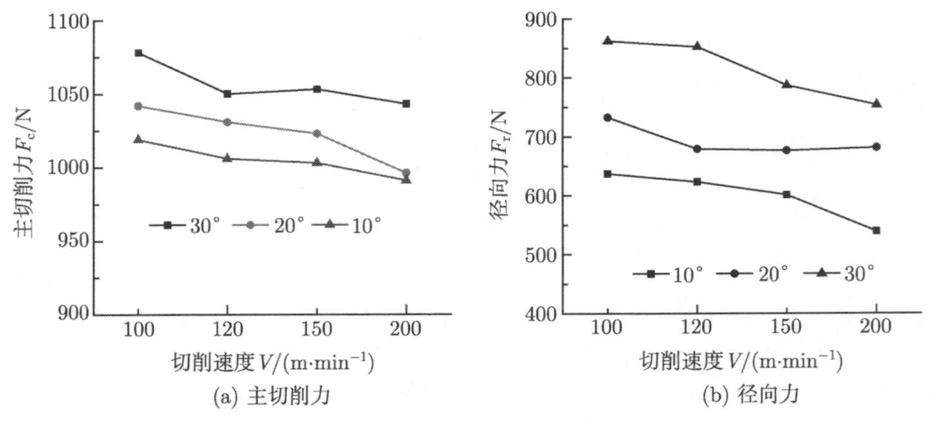

(a) 主切削力　　(b) 径向力

图 7.18　倒棱角度的影响作用

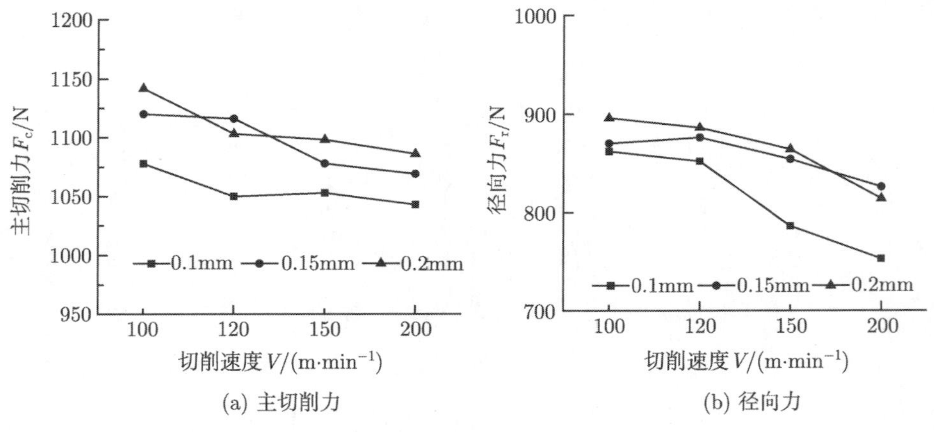

(a) 主切削力　　(b) 径向力

图 7.19　倒棱宽度的影响作用

4. 切屑形态

淬硬钢 GCr15 在硬态切削过程中产生的锯齿形切屑，用参数 C 定义为 L_2 与 L_1 的比值 (L_2/L_1) 来表示切屑锯齿化程度。在不同倒棱角度和倒棱宽度条件下，选用相同的切削用量 (切削速度为 200m/min，进给量为 0.1mm/r) 时，切屑特征数据变化见表 7.4。

表 7.4 中实验数据表明：倒棱宽度变化对切屑锯齿化程度影响并不显著；倒棱宽度增大，切屑厚度随之逐渐减小；PCBN 刀具刃口倒棱角度为 20° 时，锯齿化程度最低，但切削厚度最大。这是由于倒棱角度为 20° 时，切削刃口表面的 Von Mises 应力 (冯 · 米塞斯等效应力) 最大，剪切力随之增大，使得切屑更易于断裂，因而产

生了较厚的切屑和较低的锯齿化程度。

表 7.4 切屑特征数据

特征参数	倒棱角度/(°)			倒棱宽度/μm		
	10	20	30	100	150	200
L_1/μm	172	195	163	163	156	148
L_2/μm	58	58	51	51	47	46
C	0.337	0.297	0.313	0.313	0.301	0.311

7.3.4 表层残余应力有限元模拟

加工表层残余应力是发生在第三变形区的具有典型热–力耦合特点的物理现象。通过有限元模拟的方法分析切削加工表层残余应力的特征，不但可以节省人力物力，并且还可以直观地展现其分布特征，从而了解切削过程中各因素对其影响规律，为实际切削加工提供指导。

图 7.20 是 PCBN 刀具倒棱宽度为 0.1mm，倒棱角度分别为 10°、20° 和 30°，切削速度为 120m/min，进给量为 0.1mm/r，切削硬度为 60HRC 的淬硬轴承钢 GCr15 时工件表层残余应力有限元模拟分布曲线。

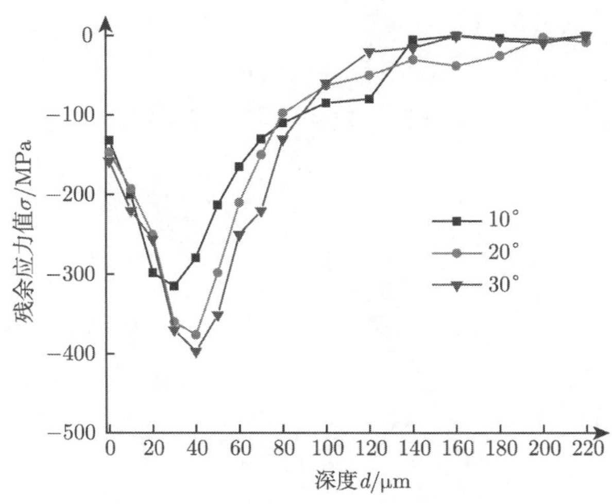

图 7.20 倒棱角度对加工表层残余应力的影响

由图 7.20 的模拟结果可知，PCBN 刀具倒棱角度的增大能够引起已加工表面的残余压应力的增大，同时，残余应力层的深度也有所增大。这主要是由于加大倒棱角度，刀刃前方金属的压缩变形及刀具对已加工表面的挤压与摩擦作用增大，因而增大了残余压应力值。

图 7.21 是硬态切削过程中，PCBN 刀具倒棱角度为 20° 时，在与图 7.20 相同的切削条件下，残余应力的实验与仿真数据对比。仿真得到的残余应力曲线与实验曲线在工件表层以下很小的区域内残余应力的下降梯度都很大，都呈 “勺形” 分布，且两者之间具有较好的一致性。

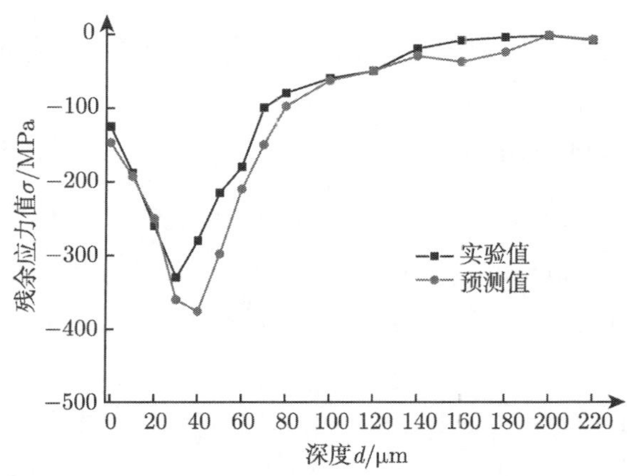

图 7.21 切削速度为 120m/min 时残余应力的实验值与预测值对比

图 7.22 是 PCBN 刀具倒棱宽度为 0.1mm，倒棱角度为 10°，进给量为 0.1mm/r，切削速度分别为 120m/min, 150m/min, 180m/min 时，切削硬度为 60HRC 的淬硬轴承钢 GCr15 过程中，工件表层残余应力的有限元模拟分布曲线。

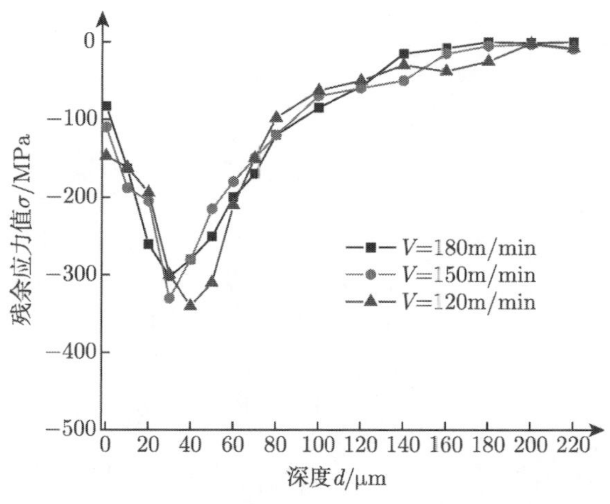

图 7.22 切削速度对加工表层残余应力的影响

图 7.22 的有限元模拟结果表明：随着切削速度的增大，表面残余压应力逐渐减小，并有向残余拉应力转变的趋势，而残余应力的深度变化并不明显。这是由于切削速度增大时，切削温度也随之增加，由此而产生的热应力导致已加工表面的残余压应力随切削速度的提高而减小。另外，由于热软化效应的存在，切削力随切削速度的升高而在一定范围内减小，塑性变形也随之减小，因此残余应力层深度并没有明显变化。

7.4　高速硬切削三维有限元模拟

本节对高速硬切削进行了三维有限元模拟，建立了有限元模型，并对其进行了实验验证，然后提取了仿真模型中切削变形区应力、应变率、切削温度分布特征，最后以此为基础还进一步提取了仿真中第三变形区硬度分布特征，得到了加工表面白层仿真结构。

7.4.1　高速硬切削有限元模型的建立

首先使用 UG 建立刀具和工件的三维几何模型，建立模型时，应预设出一次走刀轮廓，然后将模型存储为 STL 格式的文件，最后把该文件导入 DEFORM 软件中，用于切削过程仿真分析。为了节省计算时间，对刀具几何模型进行适当简化，只建立刀具参与切削部分的几何模型，参照型号为 CNGA120404，牌号为 7015 的 CBN 刀片，如图 7.23 所示。

图 7.23　刀具仿真几何模型的建立

工件材料为淬硬轴承钢 GCr15，其硬度为 (60±2) HRC，不同温度条件下的机械物理性能如表 7.5 所示。

在有限元仿真中，工件材料采用 JC 本构模型，模型中涉及的相关参数如表 7.6 所示。

表 7.5 不同温度条件下工件材料的机械物理性能

温度/℃	热导率/$(W\cdot m^{-1}\cdot K^{-1})$	杨氏模量/GPa	泊松比	膨胀系数/$(\times 10^{-6}℃^{-1})$
20	52.5	201	0.277	11.5
200	47.5	179	0.269	12.6
400	41.5	163	0.255	13.7
600	32.5	103	0.342	13.7
800	26.0	87	0.369	15.3
1000	29.0	67	0.490	15.3

表 7.6 淬硬轴承钢 GCr15 的 JC 本构模型参数

材料	A/MPa	B/MPa	C	n	m
GCr15	2482.4	1498.5	0.027	0.19	0.66

采用平面四边形单元对模型进行网格划分，在不影响计算精度的前提下，只对刀具与工件接触部分进行网格细化，以减少计算时间。考虑到切削过程中会出现较大的网格变形，因此设置当网格畸变量达到网格宽度的 1/2 时，需将网格重新划分。PCBN 刀具设定为刚体，工件设置为弹塑性体，高速硬切削三维有限元模型 [125] 如图 7.24 所示。

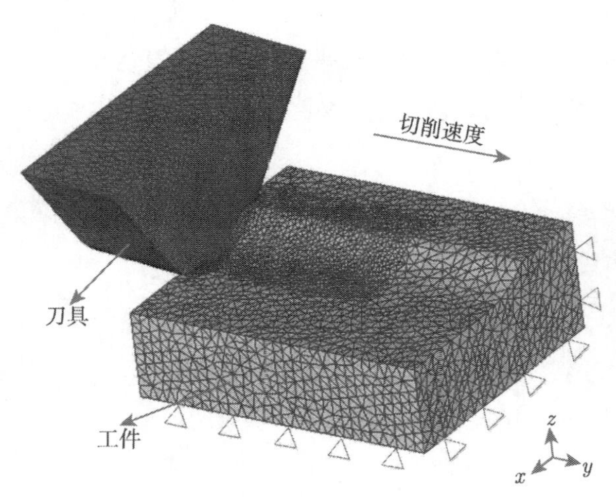

图 7.24 高速硬切削三维有限元模型

整个仿真过程中工件保持固定不动，刀具则以给定速度沿切削方向运动，使被切削材料沿刀具运动方向由左侧向右侧流动，逐渐形成切屑。其约束条件设置如下：在刀具上施加一个沿 y 方向的速度量；在工件底面上限制沿 y、z 方向的运动，而在工件后侧面上限制沿 x 方向的运动。设定模拟初始时的环境温度、刀具温度和工件温度均为 20℃。

7.4.2 高速硬切削加工有限元模型的验证

仿真中，切削深度和进给量为常量，分别为 0.2mm 和 0.1mm/r；切削速度为变量，分别为 100m/min，200m/min，300m/min。为了验证仿真模型的准确性，结合仿真模型设计了相应仿真参数的单因素切削实验，与仿真模型获取的数值进行对比。切削温度采用 FLIR Systems 的 ThermoVision A40M 型红外热像仪测量。切削力使用 Kister9257B 压电式测力仪器测量，获得的三个方向 (轴向、径向和切向) 切削力，如图 7.25 所示。

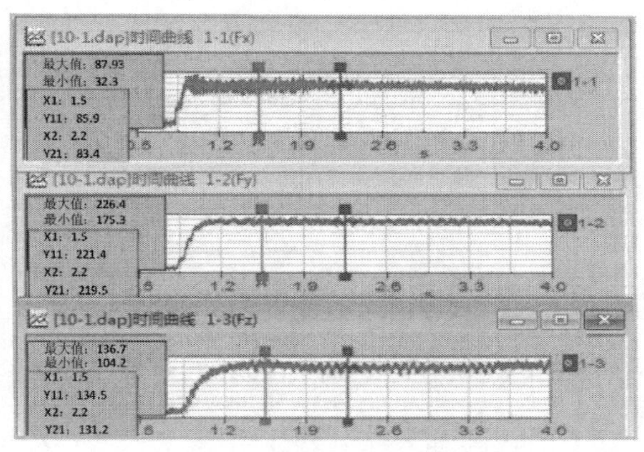

图 7.25 实验中测得的切削力曲线

图 7.26 是在不同切削速度下 PCBN 刀具切削淬硬钢时，刀具刃口表面平均温度的有限元仿真和实验数据对比。

由图 7.26 所示温度仿真和实验对比分析可知：两者的变化趋势基本一致，均呈现出随着切削速度的增大，切削温度也显著增大的特点，但是仿真值普遍要高于实验值。通过误差计算，发现仿真和试验间的误差大致保持在 20%以内，原因是由于红外热像仪在采集切削温度时，在切屑遮挡和外界环境等诸多因素影响作用下，导致测量值偏小。

图 7.27 是在不同切削速度下 PCBN 刀具切削淬硬钢时，切削力的有限元仿真和实验数据对比。

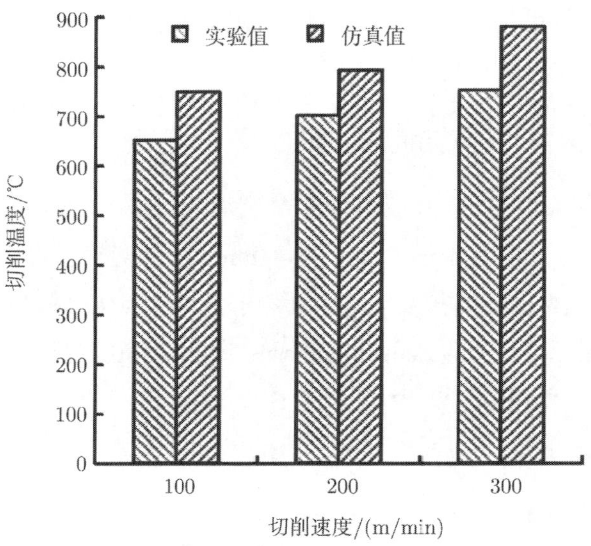

图 7.26　切削温度仿真和实验结果对比

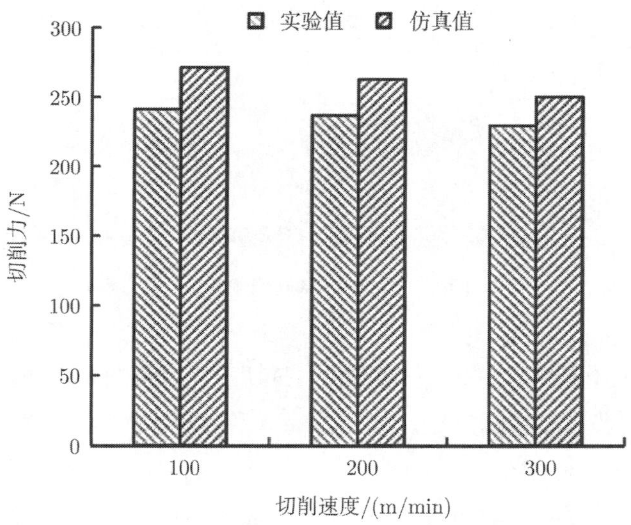

图 7.27　切削力仿真和实验结果对比

由图 7.27 可知，随着切削速度的增加，仿真和实验的切削力值均略有下降。考虑到加工塑性金属的时候，切削速度增大导致切削温度升高，使得金属在高温下产生了软化效应，导致金属材料的抗剪强度、抗拉强度降低，进而降低了切削力。经误差计算发现仿真和实验误差在 15%以内，其中仿真值普遍要大于实验值。

7.4.3 高速硬切削过程仿真分析

1. 切削力分析

图 7.28 是进给量为 0.1mm/r，切削深度为 0.2mm，切削速度为 100m/min 时，三维切削的仿真过程中轴向力 F_x、主切削力 (切向力)F_y、径向力 F_z 随着切削时间的变化曲线。

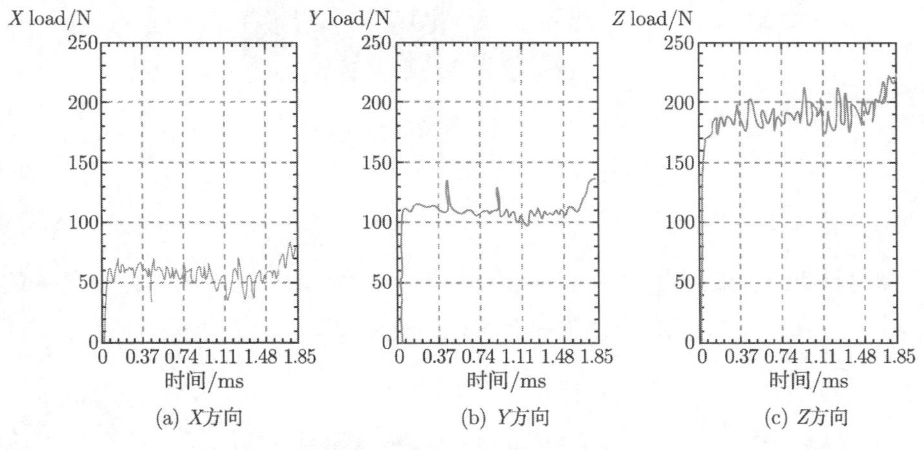

(a) X方向 (b) Y方向 (c) Z方向

图 7.28 切削力仿真曲线

从图 7.28 中可知，随着刀具逐渐切入工件，在初始接触时，切削力急剧升高，之后随着切削的进行，当切削时间达到 0.3ms 时，各方向的切削力已趋于平稳，切削进入了稳定状态。

仿真过程中，在切削力曲线上出现了少量的阶跃点，这主要是由于网格畸变所致。在提取数据时，可以忽略这些阶跃点。对比三个方向的切削力数值，其中径向力较切向力和进给力数值大，这一点与实验结果一致。

2. 温度场分析

切削过程中刀具工件接触区域将产生大量的切削热，图 7.29 是仿真计算得到的刀具和工件的切削温度分布。

由图 7.29 温度分析可知，在高速硬切削过程中，高温区域主要集中在第一变形区及第二变形区，其中在切屑与刀具接触表面距离刀尖 0.1~0.15mm 处，最高温度可达 815℃ 左右，这是剪切变形和刀具–切屑摩擦共同产生热量作用的结果。而位于第三变形区的已加工表面切削温度相对较低，其最高温度为 500℃ 左右，与第一变形区的温度场有较大的差异。

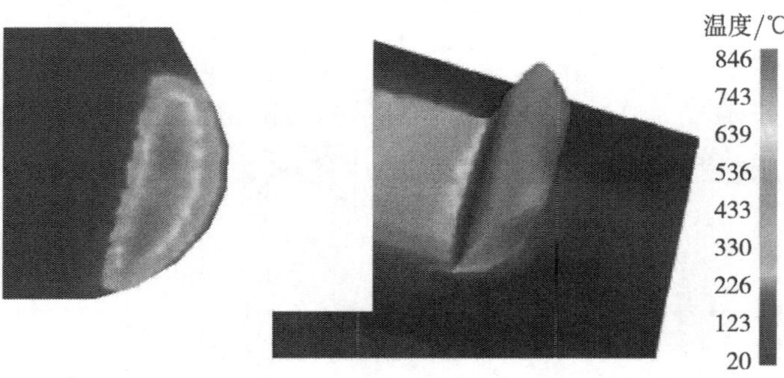

图 7.29 刀具和工件的仿真温度分布

3. *应变及应力场分析*

高速硬切削有限元模拟中，由于刀具被设为刚体，所以只分析工件应变和应力场，图 7.30 和图 7.31 分别为加工表面的等效应变和等效应力分布。

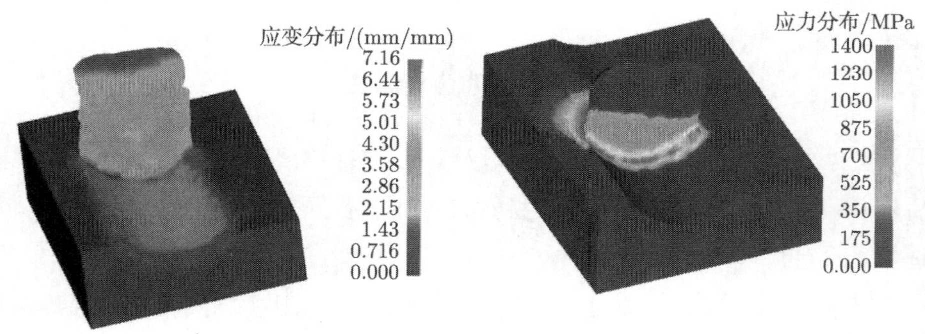

图 7.30 加工表面等效应变分布　　图 7.31 加工表面等效应力分布

由图 7.30 和图 7.31 可知，在近切削刃处的第一变形区，被切削材料发生了剧烈的弹塑性变形，并在剪切作用下使晶格产生滑移，由此在该变形区内产生较大的应力，其等效应力高达 1400MPa；切屑沿前刀面继续流动，进入第二变形区，与前刀面相互挤压摩擦，使切屑产生较大的应变，其等效应变高达 5 以上。

7.4.4 高速硬切削加工表面白层特征有限元模拟

高速硬切削加工表面白层是在热力耦合及表层材料承受快速二次淬火作用下，导致其组织形态发生转变的结果。白层具有区别于工件基体材料的众多特性，其中显微硬度就是白层物理特性的一个重要表征。

图 7.32~ 图 7.34 是工件材料的初始硬度为 60HRC，在不同切削速度条件下，白层特征仿真的结果，其中 (a) 图为工件表层显微硬度的三维分布，为了便于测量表层显微硬度沿层深方向的分布状况，截取了切削速度方向上垂直于刀尖的二维截面，如 (b) 图所示，用于检测白层显微特性。经测量分析可知：切削速度为 100m/min 时，白层区平均显微硬度约为 62.5HRC，白层厚度约为 1.7μm；而切削速度达到 200 m/min 时，白层的平均显微硬度升高到 63.1HRC，此时白层厚度约为 2.9μm；切削速度进一步提升到 300m/min 时，白层的硬度已达到了 63.5HRC，白层的厚度更是高达 4.6μm。

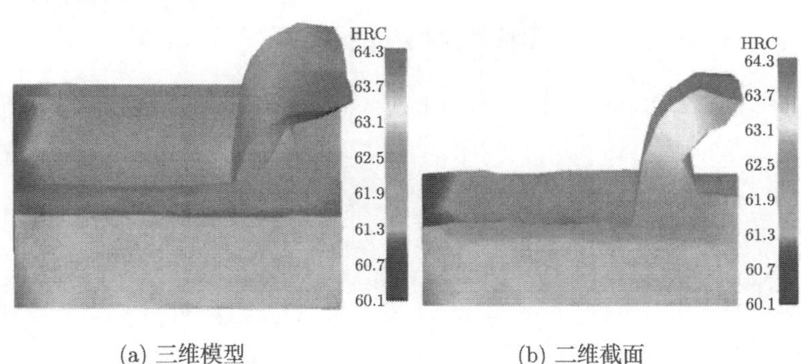

(a) 三维模型　　(b) 二维截面

图 7.32　切削速度为 100m/min 白层的有限元模拟

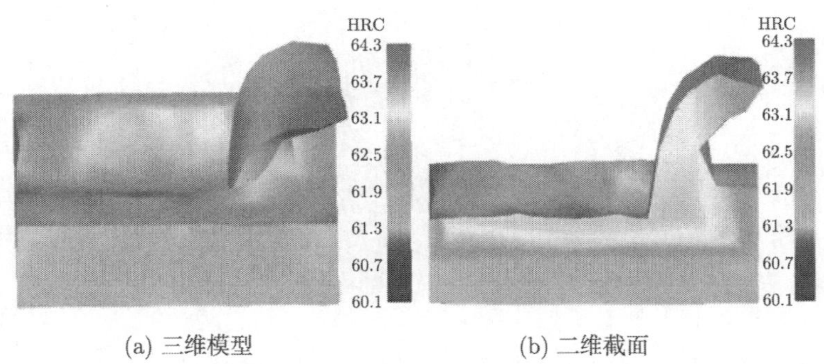

(a) 三维模型　　(b) 二维截面

图 7.33　切削速度为 200m/min 白层的有限元模拟

产生上述变化规律的原因为：切削速度由 100m/min 增大到 200m/min 时，切削区域温度因刀具与工件之间的摩擦和挤压作用加剧而升高，工件表层材料在二次淬火机制作用下，白层硬度和厚度随之增大；尤其当切削速度增大到 300m/min

时，切削温度进一步提高，此时二次淬火作用范围进一步扩大，导致白层具有更大的显微硬度和厚度。

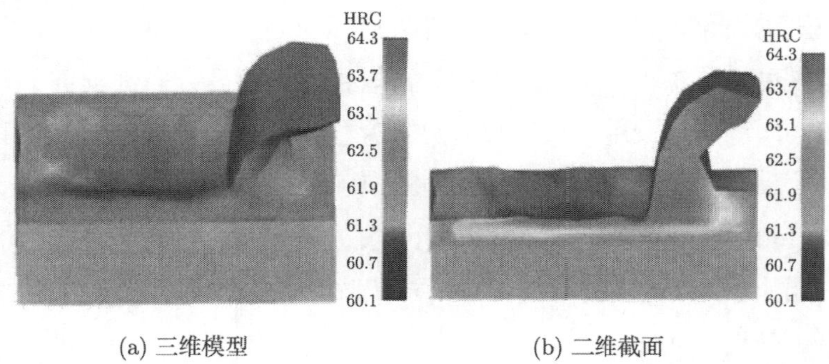

(a) 三维模型　　(b) 二维截面

图 7.34　切削速度为 300m/min 白层的有限元模拟

第 8 章　切削表面完整性的预测优化与评价

表面完整性是衡量零件切削加工性能及其使用性能的重要指标，尤其在切削加工过程中，表面完整性控制问题已成为一个关键的技术难题。要使工件达到理想的表面完整性，就必须选取最优的切削条件，然而这一切的前提又是如何建立精确的面向加工过程参数的表面完整性控制和预测模型。

本章围绕切削表面完整性的预测优化与评价方法进行阐述，主要内容包括：切削表面完整性预测、优化与评价方法介绍，切削表面白层和表层残余应力预测，切削加工表面完整性优化，切削表层特征性能评价等。

8.1　预测与优化方法简介

切削表面完整性预测与优化涉及的范围广，包括表面粗糙度、表面白层和表层残余应力等诸多方面，其预测与优化过程多采用试验与建模计算相结合的方法，常用的表面完整性预测与优化方法包括响应曲面法、人工神经网络法、模糊综合评价法、遗传算法等。

8.1.1　响应曲面法

1. 概述

通过对所感兴趣的响应受多个变量影响的问题进行建模和分析来优化此响应的方法称为响应曲面法 (response surface methodology，RSM)。响应曲面法同时运用了数学方法与统计方法，包括建模、试验、数据分析与最优化处理。输入因素个数通常为 2~7 个，一般不超过 4 个，则响应曲面法是研究输入因素和响应变量关系的有效方法 [126]。假如有两个输入因素 (自变量)x_1, x_2，则响应函数的表达如式 (8.1)。如果试验有大量因素，则可以采用均匀试验设计或正交试验设计，识别重要因素，剔除不重要的因素。

$$y = f(x_1, x_2) + \varepsilon \tag{8.1}$$

式中，$f(x_1, x_2)$ 为响应函数；ε 为 y 的随机误差，表示由不可控因素所带来的干扰项。

通常假定 ε 在不同的试验中是相互独立的，且均值为 0，方差为 σ^2。若记期望响应为 $E(y)=\delta$，则由式 (8.2) 表示的曲面为响应曲面：

$$\delta = f(x_1, x_2) \tag{8.2}$$

响应之间的函数关系可以用图形的方式描述为自变量区域上的一个曲面，如图 8.1 所示。为了便于观测响应曲面形状，常将其画成响应曲面的等高线图，其中响应曲面的每一个特定高度都对应着一条等高线，如图 8.2 所示。

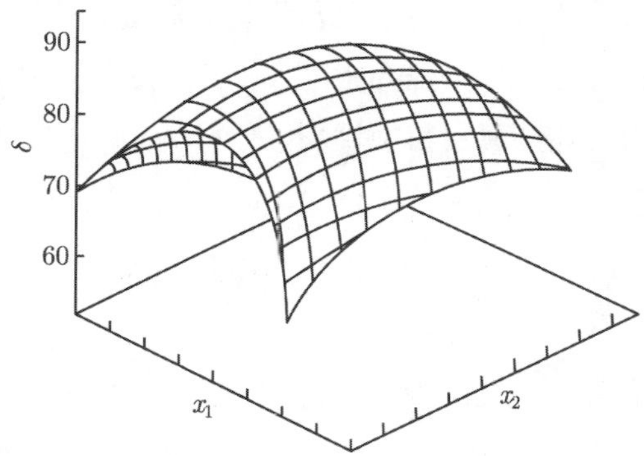

图 8.1　δ 作为 x_1 和 x_2 的函数的响应曲面

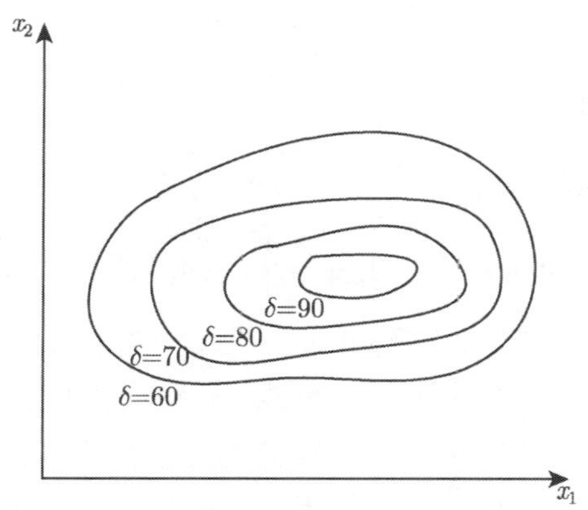

图 8.2　响应曲面的等高线图

在使用响应曲面法解决的众多问题中，响应同输入因素之间的关系形式是未知的，因此首先需要寻求响应与输入因素集合之间的真实函数关系的逼近式。一般可以用输入因素某一区域内的某种低阶多项式来逼近。如果响应适合用自变量线性函数建模，则近似函数可采用一阶模型，如下：

$$y=\beta_0+\sum_{i=1}^{k}\beta_i x_i+\varepsilon \tag{8.3}$$

式中，β_i 为 x_i 的斜率或线性效应, i=0，1，$\cdots$，k。

如果响应同自变量之间为非线性关系，则必须用更高阶的多项式，其中二阶模型如下：

$$y=\beta_0+\sum_{i=1}^{k}\beta_i x_i+\sum_{i<j}^{k}\beta_{ij}x_i x_j+\sum_{i=1}^{k}\beta_{ii}x_i^2+\varepsilon \tag{8.4}$$

式中，β_{ij} 为 x_i 与 x_j 之间的交互作用效应；β_{ii} 为 x_i 的二次效应。

响应曲面法是一个不断寻优的过程，在远离最优点的响应曲面区域上，为使当前输入变量快速向着响应曲面最优点附近区域逼近，通常采用一阶模型。当试验接近响应曲面的最优点附近区域时，为了获得响应曲面最优点附近更加精确的逼近，则可以采用高阶模型，从而获得输入变量的最优水平组合，以确定最优点的位置。

响应曲面分析可描述为类似“爬山”的过程，山顶代表了响应最大值所在的点，如图 8.1 和图 8.2 所示。反之，若最优点是响应的最小值点，则类似于“降入谷底”的过程，谷底代表了响应最小值所在点。一个多项式模型不可能在自变量的整个空间上都是真实函数关系的合理近似式，但在一个相对小的区域内通常做得很好，就是所谓的区域局限性。

2. 响应曲面法的实现

一般来说，响应曲面法的基本过程是对各试验设计点进行试验，将所产生的试验响应拟合成一阶或二阶响应曲面，通过各次响应曲面上的寻优及稳定点的判断，最终得到最优解，如图 8.3 所示。

1) 区域选择和编码变换

区域选择包括初始点和变量范围的确定，初始点应依据试验要求来选择，再以初始点为中心确定各变量范围。在响应曲面设计中各变量的变化范围不完全相同，为方便统一处理，需将自变量作编码 (线性) 变换，使自变量规范在指定范围内，如 $[-1, 1]$ 区间内。

2) 试验

试验设计需以初始点为中心在试验范围内合理地选择试验点，试验点的选取应尽量使拟合的一阶模型能真实反映初始点附近的响应。试验可采用析因设计、单纯性设计等方法。由于析因设计在试验范围内提供了较为全面的试验点，还可用于二阶模型的拟合中，减少了添加试验点数，可有效地缩短整个寻优进程，因此该方法较为常用。

3) 拟合一阶模型

根据试验数据，利用一阶线性方程拟合响应模型，拟合模型时需求解相关响应曲面参数 $\hat{\beta}_i$ $(i=0,1,\cdots,k)$，响应模型可通过响应曲面来表达。拟合后的一阶模型如

$$\hat{y}=\hat{\beta}_0+\sum_{i=1}^{k}\hat{\beta}_i x_i \tag{8.5}$$

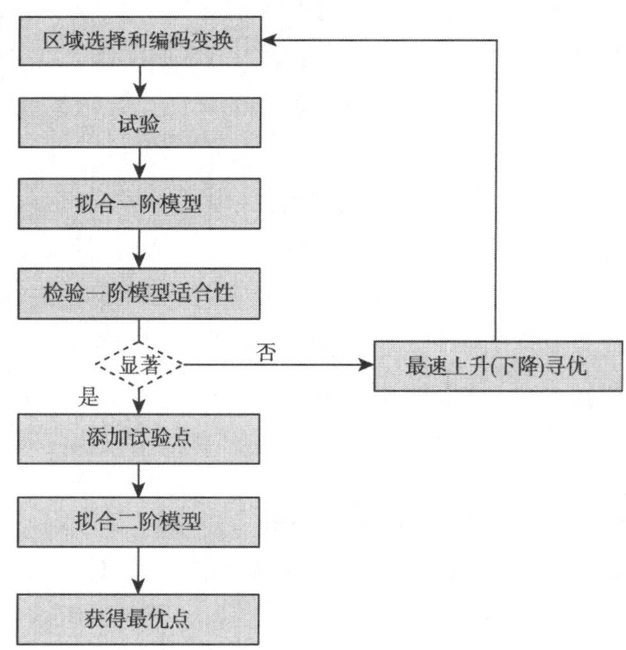

图 8.3　响应曲面法寻优过程

4) 检查一阶模型的适合性

一阶模型适合性的检查，是通过在已获得的一阶模型中增加交互作用项和纯二阶效应项，利用中心点重复试验数据，检验变量间的交互作用和各变量的二阶效

应的显著性。

交互作用和纯二阶效应显著时，说明获得的一阶模型是不适合的，则需建立以初始点为中心的二阶拟合模型；反之，说明交互作用及纯二阶效应项都不显著，则当前区域采用一阶模型拟合是适合的，可表达出初始点附近的曲面形状，然后就可以采用最速上升 (下降) 法进行寻优了。

5) 一阶模型的寻优

为了快速到达最优点附近区域，一阶模型寻优常采用沿响应增加 (减小) 最快的方向逐步移动的方法。如果寻优过程寻找的是最大值，称为最速上升法；反之，如果寻找的是最小值，则称最速下降法 [127]。图 8.4 中，平行直线组为一阶响应曲面相应 $\hat{y}$ 的等高线，最速上升路径是通过一阶响应曲面区域的中心点并且垂直于平行直线组的直线，即与响应曲面等高线的法线平行。

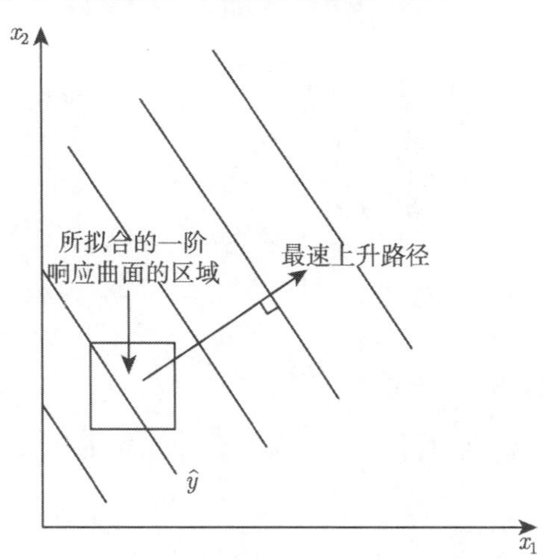

图 8.4 一阶响应曲面的等高线与最速上升路径

沿最速上升路径的步长 Δx_i 与回归系数 $\hat{\beta}_i$ 成正比。通常选取我们最了解的变量的步长或其回归系数绝对值最大的变量的步长作为初始步长 Δx_j，其他变量的步长 Δx_i 表达式为

$$\Delta x_i = \frac{\hat{\beta}_i}{\hat{\beta}_j}\Delta x_j, \quad (i = 0,1,\cdots,k; i \neq j) \tag{8.6}$$

沿着最速上升方向不断进行寻优，当响应不再增加时，停止本次寻优，并以停止响应的试验点作为初始点，拟合一个新的一阶模型，确定一条新的最速上升路径，进行下一次寻优。经过多次寻优便可到达最优点的附近区域。

6) 拟合二阶模型

当接近最优点附近时，由于曲面有弯曲，需要用二阶或更高阶的模型逼近响应，一般情况下常使用二阶模型。但二阶模型的拟合需要在一阶设计中已有试验点的基础上添加一定数量的试验点，为了减少所增加的试验点的数量，常采用中心复合设计方法。然后根据试验数据，用最小二乘法估计二阶响应曲面的参数，拟合出二阶响应曲面的估计式。

为了找到响应曲面的最优点，需对二阶响应曲面估计式求极值。其求解过程如下：

首先，将二阶模型写成矩阵表达形式，其表达式为

$$\hat{y}=\hat{\beta}_0+X^{\mathrm{T}}b+X^{\mathrm{T}}BX \tag{8.7}$$

式中，$X=(x_1,x_2,\cdots,x_n)^{\mathrm{T}}$；$b=(\hat{\beta}_1,\cdots,\hat{\beta}_n)^{\mathrm{T}}$ 为一阶回归系数的 $(n\times 1)$ 向量；$B=\begin{pmatrix}\hat{\beta}_{11} & \hat{\beta}_{12}/2 & \cdots & \hat{\beta}_{1n}/2\\ & \hat{\beta}_{22} & \cdots & \hat{\beta}_{2n}/2\\ & & \ddots & \\ & & & \hat{\beta}_{nn}\end{pmatrix}$ 为 $(n\times n)$ 对称矩阵，其主对角线元素是纯二次系数 $\hat{\beta}_{ii}$，非对角元素是混合二次系数 $\hat{\beta}_{ij}(i\neq j)$ 值的 1/2。

然后，求响应的极值，即使 $\hat{y}$ 关于向量 X 的元素的导数等于 0，如式 (8.8) 所示，其解也称稳定点：

$$\frac{\partial\hat{y}}{\partial X}=b+2BX=0 \tag{8.8}$$

$$X_0=-\frac{B^{-1}b}{2} \tag{8.9}$$

把式 (8.9) 代入式 (8.8)，得到稳定点处的预测响应，如下式：

$$\hat{y}_0=\hat{\beta}_0+\frac{X_0'b}{2} \tag{8.10}$$

最后，在求出稳定点之后，还需要判别稳定点是响应的最大值点、最小值点还是鞍点 (图 8.5)，以及响应对变量的相对灵敏度，从而确定最优解。

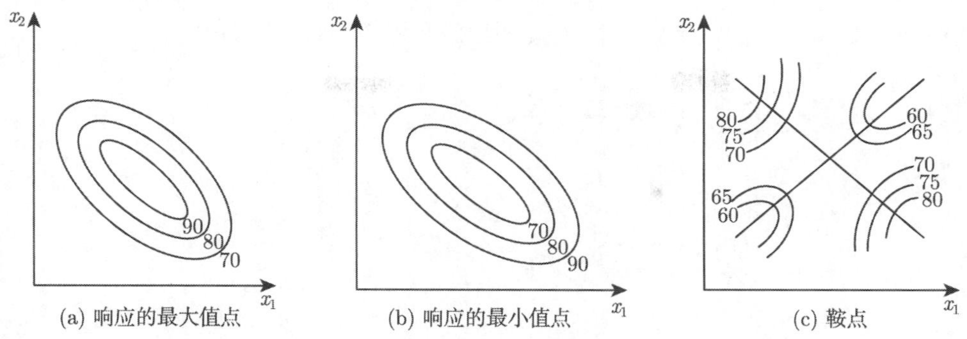

图 8.5 二阶响应曲面中的稳定点

8.1.2 人工神经网络

1. 人工神经网络的基本理论

生物神经元包括树突、轴突和突触三个部分，树突接收来自于另一神经元的传送信号，经轴突传递到突触上。而人工神经元是对生物神经元的模拟，即由输入信号 x 与突触权重 w 运算得到输出信号 y，如图 8.6 所示。

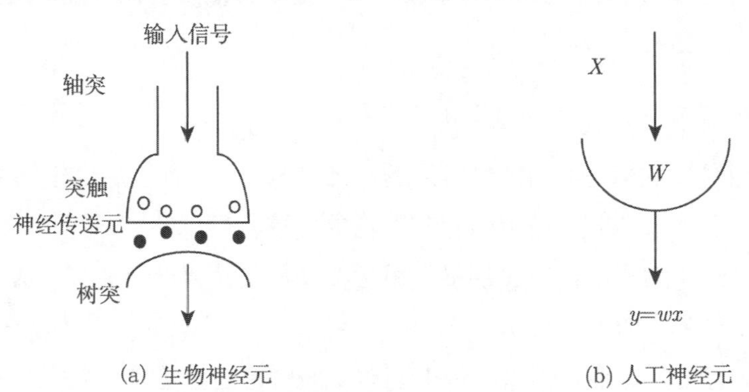

图 8.6 生物神经元和人工神经元信息的传输

人工神经元模型如图 8.7 所示 [128]，其处理信息的过程可分为三部分：首先完成来自其他神经元的输入信号与神经元突触权值的累积运算，如式 (8.11)；然后将结果输入到激活函数中；最后经过阈值函数。若输出值大于阈值，则神经元将被激活，得到输出值；反之，神经元被抑制，无输出值。

$$Y = f(W \times X) = f\left(\sum_{j=1}^{n} w_{ij} x_j\right) \tag{8.11}$$

式中，$x_1, x_2, \cdots, x_n$ 为输入向量；f 为输出激活函数；w_{ij} 为权值。

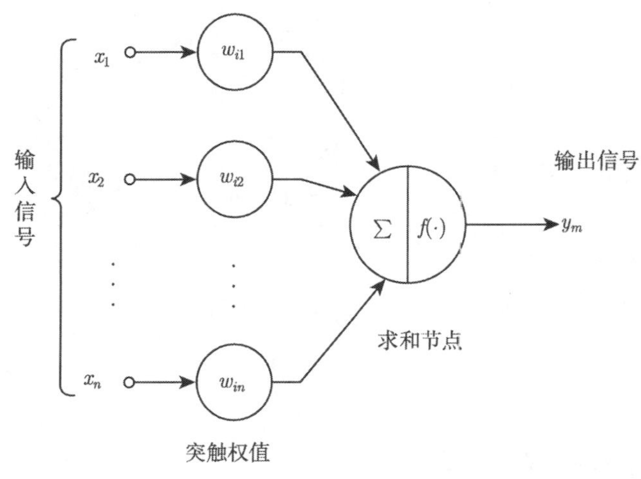

图 8.7 人工神经元模型

输出激活函数也称激励函数，用于模拟生物神经元的转移特性，其基本作用就是将输入激励以数学表达式的形式输出。常用的激活函数有阈值型、线性型、饱和型、S 型等，如表 8.1 所示。

2. BP 神经网络模型及其改进算法

BP 神经网络是神经网络中最常用的一种结构，是一种多层前馈网络误差反向传播网络，通常由输入层、输出层和若干隐层组成。

BP 神经网络的训练过程包括了正向传播和反向传播两个阶段。第一阶段为正向传播阶段，即输入信息经输入层和隐层的神经元逐层处理后，再向后传播到输出层，得到输出结果。如果在输出层得不到期望的输出值，则转入第二阶段反向传播阶段，即将误差信号沿原来的神经元连接通路返回，在返回过程中，通过修改各层神经元的权值，逐次地向输入层传播并进行计算。这样，反复地执行这两个阶段的训练过程，反复迭代，直到误差小于给定的值，网络才结束学习训练过程。

在 BP 神经网络模型中，权向量与阈值调整的指导思想是使误差函数沿负梯度方向下降，以使网络实现给定的输入到输出的映射关系。在 BP 神经网络应用中，只要有足够多的隐含结点，理论上可以实现任意输入到输出的映射。

图 8.8 为单隐层网络 BP 算法的模型结构。图中，$X = (x_1, x_2, \cdots, x_i)$ 为网络输入层的输入向量，y_k 为网络输出层的第 k 个输出向量，隐层中的神经元个数为

j 个，V_{ij} 是输入层神经元和隐层神经元之间的权值，W_{jk} 是隐层神经元和输出层神经元之间的权值。

表 8.1 神经网络常用激活函数

函数名称	公式	图形	特性
阈值型	$y=f(x)=\begin{cases}1, & x\geqslant 0\\ -1\text{ 或 }0, & x<0\end{cases}$		不可微阶跃型
线性型	$y=f(x)=x$		输出不变
饱和型	$y=f(x)=\begin{cases}1, & x\geqslant h\\ x/h, & \|x\|<h\\ -1\text{ 或 }0, & x\leqslant -h\end{cases}$		不可微阶跃型
S 型函数	$y=f(x)=\dfrac{1}{1+\mathrm{e}^{-x}}$		可微阶跃型

在 BP 网络的隐层中，第 j 个单元的网络输入为

$$m_j=\sum_{i=1}^{I}V_{ij}x_i+d_j \tag{8.12}$$

式中，d_j 是隐层神经元的偏差。

第 j 个单元的网络输出为

$$h_j=fm_j \tag{8.13}$$

式中，f 是激活函数。

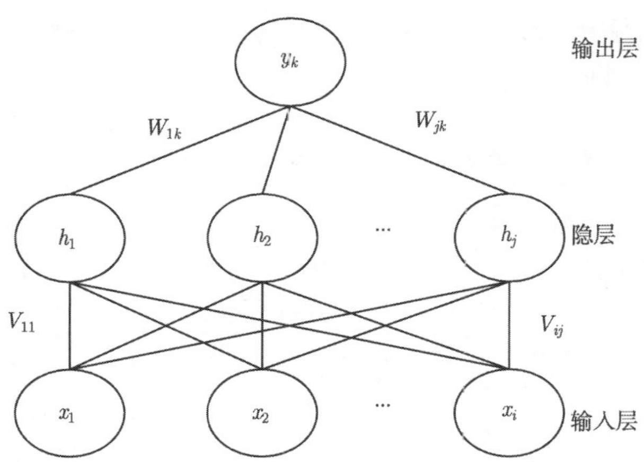

图 8.8　BP 网络模型结构

在 BP 网络的输出层中，第 k 个单元的网络输入为

$$n_k = \sum_{j=1}^{J} W_{jk} h_j + e_k \tag{8.14}$$

式中，e_k 是输出层神经元的偏差。

第 k 个单元的网络输出为

$$y_k = f n_k \tag{8.15}$$

虽然 BP 神经网络具有逼近任意连续函数和非线性映射的能力，能够模拟任意的非线性输入–输出关系，但它也存在推广能力差、学习收敛速度慢和容易陷入局部极小点而无法得到全局最优解等缺点。许多研究者对 BP 神经网络梯度下降法的缺点提出了相应的改进算法，如动量法、Levenberg Marquardt 优化方法及共轭梯度学习算法等。这些改进算法往往需要一定数量的训练样本，但对于绝大多数实际问题来说样本量是有限的，因而如何提高 BP 网络训练后对来自同一样本集中的非训练样本给出正确的输入–输出关系的能力，即泛化能力，就成为了衡量其网络性能好坏的重要标志。

贝叶斯正则化算法就是通过修正神经网络的训练性能函数来提高其泛化能力的一种理想的 BP 算法。

通常，神经网络的训练性能函数所采用的均方误差函数，其表达式为

$$mse = \frac{1}{N}\sum_{k=1}^{N}(E_k)^2 = \frac{1}{N}\sum_{k=1}^{N}(t_k - y_k)^2 \tag{8.16}$$

式中，E_k 是 N 个训练样本中的第 k 个训练时，输出期望值 t_k 与输出值 y_k 的差。

神经网络训练性能函数通过正则化算法处理后表达为

$$msereg = \gamma \cdot mse + (1 - \gamma)\, msw \tag{8.17}$$

式中，γ 是比例系数，msw 是所有网络权值平方和的平均值。

常规的正则化算法很难确定比例系数 γ 的大小，而运用贝叶斯算法不但能确定比例系数 γ，而且还能够在网络的训练过程中自适应地调节比例系数 γ 的大小，进而使其达到最优。在贝叶斯正则化算法中，BP 神经网络模型的目标函数被定义为样本数据的似然函数，正则化项对应于网络权值上的先验概率分布，同时把网络的所有参数作为随机变量，再通过引入参数的先验概率分布的假设，在整个权值空间上进行学习，将所有模型进行考虑，获取相关参数的后验条件概率，并基于后验分布的贝叶斯推理得出最优化参数，从而提高 BP 神经网络的泛化能力。

8.1.3 模糊综合评价

综合评价是指对多个因素或多个指标影响的事物进行全面的评价，即不能单从某一因素的情况去评价事物，应依据这多个因素对事物的优劣作出全面评价。综合评价中，借助模糊数学的隶属度理论，将定性评价问题转变为定量评价问题，对多个因素进行综合评价，这就是模糊综合评价 [129]。该方法具有系统性强、结果明确的特点，能够较好地解决事物因素模糊性、不确定性因素难以量化的问题。

事物的不确定性 (模糊性) 可分为两类：一类为事物对象是确定的，但出现的规律有不确定性；另一类是事物对象本身就不确定，对事物不确定性的描述涉及模糊集合和隶属度理论。

1. 建立评价集和因素集

1) 评价集 V

评价集是评价者对评价对象可能做出的各种评价等级的集合，常用大写字母 V 表示：

$$V = (v_1, v_2, \ldots, v_m) \tag{8.18}$$

式中，$v_i\ (i = 1, 2, \cdots, m)$ 为集合中的元素，即代表各种可能的评价等级；m 是评价等级的个数。每一个等级还可以对应一个模糊子集，为了便于判断被评价对象归属的等级，m 通常取 3~9 之间的奇数，运用在不同对象情况下的评语则具有不同含义。例如 m 取 5 时，对某种情况则可表示优秀、良好、中等、较差、差等评语。模糊综合评判的目的就是在综合考虑所有因素的基础上，从评价集中得出一个最佳的评价结果。

2) 因素集 U

因素集是以影响评判对象的各种因素为元素所组成的集合，常用大写字母 U 表示：

$$U = (u_1, u_2, \ldots, u_p) \tag{8.19}$$

其中，$u_i(i = 1，2，\cdots，p)$ 为集合元素，代表各影响因素，这些因素都具有一定的模糊性；p 为评价因素的个数，由具体的指标体系所决定。

2. 模糊综合评价的步骤

1) 单因素评价

仅从单一因素 u_i 出发进行评价，以确定评价对象对评价集合的隶属程度，称为单因素模糊评价 R_i，此评价集合应为评价集 V 的一个模糊子集，可表示为

$$R_i = (r_{i1}, r_{i2}, \cdots, r_{im}) \tag{8.20}$$

其中，r_{ij} 为对评价集中第 j 个元素 v_j 的隶属度。

由此，可得相应的每个因素的评价集如下：

$$R_1 = (r_{11}, r_{12}, \cdots r_{1m}) \tag{8.21}$$

$$R_2 = (r_{21}, r_{22}, \cdots r_{2m}) \tag{8.22}$$

$$\vdots \tag{8.23}$$

$$R_p = (r_{p1}, r_{p2}, \cdots, r_{pn}) \tag{8.24}$$

2) 综合评价矩阵

在构造了单因素评价集后，就可以组成总的评价矩阵，即综合评价矩阵，可表示为

$$R = [R_1, R_2, \cdots, R_p]^{\mathrm{T}} \tag{8.25}$$

即

$$R=\begin{bmatrix} r_{11} & r_{12} & \cdots & r_{1m} \\ r_{21} & r_{22} & \cdots & r_{2m} \\ \vdots & \vdots & & \vdots \\ r_{p1} & r_{p2} & \cdots & r_{pm} \end{bmatrix} \tag{8.26}$$

通常情况下，可根据模糊变量的本质特性来选择隶属度函数，用于近似表达因素集和评价集之间的模糊关系，隶属度函数表达形式主要包括梯形、三角形、钟形分布和高斯法等。

3) 模糊权重集

在模糊评价中，各因素的重要程度是不同的，为了表达各因素对评价的影响程度，对各因素应赋予权数 $a_i\ (i=1,2,\cdots,p)$，用于反映各个因素在综合决策过程中所占有的地位或所起的作用。由各权重所组成的集合，称为模糊权重集，其表达式为

$$A=(a_1,a_2,\ldots,a_p) \tag{8.27}$$

通常，各因素的权数 $a_i\ (i=1,2,\cdots,p)$ 应满足归一性和非负性条件：

$$\sum_{i=1}^{p} a_i=1,\quad a_i\geqslant 0,\quad (i=1,2,\cdots,p) \tag{8.28}$$

4) 模糊综合评价集

通过合适的合成算子对权重集 A 和综合评价矩阵 R 进行运算，从而获取评价集和被评价对象之间相应的隶属关系，即模糊综合评价集 B，其表达式为

$$\begin{aligned} A\circ R&=(a_1,a_2,\cdots,a_p)\circ\begin{bmatrix} r_{11} & r_{12} & \cdots & r_{1m} \\ r_{21} & r_{22} & \cdots & r_{2m} \\ \vdots & \vdots & & \vdots \\ r_{p1} & r_{p2} & \cdots & r_{pm} \end{bmatrix} \\ &=(b_1,b_2,\ldots,b_m) \\ &=B \end{aligned} \tag{8.29}$$

式中，“∘”为合成算子。常用的合成算子有加权平均型 $M(\cdot,+)$、取大取小型 $M(\wedge,\vee)$。

加权平均型 $M(\cdot,+)$，其表达式为

$$b_j=\sum_{i=1}^{p} a_i\cdot r_{ij}\quad (j=1,2,\cdots,m) \tag{8.30}$$

加权平均型模型按照权重大小对所有因素进行平均分布，适用于考虑各因素均起作用的情况。

取大取小型 $M(\wedge,\ \vee)$，其表达式为

$$b_j = \bigvee_{i=1}^{p} (a_i \wedge r_{ij}), \quad (j = 1, 2, \cdots, m) \tag{8.31}$$

式中，"∧"和"∨"为合成运算方式符号，若 $a \wedge b$ 取小者，则 $a \vee b$ 取大者。

由于综合评判的结果 b_j 的值仅由 a_i 与 r_{ij} 中的某一个确定，着眼点是考虑主要因素，其他因素对结果影响不大，这种运算有时出现决策结果不易分辨的情况。

3. 评价指标的分析处理

模糊综合评价的结果是通过最大隶属度法来确定的。最大隶属度的方法就是对多个评价对象进行比较，按大小排序，按序择优。

如最大的评判指标 $\max b_j$ 相对应的评价集元素 v_L 为评价的结果，则

$$v_L \rightarrow \max(b_1, b_2, \cdots, b_m) \tag{8.32}$$

8.1.4 遗传算法

生物是通过基因遗传、选择淘汰、突然变异等规律不断进化的，进化过程是为适应环境而不断进行自身优化的过程，遗传算法就是根据生物进化思想而演化来的全局随机搜索优化算法 [130]。遗传算法所具有的快速非支配排序和精英解保留机制，可有效提高优化求解速度、求解精度和目标收敛速度 [131,132]，图 8.9 为遗传算法原理图。

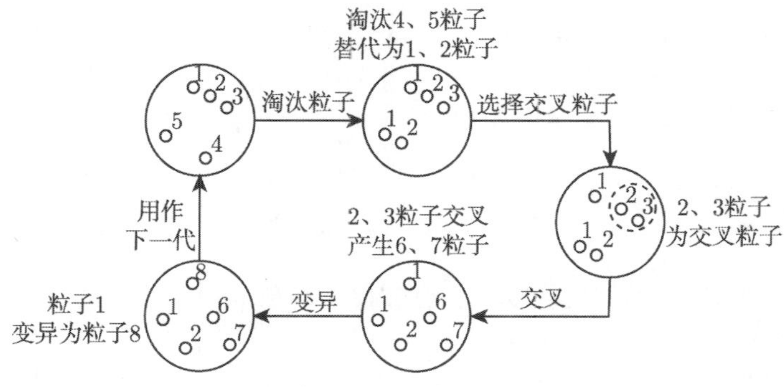

图 8.9　遗传算法原理图

遗传算法的实现过程

遗传算法的实现过程如图 8.10 所示，主要包括编码、产生初始群体、计算适应度、选择、交叉、变异等环节。每个环节都有相应的方法，应结合具体的问题进行具体的选择，以提高遗传算法的群体搜索能力。

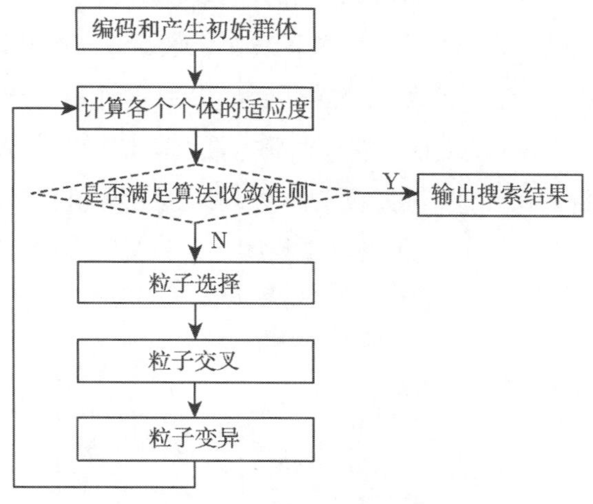

图 8.10 遗传算法实现过程

1) 编码

问题空间的参数不能直接应用于遗传算法中，必须通过一定的方式将可行解从解空间转换到对应的搜索空间，这种转换方式就叫编码。编码影响着个体染色体排列形式、解空间到搜索空间的转换及遗传算子的运算，决定了进行群体的遗传进化运算的效率。主要编码方式有：二进制编码、格雷码和浮点数编码。

(1) 二进制编码方法：遗传算法中，二进制编码是一种最常用的编码方法，其编码符号集为利用二进制符号 0 和 1 所组成的二值符号集{0，1}，所构成的个体基因型是一个二进制编码符号串。设某一变量的取值范围是 $[U_{\min}, U_{\max}]$，当用长度为 l 的二进制编码符号串来表示该变量时，能产生 2^l 种不同的编码：

$$\begin{array}{ccccc} 00000000 & \cdots & 00000000=0 & \rightarrow & U_{\min} \\ 00000000 & \cdots & 00000001=1 & \rightarrow & U_{\min}+\delta \\ \vdots & \vdots & \vdots & \vdots & \vdots \\ 11111111 & \cdots & 11111111=2^l-1 & \rightarrow & U_{\max} \end{array} \tag{8.33}$$

δ 为二进制编码的编码精度，表达式为

$$\delta = \frac{U_{\max} - U_{\min}}{2^l - 1} \tag{8.34}$$

二进制编码简单易行，便于实现粒子的交叉、变异等操作。但采用二进制编码对某些连续函数进行优化时，遗传算法存在着局部搜索能力不强的问题，如对高精度、多维要求的连续函数进行优化，还很容易在连续函数离散化时产生映射误差。

(2) 格雷编码方法：连续的两个整数所对应的编码值之间只有一个码位不同，其余码位完全相同的编码方式称为格雷编码方法。用格雷编码方法对个体进行编码时，因编码串之间只有一位不同，所以与之对应的参数值也只是有很小的差别，这样就使遗传算法的局部搜索能力得到了增强。设一个二进制编码为

$$B = b_m b_{m-1} \cdots b_2 b_1 \tag{8.35}$$

其对应的格雷编码为

$$Q = q_m q_{m-1} \cdots q_2 q_1 \tag{8.36}$$

则由二进制编码到格雷编码的转换为

$$\begin{cases} q_m = b_m \\ q_i = b_{i+1} \oplus b_i, \quad (i = m-1, m-2, \cdots, 1) \end{cases} \tag{8.37}$$

由格雷编码到二进制编码的转化为

$$\begin{cases} b_m = q_m \\ b_i = q_{i+1} \oplus q_i, \quad (i = m-1, m-2, \cdots, 1) \end{cases} \tag{8.38}$$

式中，$\oplus$ 表示异或运算符。

(3) 浮点数编码：该方法是用某一区间内的一个浮点数表示个体的每个基因值。采用浮点数编码的方式时，个体的编码长度应等于变量的个数。该方法适合于要求搜索空间大、运算精度高、取值范围大的基因值等遗传算法的编码。

除了上述编码方法外，还有其他编码方法，如符号编码方法、多参数级联编码方法。

2) 产生初始种群

根据具体的问题选择了一个合理的编码方式后，需随机产生一个确定长度的由染色体组成的初始群体，然后才能开展遗传算法。初始种群的大小 M 表示群体中所

含个体的数量。取值太小时，虽然会提高运算速度但降低了群体的多样性，可能引起遗传算法早熟的现象；取值太大则会使运算效率降低，因此一般设定 M=20~100。

3) 计算适应度

遗传算法中的适应度用于表达个体对最优解的接近程度。高适应度的个体遗传到下一代的概率较大，反之，低适应度的个体遗传到下一代的概率相对较小。度量个体适应度的函数称为适应度函数，该函数经常采用目标函数。由于适应度函数要根据与个体适应度成正比的概率，决定个体遗传到下一代的概率，为正确计算此概率，在执行选择操作时，要求适应度值为非负。实际操作时，常将目标函数进行处理。

(1) 直接将待求解的目标函数转化为适应度函数，即：

若目标函数为最大化问题，则

$$\mathrm{Fit}(f(x)) = f(x) \tag{8.39}$$

若目标函数为最小化问题，则

$$\mathrm{Fit}(f(x)) = -f(x) \tag{8.40}$$

(2) 将待求解的目标函数进行适当处理后再转换为适应度函数，即：

若目标函数为最大化问题，则

$$\begin{cases} f(x) + c_{\min}, & f(x) > -c_{\min} \\ 0 \end{cases} \tag{8.41}$$

式中，$c_{\min}$ 为 $f(x)$ 的最小值估计。

若目标函数为上述相反条件，则

$$\begin{cases} c_{\max} - f(x), & f(x) < c_{\max} \\ 0 \end{cases} \tag{8.42}$$

式中，$c_{\max}$ 为 $f(x)$ 的最大值估计。

4) 遗传算子

遗传算法的基本思想是获取最优解，在选择、交叉和变异等遗传算子中应得以体现，而且要考虑算子对全局效率与性能的影响。

A. 选择算子

选择算子是根据个体的适应度对种群中的个体进行优胜劣汰操作的，通过选择操作可以更容易地获得优秀的基因，使高性能的个体得到较大的生存概率，从而提高全局计算效率和收敛性。

常用选择算子有比例选择算子和排序选择算子等，比例算子就是以正比于个体适应度值的概率来选择相应个体的操作。设群体大小为 n，个体 i 的适应度为 f_i，则个体 i 被选中的概率 p_i 可表达为

$$p_i = \frac{f_i}{\sum\limits_{i=1}^{n} f_i} \tag{8.43}$$

B. 交叉算子

交叉运算是指对两个相互配对的个体以一定的概率 (交叉概率) 按某种方式相互交换一定位置上的编码符号，从而产生两个新的个体。在交叉运算之前，还需对个体进行配对，通常采用随机方式。交叉算子的设计和实现，要求对个体编码中的优良基因不能有太多的破坏，并且能有效地产生出一些较优的新的个体基因，实现在解空间中有效的搜索。

交叉算子是产生种群新个体的主要方法。交叉算子概率取值过大将产生远离高适应值的个体，取值过小会阻碍向前搜索，通常取值为 0.1~0.75。最常用的交叉算子有单点交叉算子、双点和多点交叉算子、算术交叉算子和均匀交叉算子等。单点交叉就是指在个体编码串中随机设置了一个交叉点，然后再进行部分编码符号交换，而双点和多点交叉则是在单点交叉的基础上扩展而来的，即设置两个或多个交叉点。算术交叉是指通过两个个体以线性组合的方式产生出两个新个体的操作，其操作对象一般为浮点数编码的个体。

假设在两个个体 X_A^t 和 X_B^t 之间进行算术交叉，则交叉操作后所产生的两个新个体为

$$\begin{cases} X_A^{t+1} = \alpha X_B^t + (1-\alpha) X_A^t \\ X_B^{t+1} = \alpha X_A^t + (1-\alpha) X_B^t \end{cases} \tag{8.44}$$

式中，α 为常数时，该运算称为均匀算术交叉；α 为变量时，其由进化代数所决定，该运算则称为非均匀算术交叉。

C. 变异算子

在遗传运算中，交叉运算决定着全局搜索能力，是新个体产生的主要方法，但交叉算子不能产生新的基因值，使种群中的个体产生局部相似性，从而使得寻优过程接近却无法达到最优解，即算法陷入了“早熟”；变异算子决定着局部搜索能力，是用某一较小的概率 (称为变异概率) 改变某一个或一些基因位上的基因值为其他的等位基因，为新个体产生的辅助方法。但变异算子能使基因值产生突变，增加了种群个体的多样性，从而扩展了它的局部搜索能力。可见，交叉算子与变异算子配合使用有效地提升了搜索空间的全局和局部搜索性能。

变异概率的取值应遵循一定的规则，取值过小将无法获得新的基因，一般取为 0.0001 ～ 0.1。变异算子有许多形式，常用的有基本位变异、均匀变异和非均匀变异等。基本位变异算子是最简单的变异算子，该算子只改变个体编码串中的个别几位上的基因。对于遗传算法中用二进制编码符号串所表示的个体，如对二进制编码符号串进行变异操作，当原有基因符号为 0 时，则将该基因符号变为 1；反之，若原有基因符号为 1，则将其变为 0。

A: 1 0 1 0 1 0 1 0 1 0 —基本位变异→ A: 1 0 1 1 0 1 0 0 1 0

变异点

5) 算法终止条件判断

如果满足终止条件，就选择最优解输出即进化过程中具有最大适应度的个体，此时终止运算；否则，重复步骤 3)～ 步骤 4)。

终止条件可采用设定终止代数或判定准则来设置。终止代数是表示遗传算法运行结束条件的一个参数，它表示遗传算法运行到指定的进化代数之后就停止运行，并将当前群体的最佳个体作为所求问题的最优解输出，通常取值为 100 ～ 1000。常用的判定准则可采用连续几代个体平均适应度的差异小于设定的一个极小的阈值或种群中所有个体适应度的方差均小于设定的一个极小的阈值等。

8.2 切削加工表面完整性的预测

切削加工表面完整性的预测结合了切削试验和数值模拟的数据，以刀具几何参数和切削参数为输入量，残余应力和白层的特征为输出量，建立了基于 BP 神经网络的切削表层残余应力和白层预测模型 [133,134]。

8.2.1 切削表层残余应力的预测

1. 表层残余应力预测模型的建立

切削表层残余应力的性质、大小及其分布受很多因素的影响，主要影响因素有工件材料性能、刀具几何参数和切削参数等。如果将这些因素全部作为网络输入来处理，将使模型变得极为复杂，使网络的学习变得困难，因此选取影响高速硬切削表层残余应力程度最大的 4 个特征参数，即淬硬钢 GCr15 工件硬度、进给量、切削速度和 PCBN 刀具倒棱角度，作为神经网络的输入层神经元。表层残余应力分布的特征值，即表面残余应力值、最大残余压应力值、最大残余压应力深度值和残余应力有效深度值，如图 8.11 所示，作为神经网络的输出层神经元。

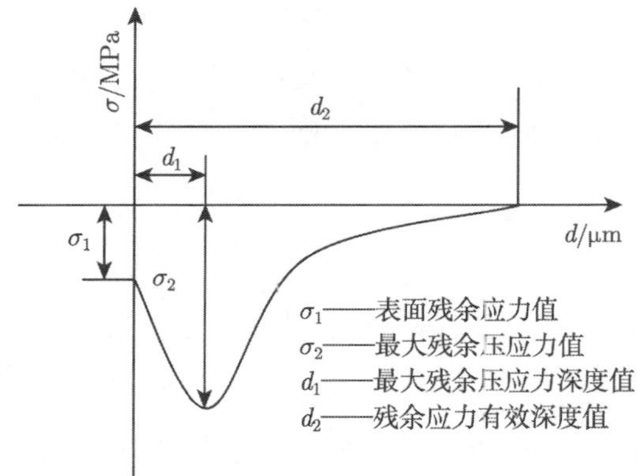

图 8.11 残余应力特征值定义

BP 神经网络建模过程中，训练样本的选取和处理非常关键，因为其分布特性影响神经网络的可靠性和泛化能力。训练样本的选取应满足兼容性、遍历性和致密性的要求，即要求样本不能相互矛盾，样本应包括整个样本空间的所有的类，样本间距离需达到一定的密集程度。表 8.2 为表层残余应力样本数据参数的取值范围。

表 8.2 表层残余应力样本数据输入参数取值范围

工件硬度/HRC	进给量/(mm/r)	切削速度/(m/min)	倒棱角度/(°)
56~66	0.05~0.3	100~300	10~30

根据表层残余应力切削试验和有限元模拟分析结果，选取 31 组数据进行神经网络模型的训练和预测模型的验证。其中，25 组数据用于网络的训练，剩余 6 组

数据用于检验模型的预测精度。

预测模型采用 BP 神经网络中的贝叶斯正则化算法。由于 BP 神经网络要求值域在 [0,1] 内，因而需将输入值和输出值分别进行归一化和还原处理。隐层采用正切 S 型传递函数 tansig，输出层采用线性传递函数 purelin。

在 BP 网络结构中，输入单元个数和输出单元个数通常由实际问题本身决定，而构造 BP 网络结构的关键问题是隐层中的单元个数选择。隐层中的单元个数过少，网络从训练样本中获取信息的能力就差，不足以概括和体现训练样本的规律；隐层中的单元个数过多，又可能把训练样本中非规律性的内容也学会记牢，从而出现所谓“过度训练”问题，反而降低了推广能力。针对上述问题可以通过下面两种方法有效地选定隐层中的单元个数：一种方法是，先确定一个满足精度要求的较大的隐层单元个数，然后逐步减少单元数目，直到精度不再满足要求为止，选取其中最优的隐层结构；另一种方法是，反过来从一个较小的隐单元个数出发，逐步增大单元数目，直到满足精度要求，选取其中最优的隐层结构。

整个网络层次结构优化过程是通过训练数据 A_l 和预测数据 B_l 之间的均方误差函数 δ 来确定其最优层次结构的，均方误差函数 δ 表达式为

$$\delta=\sqrt{\frac{\sum_{l=1}^{L}\left(\frac{A_l-B_l}{A_l}\right)^2}{L}} \tag{8.45}$$

式中，L 为用于验证 BP 网络的全部数据点数。

输入层与隐层，隐层与输出层之间的连接用如下公式实现：

(1) 输入层–隐层：

$$h_j=\frac{1}{1+\exp\left[-\left(\sum_{i=1}^{4}V_{ij}x_i+d_j\right)\right]} \tag{8.46}$$

(2) 隐层–输出层：

$$y_k=\frac{1}{1+\exp\left[-\left(\sum_{j=1}^{7}W_{jk}h_j+e_k\right)\right]} \tag{8.47}$$

隐层单元数目的选择是确定表层残余应力预测网络模型结构的关键。表 8.3 中，从选择最小的隐层单元数 2 开始，然后逐步增大隐层单元的数目，再分别计算

残余应力各特征量的训练值和预测值之间的均方误差，最后，通过对比不同层次结构残余应力特征量的训练值和预测值之间的平均误差，可以得到：隐层单元数目为 7 时，训练值和预测值之间的平均误差值最小，因而该网络层次结构为最优网络结构。基于此，确定表层残余应力预测模型的网络结构为 4-7-4 三层 BP 神经网络，如图 8.12 所示。

表 8.3　残余应力预测模型网络结构的性能分析

层次结构	均方误差/%				平均误差/%
	表面残余应力值	最大残余压应力值	最大残余压应力深度	残余应力有效深度	
4-2-4	15.2	18.4	13.0	14.5	15.3
4-3-4	14.9	16.9	10.7	12.0	13.6
4-4-4	13.7	10.8	7.5	9.3	10.3
4-5-4	9.5	11.4	7.6	6.4	8.7
4-6-4	10.1	10.1	4.9	7.2	8.1
4-7-4	8.4	9.0	5.3	5.5	7.1
4-8-4	9.1	8.6	6.7	6.3	7.7
4-9-4	8.8	9.3	7.2	5.6	7.7

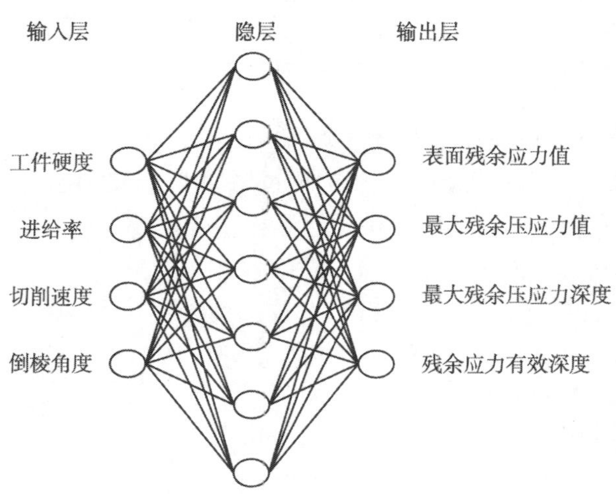

图 8.12　表层残余应力预测模型的 BP 网络结构

2. 表层残余应力预测模型的训练与验证

表层残余应力预测模型的训练过程是利用 Matlab 中的 BP 网络工具函数来实

现的。其中，引入 initff 函数实现了网络权值的初始化；采用 trainbr 函数实现了用贝叶斯正则化方法训练前馈网络。同时，输入数据的归一化处理、数据的读出和写入以及数据的还原都采用自编程方法来实现。图 8.13 为表层残余应力预测模型的误差平方和 (SSE)、网络权值的平方和 (SSW) 误差和当前有效参数值随训练次数而变化的曲线。

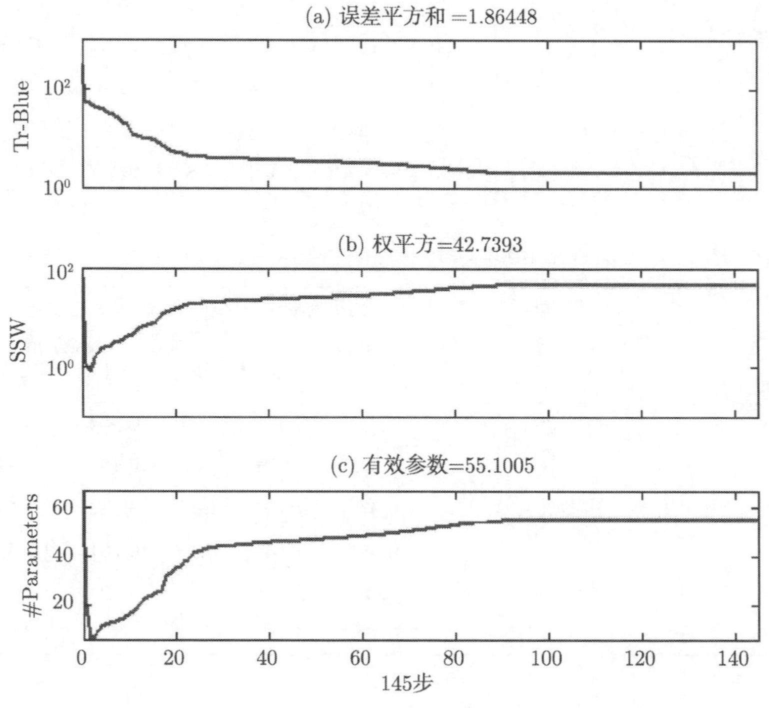

图 8.13　表面残余应力 BP 网络预测模型的训练曲线

从图 8.13 中可看出：当训练迭代至 145 步时，网络训练收敛，此时网络的误差平方和与网络权值的平方和均为恒值，即 SSE=1.86448，SSW=42.7393，且当前有效网络的参数 (有效权值和阈值) 的个数为 55.1005。

表 8.4 是切削表面残余应力值、最大残余压应力值、最大残余压应力深度和残余应力有效深度的预测样本实际值与预测值的对比。对比分析结果表明，基于 BP 网络的表层残余应力预测结果与验证的实验值有较好的一致性，预测的误差在 6% 以内，这说明模型具有一定的预测精度。

表 8.4　预测样本的实际值与预测值对比

(a) 表面残余应力和最大残余压应力

样本	工件硬度/HRC	进给量/(mm/r)	切削速度/(m/min)	倒棱角度/(°)	表面残余应力/MPa		相对误差/%	最大残余压应力/MPa		相对误差/%
					实际值	预测值		实际值	预测值	
1	56	0.05	120	10	−121.3	−118.6	2.2	−176.5	−170.2	3.6
2	56	0.05	120	20	−148.8	−140.4	5.6	−260.9	−248.3	4.8
3	60	0.05	120	30	−155.1	−146.3	5.7	−301.4	−315.8	4.8
4	60	0.1	180	10	−187.6	−179.5	4.3	−409	−431	5.4
5	66	0.1	180	20	−164.3	−167.4	1.9	−714.2	−690.3	3.3
6	66	0.1	180	30	−203.2	−212.9	4.8	−803.7	−816.3	1.6

(b) 最大残余压应力深度和残余应力有效深度

样本	工件硬度/HRC	进给量/(mm/r)	切削速度/(m/min)	倒棱角度/(°)	最大残余压应力深度值/mm		相对误差/%	残余应力有效深度值/mm		相对误差/%
					实际值	预测值		实际值	预测值	
1	56	0.05	120	10	0.022	0.021	4.5	0.204	0.213	4.4
2	56	0.05	120	20	0.028	0.029	3.6	0.197	0.202	2.5
3	60	0.05	120	30	0.035	0.036	2.9	0.152	0.146	3.9
4	60	0.1	180	10	0.041	0.04	2.4	0.181	0.178	2.1
5	66	0.1	180	20	0.061	0.063	3.3	0.324	0.338	5.3
6	66	0.1	180	30	0.072	0.073	1.4	0.308	0.311	3.6

8.2.2　切削表面白层的预测

1. 表面白层预测模型的建立

选取影响表面白层深度最大的 4 个特征参数，即 PCBN 刀具后刀面磨损量、进给量、切削速度和刀尖圆弧半径，作为神经网络模型输入层的 4 个神经元，白层厚度作为神经网络输出层的神经元。表 8.5 为表面白层样本数据输入参数的取值范围。

表 8.5　表面白层样本数据输入参数取值范围

后刀面磨损量/mm	进给量/(mm/r)	切削速度/(m/min)	刀尖圆弧半径/mm
0~0.2	0.05~0.3	100~300	0.4~1.6

在满足训练样本的兼容性、遍历性和致密性的条件下，从表面白层切削试验数据中选取 27 组数据来进行神经网络模型的训练和预测模型的验证。其中，21 组用于神经网络预测模型的训练，剩余 6 组用于预测模型的验证。

由表 8.6 的测试样本数据试验值和预测值之间的均方误差对比结果可知，当隐层单元数目为 6 时，均方误差值达到最小值 3.9%，该网络层次结构为最优的 BP 网络结构。因此，表面白层预测模型的网络结构为 4-6-1 的 3 层 BP 神经网络，如图 8.14 所示。

表 8.6 白层预测模型网络结构的性能分析

层次结构	4-2-1	4-3-1	4-4-1	4-5-1	4-6-1	4-7-1	4-8-1	4-9-1
均方误差/%	9.0	7.4	5.7	4.4	3.9	4.3	4.7	4.6

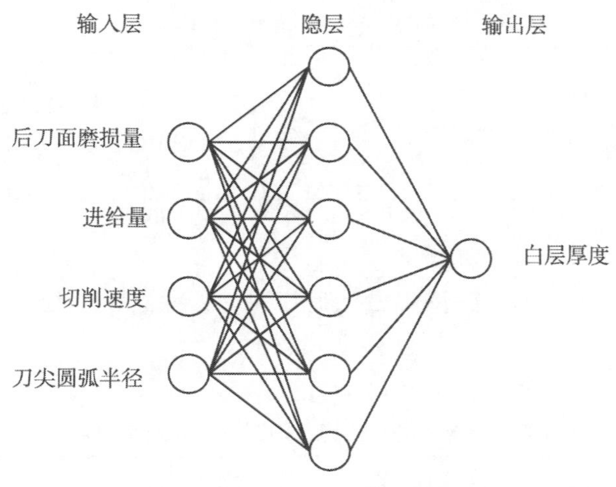

图 8.14 切削表面白层预测模型的网络层次结构

2. 表面白层预测模型的训练与验证

表面白层预测模型训练前需要对网络权值进行初始化、输入数据归一化处理、数据的读出和写入以及数据的还原等操作。然后，采用贝叶斯正则化算法对表面白层预测模型 BP 神经网络进行训练，训练误差曲线变化如图 8.15 所示。当神经网络训练时，设定网络目标误差为 1%，经过 208 次迭代达到误差要求。

训练好的网络需要进行测试后才能判定其是否可以满足预测的性能要求。为了验证网络的预测能力，再输入 6 个测试样本以检验网络的预测结果，检验结果如表 8.7 所示。从表中可以看出：表面白层验证样本的预测值与试验值之间的误差不超过 3%，这表明建立的网络用于白层的预测是可行的。

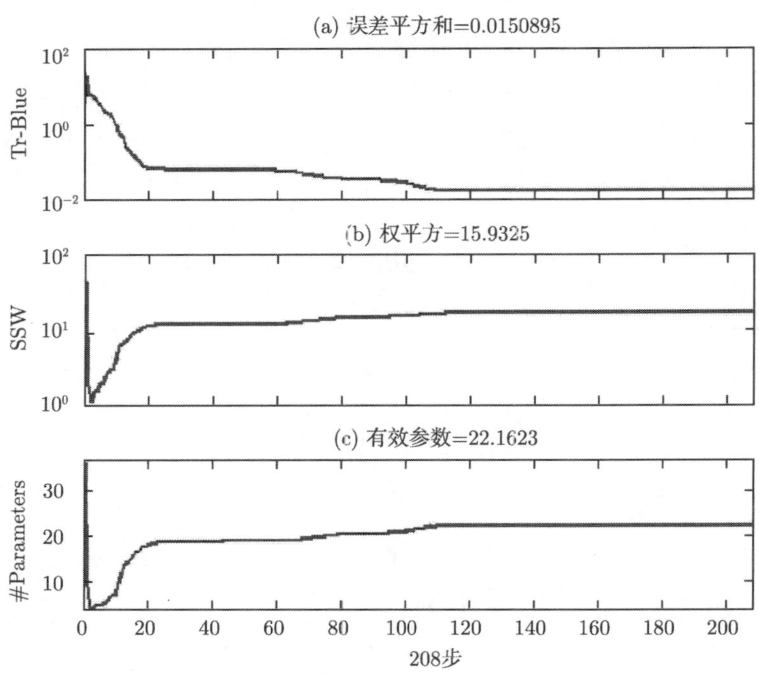

图 8.15　切削表面白层预测模型 BP 网络训练曲线

表 8.7　白层深度预测样本的实际值和预测值对比

样本	后刀面磨损量/mm	进给量/(mm/r)	切削速度/(m/min)	刀尖圆弧半径/mm	白层厚度/μm		相对误差/%
					实际值	预测值	
1	0	0.05	120	0.8	0.281	0.275	2.1
2	0	0.05	120	1.6	0.176	0.18	2.3
3	0.05	0.05	120	0.8	1.053	1.072	1.8
4	0.05	0.1	180	1.6	1.494	1.513	1.3
5	0.1	0.1	180	0.8	4.141	4.2	1.4
6	0.1	0.1	180	1.6	3.083	3.088	0.2

8.3 切削加工表面完整性的优化

在切削加工过程中，切削参数对提高刀具寿命、加工质量和生产效率具有重要的作用，但目前切削参数的选择往往是根据加工经验，尤其针对难加工材料的切削加工，这种依靠加工经验选择切削参数的方法是很难获得最优参数的。可见，如何选择合理的切削参数，以获得理想的加工表面完整性无疑是一个非常值得研究和探讨的问题。

8.3.1 优化设计方法

1. 目标函数

目标函数是指预期要达到的目标与相关变量的函数关系，如加工质量、生产效率与切削用量和刀具磨损的函数关系。目标函数通常表达式如下：

$$f(X) = f(x_1, x_2, \cdots, x_n) \tag{8.48}$$

式中，$f(X)$ 为目标函数；$x_1, x_2, \cdots, x_n$ 为设计变量。

若目标函数是设计变量的线性组合，则该目标函数为线性目标函数，其他情况则为非线性目标函数。

优化问题中，如果目标函数只有一个，则为单目标函数的优化问题，如式 (8.48) 所示；如果存在多个目标函数，则为多目标函数的优化问题，其优化设计叫做多目标优化设计。对于多目标函数，可以将每个目标函数单独地列出来，如下式：

$$\begin{cases} f_1(X) = f_1(x_1, x_2, \cdots, x_n) \\ f_2(X) = f_2(x_1, x_2, \cdots, x_n) \\ \quad\vdots \qquad\qquad \vdots \\ f_p(X) = f_p(x_1, x_2, \cdots, x_n) \end{cases} \tag{8.49}$$

也可以把所有的单目标函数进行综合，获得一个总的目标函数，其表达式为

$$f(X) = \sum_{i=1}^{p} f_i(X) \tag{8.50}$$

式中，p 为目标数目，X 为 n 维向量。

2. 约束条件

目标函数值随设计变量的变化而变化，但在具体的问题中，设计变量常被限定

在一定的范围内或一定的条件下，对设计变量的这种限制即为优化设计中的约束条件。优化设计时，直接对设计变量加以限制的约束形式为显约束；间接对设计变量进行限制的约束形式为隐约束。

从数学表达形式上，约束条件可分为等式约束和不等式约束，其表达式分别为

$$h_v(X) = 0, \quad (v = 1, 2, \cdots, s) \tag{8.51}$$

$$g_u(X) \leqslant 0 \text{ 或 } g_u(X) \geqslant 0, \quad (u = 1, 2, \cdots, m) \tag{8.52}$$

式中，v 为等式约束的个数；u 为不等式约束的个数。

在优化设计中，常采用不等式约束的形式，将设计空间范围分为两个部分，其中设计点可能到达的活动范围即为可行域，反之，为不可行域。等式约束可以降低问题的维数，但有时实现起来比较困难，因此较少采用此形式。

根据约束的性质，约束条件可分为边界约束和性态约束。边界约束为显约束，用于限定设计变量的范围或某些变量间的相对关系。如设计变量 x_j 的范围为 $a \leqslant x_j \leqslant b$，则其边界约束可表示为

$$\begin{cases} g_1(X) = a - x_j \leqslant 0 \\ g_2(X) = b - x_j \geqslant 0 \end{cases}, \quad (j = 1, 2, \cdots, n) \tag{8.53}$$

式中，a 和 b 均为常数。

性态约束也称性能约束，是指因某项性能的要求而产生的约束条件，通常为隐约束，但也会遇到显约束的情况。例如，许用应力 $[\sigma]$ 和许用挠度 $[f]$ 均已给定，设计变量为

$$X = [x_1 x_2 \cdots x_n]^{\mathrm{T}} = [\sigma f \cdots]^{\mathrm{T}} \tag{8.54}$$

则根据强度条件和刚度条件可给出如下性态约束：

$$g_1(X) = 1 - \frac{[\sigma]}{x_1} \leqslant 0 \tag{8.55}$$

$$g_2(X) = 1 - \frac{[f]}{x_2} \leqslant 0 \tag{8.56}$$

3. 单目标优化

单目标优化问题就是为了找出满足约束条件的最优参数 $X^* = [x_1^* x_2^* \cdots x_n^*]^{\mathrm{T}}$，使目标函数 $f(X)$ 达到最优值 $f(X^*)$，最优值可以是最大值或最小值。

首先给出目标函数，如

$$f(X) : \Omega \subset R^n \to R, \quad \Omega \neq \phi \tag{8.57}$$

然后找出使 $f(X)$ 达到最小 (最大) 值的参数 X^*，如

$$X^* \in \Omega : f(X^*) < f(X) \tag{8.58}$$

其中，Ω 为可行域，通常被定义如下：

$$\Omega = \{X \in R^n | (g_u(X) \leqslant 0, u = 1, \cdots, m) \wedge (h_v(X) = 0, v = 1, 2, \cdots, s)\} \tag{8.59}$$

4. 多目标优化

在许多优化问题中，同时要求两项及更多项目标函数达到最优值，即多目标优化问题。下面就多目标优化问题的数学模型和模型求解问题展开叙述。

1) 多目标优化问题的数学模型

多目标优化设计数学模型的一般表达式为

$$\begin{cases} \min \quad \boldsymbol{F}(X) = [f_1(X), f_2(X) \cdots f_p(X)]^{\mathrm{T}} \\ \qquad\quad X = [x_1 x_2 \cdots x_n]^{\mathrm{T}}, \quad X \in D \subset R^n \\ \text{s.t.} \quad g_u(X) \leqslant 0, \quad (u = 1, 2, \cdots, m) \\ \qquad\quad h_v(X) = 0, \quad (v = 1, 2, \cdots, s) \end{cases} \tag{8.60}$$

式中，s.t. 表示设计变量应满足的约束条件；D 为可行域。

2) 多目标优化问题的求解

A. 主要目标法

主要目标法就是在多目标求解问题中，将最关键或最重要的目标函数作为求解的目标函数，而其余的目标函数经转换作为约束条件。

若从式 (8.60) 模型中选择 $f_1(X)$ 作为主要目标函数，则该模型可表达为

$$\begin{cases} \min \quad f_1(X) \\ \text{s.t.} \quad g_u(X) \leqslant 0, \quad (u = 1, 2, \cdots, m) \\ \qquad\quad h_v(X) = 0, \quad (v = 1, 2, \cdots, s) \\ \qquad\quad f_k(X) \leqslant \alpha_k, \quad (k = 1, 2, \cdots, p-1) \end{cases} \tag{8.61}$$

式中，$f_k(X)$ 为转换为约束条件的其余目标函数，α_k 为 $f_k(X)$ 的约束范围。

B. 线性加权求和法

线性加权求和法是将各分目标函数用线性组合方式构成单目标函数，然后进行求优的方法。使用该方法时，首先应选择一组加权系数：

$$\begin{cases} \sum_{i=1}^{p} \omega_i = 1 \\ \omega_i \geqslant 0 \end{cases}, \quad i = 1, 2, \cdots, p \tag{8.62}$$

然后，通过线性组合的方式构成评价函数：

$$f(X) = \sum_{i=1}^{p} \omega_i f_i(X) \tag{8.63}$$

最后，可将多目标问题转化为如下的单目标问题：

$$\left.\begin{array}{ll} \min & f(X) = \sum_{i=1}^{p} \omega_i f_i(X) \\ & X \in D \subset R^n \\ & D: g_u(X) \leqslant 0 \\ & h_v(X) = 0 \end{array}\right\} \Rightarrow X^* \tag{8.64}$$

8.3.2 硬切削加工表面完整性多目标优化

硬切削加工表面完整性优化以表面粗糙度、白层厚度为优化目标，根据相应的约束条件，建立对其有重要影响作用的参数模型，并采用遗传算法进行优化。

1. 优化变量

选择对表面粗糙度、白层具有较显著影响的进给量 f(mm/r)、切削速度 v_c(m/min) 和刀具磨损量 VB(μm) 为优化变量，变化范围为

$$\begin{cases} 100 \leqslant v_\mathrm{c} \leqslant 300 \\ VB \leqslant VB_{\max} \\ 0.05 \leqslant f \leqslant 0.3 \end{cases} \tag{8.65}$$

其中，$VB_{\max}$ 取 200μm。

2. 目标函数

(1) 表面粗糙度 Ra 为

$$\min f_1(v_c, f, VB) \tag{8.66}$$

式中，f_1 是基于神经网络模型的函数。

(2) 白层厚度 δ 为

$$\min f_2(v_c, f, VB) \tag{8.67}$$

式中，f_2 是基于神经网络模型的函数。

将表面粗糙度、白层厚度这两个目标函数经加权组合法转换成综合目标函数：

$$f(v_c, f, VB) = \frac{\omega_1 f_1(v_c, f, VB)}{Ra_{\max}} + \frac{\omega_2 f_2(v_c, f, VB)}{\delta_{\max}} \tag{8.68}$$

式中，ω_1、ω_2 为加权系数均取为 0.5，$Ra_{\max}$ 为粗糙度最大值，$\delta_{\max}$ 为白层厚度最大值。

3. 约束条件

在实际加工过程中，优化切削用量仅根据建立的目标函数是不够的，还受到机床、刀具和加工表面完整性要求的限制，所以在建立优化模型时将这些限制因素作为边界约束条件考虑进去。

1) 机床约束

在实际切削中，切削功率 P_c 需小于机床主轴电机所允许的最大功率 P_m，即

$$P_c = \frac{F_c v}{6 \times 10^{-4}} \leqslant P_m \tag{8.69}$$

$$F_c = K_s f a_p \tag{8.70}$$

式中，K_s 为切削力系数，其求解是基于神经网络模型；F_c 为主切削力。

2) 表面完整性的要求

零件加工需达到表面完整性的要求，则表面粗糙度和白层厚度的要求分别为

$$R_a \leqslant R_{a\max} \tag{8.71}$$

$$\delta \leqslant \delta_{\max} \tag{8.72}$$

其中，$R_{a\max}$ 取 0.8μm；$\delta_{\max}$ 取 3μm。

4. 基于遗传算法的优化计算

1) 编码和产生初始种群

优化中，首先通过二进制编码方式，将待优化变量表示为适用于遗传算法的二进制字符串。该字符串包含切削速度、进给量、刀具磨损量的组合信息，其长度取决于编码精度。切削速度 v_c 的取值范围是 100~300m/min，编码精度取为 1m/min，则需 8 位二进制字符串代表；f 的取值范围是 50~300μm，编码精度设为 10μm, 则需 5 位二进制字符串代表；VB 的取值范围是 0~200μm，编码精度设为 10μm，则需 5 位二进制字符串代表。所以，对于这三个优化变量的任意组合，都可用 18 位二进制字符串编码表示。然后，建立大小为 20 的初始种群，对种群中每个个体随机分配有效值。

2) 适应度计算和操作参数选择

结合表面完整性优化的目标函数，确定遗传算法适应度函数为

$$f_{\text{fit}} = \begin{cases} c_{\max} - f(x_1, x_2, x_3), & f(x_1, x_2, x_3) < c_{\max} \\ 0, & f(x_1, x_2, x_3) \geqslant c_{\max} \end{cases} \tag{8.73}$$

式中，$c_{\max}$ 为 $f(x_1, x_2, x_3)$ 的最大估计值，x_1 为二进制数表示的切削速度 v_c；x_2 为二进制数表示的进给量 f；x_3 为二进制数表示的刀具磨损量 VB。

在实现遗传算法优化过程时，首先需确定种群大小、进化代数、交叉概率和选择概率等参数。例如，初始种群的个体数的选择不宜过多也不宜过少，若个体数过少，则使种群覆盖面受到限制，有可能会难以找到全局最优解；若个体数过多，则计算量过大，影响寻优度。交叉概率的选择决定了交叉操作的频率，频率越高，可以越快地收敛到最有希望的最优解区域，因此一般选取较大的交叉概率。但如果交叉概率过大，可能会使问题过早收敛，交叉概率一般取值 0.4~0.9。变异使得新个体的字符串发生随机性改变，这种方法有助于在种群中产生新的个体。但过多的变异有时会丧失优良的个体，因此，为防止破坏好的个体，使搜索过程稳定进行，变异概率一般取值 0.001~ 0.100。因此，种群的大小为 20，进化代数为 100 代，交叉概率为 0.6，突变概率为 0.02。

3) 优化结果

对表面完整性中的表面粗糙度、白层厚度进行优化时，以其综合目标函数为适应度函数的收敛情况如图 8.16 所示。

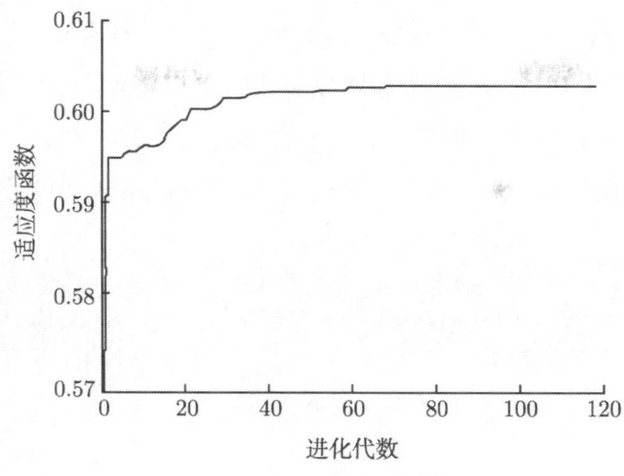

图 8.16 种群适应度进化历程

采用遗传算法进行优化时，当进化代数达到 83 代时，适应度函数值达到收敛状态，得到优化结果为：切削速度 149m/min，进给量 70μm，后刀面磨损量 60μm。此时获取到的表面粗糙度值和白层厚度值即达到最优状态，其中表面粗糙度值为 0.354μm，白层厚度为 1.069μm。

8.4 切削表层特征性能评价

切削表层特征 (残余应力、表面形貌、微观结构) 对零件使用性能具有较大影响。本节旨在研究硬切削表层特征对零件疲劳性能的影响规律，以获取最佳切削条件，用于控制硬切削表层特征参数，实现零件使用性能的提升。

8.4.1 切削表层特征疲劳性能试验

1. 疲劳试验样件的设计及制备

疲劳试验的样件是根据国家标准设计的，形状为沙漏形，其结构如图 8.17 所示。试验样件为直径 25mm 的 GCr15 轧制棒，为了保证试验的一致性，应选择同一批材料，以相同的切削参数进行粗加工，要求加工后的样件表层产生尽可能小的残余应力分布层和加工硬化区域，保证表层质量均匀一致。粗加工后，进行热处理：首先进行淬火，温度为 (1100±5)K，保温 2h 后，接着采用 20#的机油冷却至 435K，保温 2h 回火。为了防止样件弯曲，应在垂直悬挂状态下对其进行热处理。

为了获取 PCBN 刀具高速精密硬切削时，不同切削速度和刀具磨损状况下，加工表层特征变化规律对工件使役性能的影响，设计了四组疲劳试验样件 [135]。第一组用未磨损刀具以 100m/min 切削速度加工；第二组取后刀面磨损量为 0.1mm 的刀具以 100m/min 切削速度加工；第三组用未磨损刀具以 200m/min 切削速度加工；第四组取后刀面磨损量为 0.1mm 的刀具以 200m/min 切削速度加工。

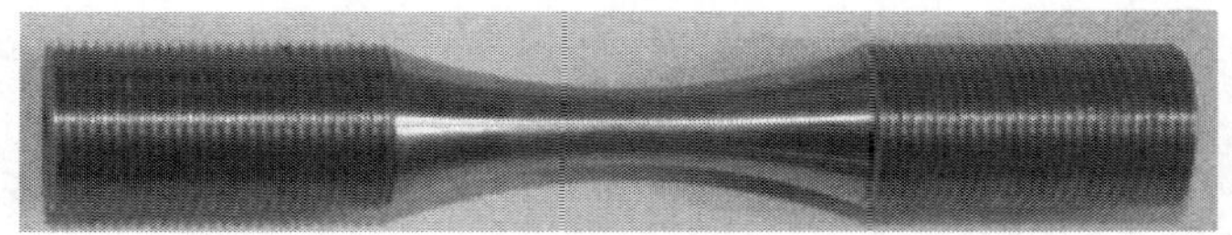

图 8.17　样件结构

样件的精加工在数控车床上进行，每个样件加工完成取下后，首先测量其最小直径，然后将最小直径记录在样件袋标签上，并在样件袋标签上填上样件编号，编号方式为 A-B，A 为组号，B 为件号，如 1-3 即为第一组 3 号件，最后将样件装入样件袋中保存，以备后续疲劳测试。注意，在测量和装袋过程中应避免划伤样件表面。

2. 高速精密硬切削样件的疲劳试验

采用最大动负荷为 50kN 的 PLG-100C 高频拉压疲劳试验机进行疲劳试验，现场如图 8.18 所示。疲劳试验的应力比 R 为 0.1，最大应力为 1000MPa，频率为 110Hz，波形为正弦波。需注意的是，在疲劳试验机上安装疲劳样件时要非常小心，避免工具等触碰样件加工表面；样件断裂后，拆卸样件并避免拆卸工具划伤加工表面及疲劳断口。试验结束后，记录试验测得的疲劳寿命值，并将疲劳样件装入相应的样件袋中。

图 8.18　疲劳试验的现场

8.4.2 疲劳样件测试与分析

1. 疲劳试验结果

图 8.19 为以未磨损刀具或后刀面磨损量为 0.1mm 的刀具在切削速度为 100m/min、200m/min 的条件下，硬切削淬硬钢 GCr15 试样的疲劳寿命分布。

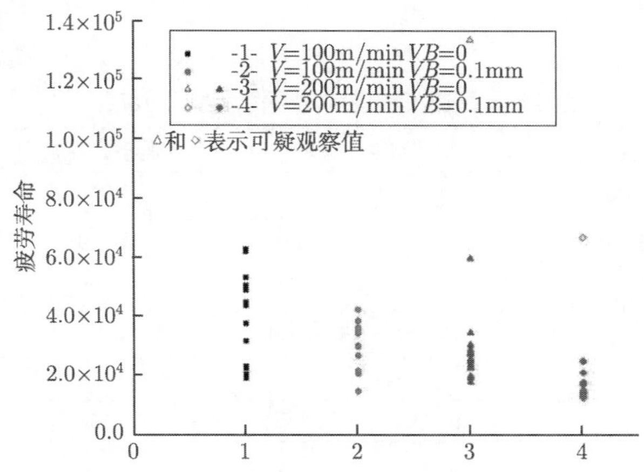

图 8.19 硬切削淬硬钢 GCr15 试样疲劳寿命分布

由图 8.19 可知，硬切削淬硬钢 GCr15 试样疲劳寿命存在一定的离散性。在 100m/min 切削速度下，以未磨损刀具和后刀面磨损量为 0.1mm 刀具加工的样件，疲劳数据相对集中；在 200m/min 切削速度下，以未磨损刀具和后刀面磨损量为 0.1mm 刀具加工的样件，每组均存在一个样件的疲劳寿命超过其他样件平均疲劳寿命值的 3 倍，将测得的这种异常值称为 “可疑观测值”。

在疲劳试验中，受试样材料本身的缺陷、设备操作不当等因素影响，均可导致试验结果的异常，但是在相同的试验条件下，异常值的出现应为小概率事件，所以在分析中应剔除 “可疑观测值”。表 8.8 总结了高速精密硬切削样件疲劳试验的结果 (包括 “可疑观测值” 和剔除 “可疑观测值”)。

从表 8.8 试验数据可知，切削速度为 100m/min，刀具未磨损时，样件平均疲劳寿命较高，循环周期为 43945 次，当刀具后刀面磨损量达到 0.1mm 时，样件平均疲劳寿命的循环周期为 30297 次，下降了 30% 以上；切削速度为 200m/min，刀具未磨损时，含有 “可疑观测值” 的样件平均疲劳寿命的循环周期为 34773 次，当刀具后刀面磨损量达到 0.1mm 时，含有 “可疑观测值” 的样件平均疲劳寿命的循环周期为 19896 次，下降了 40%以上，如剔除“可疑观测值”后的样件平均疲劳寿命，在刀具磨损后下降更大，达到了 45%以上；刀具未磨损时，切削速度由 100m/min 提高到 200m/min，样件平均疲劳寿命下降了将近 40%(剔除“可疑观测值”)。可见，切削速度为 100m/min，刀具未磨损时，样件疲劳寿命较好，而随着刀具后刀面磨损量不断增大或者切削速度的提高，样件疲劳寿命均降低。剔除“可疑观察值”后，每组离散范围在 30%～45%范围内。

表 8.8 高速精密硬切削样件疲劳试验结果

加工条件	试样数量	平均疲劳寿命/次	标准误差
V_c=100m/min VB=0	14	43945	20220
V_c=100m/min VB=0.1mm	10	30297	8882
V_c=200m/min VB=0	14	34773	30230
	13 (剔除可疑观测值)	27165	10600
V_c=200m/min VB=0.1mm	10	19896	17400
	9 (剔除可疑观测值)	14622	5247

2. 疲劳样件的损伤形态

疲劳试验后，用超景深显微镜 VHX-1000 观测疲劳样件断口的损伤形态。图 8.20 为第 1 组疲劳样件 1-3、1-9、1-10、1-12 断口损伤形态，样件 1-3 的疲劳寿命是 45144，样件 1-9 的疲劳寿命是 19242，样件 1-10 的疲劳寿命是 37813，样件 1-12 的疲劳寿命是 91135，其中样件 1-3 的疲劳寿命接近第 1 组样本平均疲劳寿命的水平。图 8.21 为第 4 组的典型疲劳样件 4-7 断口损伤形态，其疲劳寿命是 14537，非常接近第 4 组剔除“可疑观测值”后样本平均疲劳寿命的水平。

观察疲劳样件 1-9 的某处断裂图和断口处周向表面，发现其裂纹源个数较多、范围大且较深，裂纹扩展范围小，瞬断面积较大，导致其疲劳寿命值相对较低，而相对疲劳试件 1-9 来说，疲劳样件 1-3、1-10、1-12 的裂纹源数量少，裂纹扩展范围大，瞬断面积小，所以其相应的疲劳寿命较高。疲劳样件 1-10 不仅在断口处存在表面裂纹，而且内部又有一个“柳叶形”的裂纹，但其疲劳寿命较高，这样也说明表面状态对零件的疲劳性能影响较大。疲劳样件 1-12 裂纹扩展范围最大，疲劳样件在同一循环应力载荷下，其阻碍裂纹迅速扩展的能力也最强，所以导致在非常小的范围内才产生突然断裂，表现出疲劳寿命最长。相对第 1 组样件来说，疲劳样件

4-7 的表面形貌较差，使局部应力集中的程度增大，裂纹更易萌生，裂纹源个数增多，疲劳寿命降低。

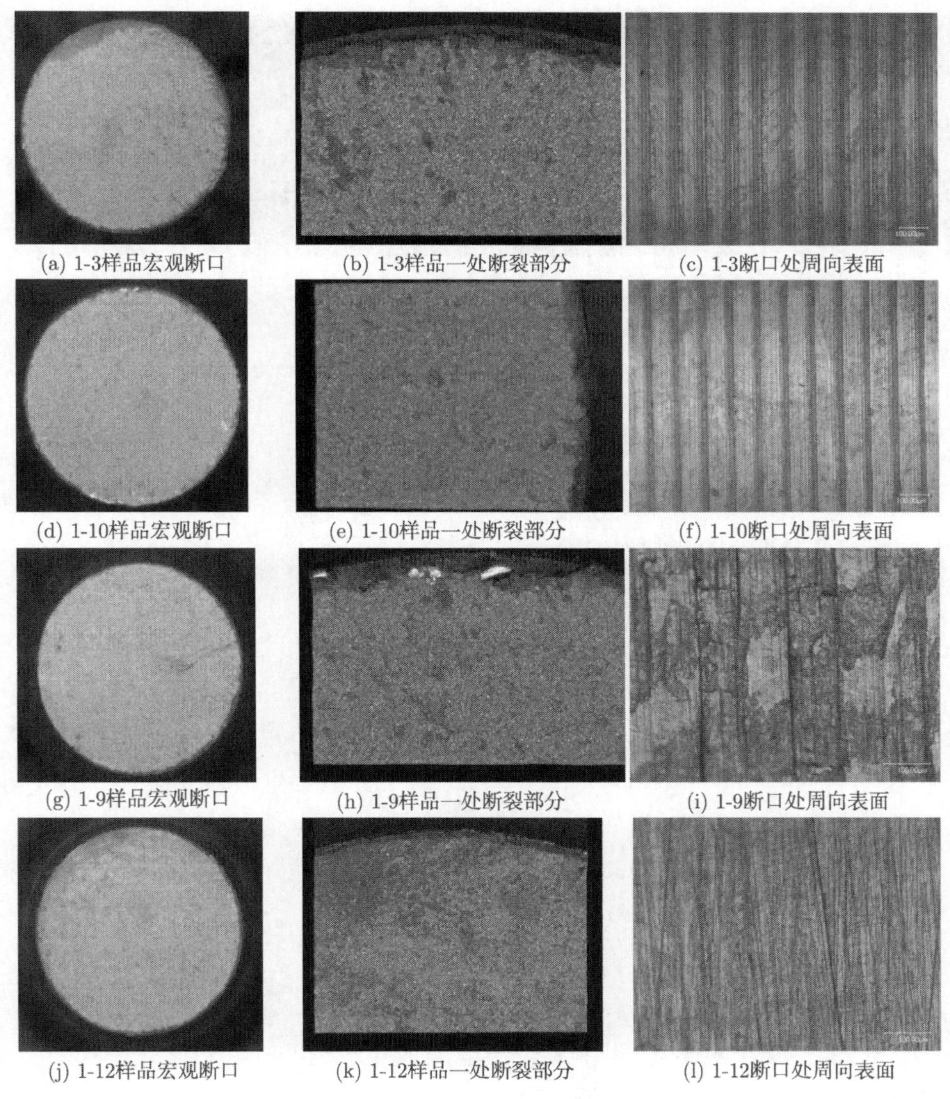

(a) 1-3样品宏观断口 (b) 1-3样品一处断裂部分 (c) 1-3断口处周向表面

(d) 1-10样品宏观断口 (e) 1-10样品一处断裂部分 (f) 1-10断口处周向表面

(g) 1-9样品宏观断口 (h) 1-9样品一处断裂部分 (i) 1-9断口处周向表面

(j) 1-12样品宏观断口 (k) 1-12样品一处断裂部分 (l) 1-12断口处周向表面

图 8.20 第 1 组样件典型断口

可见，疲劳破坏分成两种模式：一种为内部破坏，另一种为外部表面及表层破坏。绝大多数裂纹源发生在疲劳样件的环向表面及表层区域，且裂纹是由表向里延伸，直至样件剩余截面无法承受负荷而断裂。因为样件表面晶粒相对于内部晶粒而言，所受约束相对较弱，在循环拉压载荷作用下更易产生塑性变形导致疲劳损伤。

可见，样件的疲劳断裂经历了三个过程，即萌生裂纹源、裂纹迅速增长以及突然断裂。

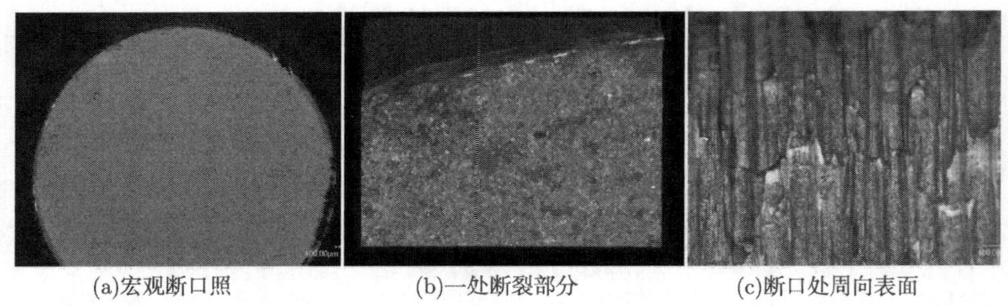

(a)宏观断口照 (b)一处断裂部分 (c)断口处周向表面

图 8.21 样件 4-7 断口

3. 白层对样件疲劳寿命影响

硬切削淬硬钢过程中，切削表面易形成白层。图 8.22 为高速精密硬切削样件白层厚度对疲劳寿命的影响作用。

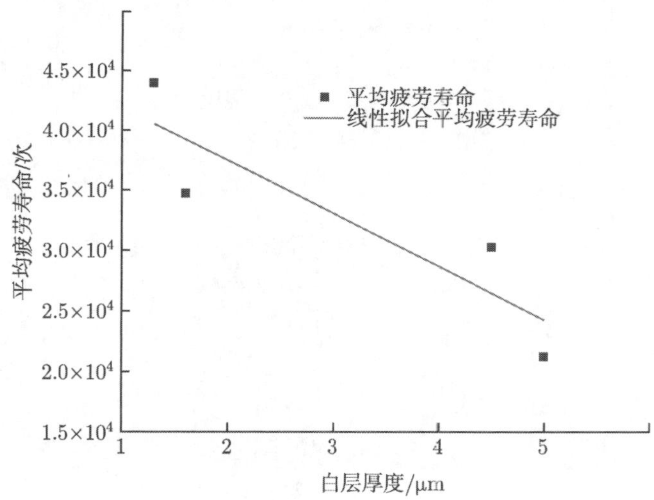

图 8.22 白层厚度对疲劳寿命的影响曲线

从图 8.22 可知，样件疲劳寿命随着白层厚度的增加而减小。这是由于用未磨损刀具在 100m/min 的切削速度下加工的样件，切削表面白层分布连续且均匀，随着后刀面磨损加剧 (磨损量达到 0.1mm) 或切削速度的提高，刀具与工件间的摩擦挤压作用加强，切削过程中温度升高，表面热效应加剧，使切削表面白层的厚度明显增加，但其分布却变得不均匀不连续，从而使试件的表面质量变差，导致试件的疲劳寿命随白层厚度的增加而降低。

4. 残余应力对样本疲劳寿命影响

图 8.23 为高速精密硬切削样件表面残余应力对疲劳寿命的影响作用。

从图 8.23 可知，高速精密硬切削样件的疲劳寿命随着表面残余应力的升高而降低，即切削样件的疲劳寿命随着切削速度的提高或后刀面磨损量的增加而降低。这是由于在提高切削速度或后刀面磨损量不断增大的情况下，切削温度随之升高，热载荷的影响占据了主导地位，切削表面残余拉应力正向增长，降低了样件的疲劳强度。

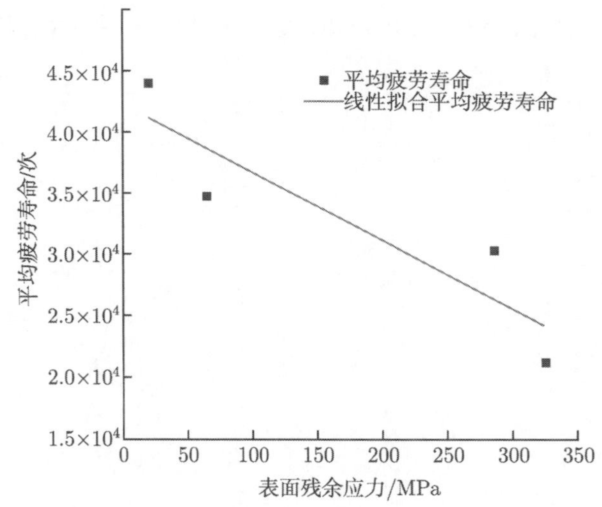

图 8.23 高速精密硬切削样件表面残余应力对疲劳寿命的影响曲线

图 8.24 为高速精密硬切削样件最大残余压应力对疲劳寿命的影响曲线。

从图 8.24 可知，高速精密硬切削样件的疲劳寿命随着样件最大残余压应力的升高而降低，即切削样件的疲劳寿命随着切削速度的提高或后刀面磨损量的增加而降低。这是由于，虽然样件表层以内区域分布着残余压应力，并且残余压应力的大小和影响深度都随着切削速度或后刀面磨损量的增加逐渐增大，使载荷的整体应力场受到残余压应力的影响，引起疲劳极限发生变化，使疲劳寿命值得到提高，但样件大多是周向表面多裂纹源的疲劳断裂，所以样件表面的残余拉应力对其疲劳寿命的影响更为显著。

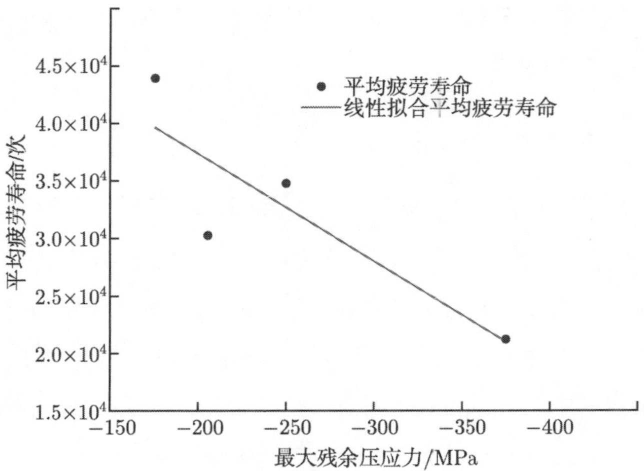

图 8.24　高速精密硬切削样件最大残余压应力对疲劳寿命的影响曲线

参 考 文 献

[1] 陶春虎, 刘新灵. 航空发动机材料和工艺的安全性评估 [J]. 失效分析与预防, 2007, 2(4): 14–20.

[2] Field M, Kahles J F. The surface integrity of machined and ground high strength steels[R]. DMIC Report, 1964, 210: 54–77.

[3] Liu C R, Barash M M. Variables governing patterns of mechanical residual stress in a machined surface[J]. Journal of Engineering for Industry, 1982, 104(3): 257–264.

[4] 何宁. 高速切削技术 [M]. 上海: 上海科学技术出版社, 2012.

[5] Koster W P, Field M, Fritz L J, et al. Surface integrity of machined structural components[R]. Technical Report AFML-TR-70-11, NTIS AD870146, Air Force Materials Laboratory, Ohio, 1970.

[6] Field M, Kahles J F. Review of surface integrity of machined components [J]. Annals of the CIRP, 1971, 20(2): 153–162.

[7] Field M, Kahles J F, Cammett J T. Review of measuring methods for surface integrity [J]. Annals of the CIRP, 1972, 21(2): 219–238.

[8] 赵振业. 高强度合金应用与抗疲劳制造技术 [J]. 航空制造技术, 2007, (10): 30–33.

[9] 刘超, 艾兴, 刘战强, 万熠. 车削高温合金 GH2132 时切削力和表面粗糙度的建模与试验分析 [J]. 工具技术, 2009, 43(10): 19–21.

[10] 曹成铭, 刘战强, 杨奇彪. 切削速度对 Inconel718 加工表面完整性的影响 [J]. 农业机械学报, 2011, 42(1): 223–227.

[11] 杜劲, 刘战强, 张入仁, 苏国胜. 镍基高温合金高速铣削加工表面完整性 [J]. 中南大学学报 (自然科学版), 2012, 43(7): 2593–2600.

[12] 陈涛. 淬硬钢 GCr15 精密切削过程的建模与加工表面完整性预测 [D]. 哈尔滨理工大学博士学位论文, 2009.

[13] Chen T, Liu X L, Li S Y.Hard turning of GCr15 steel with chamfered PCBN tools[J]. International Journal of Manufacturing Research, 2013, 8(2): 196–206.

[14] 陈涛, 刘献礼. PCNB 刀具硬态切削淬硬轴承钢 GCr15 表面粗糙度试验与预测 [J]. 中国机械工程, 2007, 18(24): 2973–2976.

[15] Chen T, Liu X L. Effect of PCBN cutting tools wear on surface integrality in high-speed

hard turning[J]. High Technology Letters, 2012, 18(2): 128–131.

[16] 史琦, 何宁, 李亮, 赵威, 刘晓丽. 新型损失容限钛合金高速铣削表面完整性分析 (英文)[J]. Transactions of Nanjing University of Aeronautics and Astronautics, 2012, 29(3): 222–226.

[17] 杨振朝, 张定华, 姚倡锋, 任军学, 杜随更.TC4 钛合金高速铣削参数对表面完整性影响研究 [J]. 西北工业大学学报, 2009, 27(4): 538–543.

[18] 杨振朝, 张定华, 姚倡锋, 任军学, 田卫军. 高速铣削速度对 TC4 钛合金表面完整性影响机理 [J]. 南京航空航天大学学报, 2009, 41(50): 644–648.

[19] 黄新春, 张定华, 姚倡锋, 任敬心. 镍基高温合金 GH4169 磨削参数对表面完整性影响 [J]. 航空动力学报, 2013, 28(3): 621–628.

[20] 石竖鲲, 马艳玲, 吴伟东. 航空发动机零部件的抗疲劳制造技术 [J]. 航空制造技术, 2011, (5): 26–29.

[21] 赵振业. 高强度合金抗疲劳应用技术研究与发展 [J]. 中国工程科学, 2005, 7(3): 90–94.

[22] 印兵胜, 赵怀普, 王晓洪. 残余应力测定的基础知识第七讲机械法残余应力 [J]. 理化检验: 物理分册, 2007, 43(12): 642–645.

[23] Guo Y B, Liu C R. Mechanical properties of hardened AISI 52100 steel in hard machining process[J]. Journal of Manufacturing Science and Engineering, 2002, 124(1): 1–9.

[24] Shi J, Liu C R. The influence of material models on finite element simulation of machining[J]. Journal of Manufacturing Science and Engineering, 2004, 126: 849–857.

[25] Özel T, Altan T. Determining work-piece flow stress and friction at the chip-tool contact for high speed cutting[J]. Journal of Machine Tools and Manufacture,2000, 40(5): 133–152.

[26] Filice L, Micari F, et al. A critical analysis on the friction modeling in orthogonal machining[J]. Journal of Machine Tools and Manufacture, 2007, 47: 709–714.

[27] Özel T, Karpat Y .Predictive modeling of surface roughness and tool wear in hard turning using regression and neural networks[J]. Journal of Machine Tools and Manufacture, 2005(42): 467–479.

[28] Zhang J Y. Process optimization for machining of hardened steels[D]. Georgia: Georgia Institute of Technology (Doctor dissertation), 2005.

[29] Umbrello D, Hua J, Shivpuri R. Hardness based flow stress for numerical modeling of hard machining AISI 52100 bearing steel[J]. Journal of Materials Science and Engineering A, 2004, 374: 90–100.

[30] 陈涛, 李素燕, 国磊, 贾冬开, 孙慧. 硬切削表层残余应力特征预测研究 [J]. 工具技术, 2012, 46(5): 33–35.

[31] Shihab S K, Khan Z A, Mohammad A, et al. Optimization of surface integrity in dry hard turning using RSM[J]. Sādhanā, 2014, 39(5): 1035–1053.

[32] Thiele J D, Melkote S N. Effect of cutting edge geometry and work-piece hardness on surface generation in the finish hard turning of AISI 52100 steel[J]. Journal of Materials Process Technology, 1999, 94: 216–226.

[33] Arunachalam R M, Mannan M A, Spowage A C. Surface integrity when machining age hardened Inconel 718 with coated carbide cutting tools[J]. International Journal of Machine Tools and Manufacture, 2004, 44: 1481–1491.

[34] Thiele J D, Melkote S N. Effect of tool edge geometry on work-piece subsurface deformation and through-thickness residual stresses for hard turning of AISI 52100 steel[J]. Journal of Manufacturing processes, 1999, 2(4): 270–276.

[35] Thiele J D, Melkote S N, Peascoe R A, et al. Effect of cutting-edge geometry and work-piece hardness on surface residual stresses in finish hard turning of AISI 52100 steel[J]. Journal of Manufacturing science and engineering, 2000, 122(12): 642–649.

[36] Abrão A M, Aspinwall D K. The surface integrity of turned and ground hardened bearing steel[J]. Wear, 1996, 196: 279–284.

[37] Li W, Withers P J, Axinte D, et al. Residual stresses in face finish turning of high strength nickel-based superalloy[J]. Journal of Materials Processing Technology, 2009, 209: 4896–4902.

[38] 周泽华. 金属切削原理 (第二版)[M]. 上海: 上海科学技术出版社, 1993.

[39] 黄奇, 任敬心. 车削与磨削 GH33A 高温合金表面完整性研究 [J]. 航空工艺技术, 1991, (3): 24–27.

[40] Khamel S, Ouela N, Bouacha K. Analysis and prediction of tool wear, surface roughness and cutting forces in hard turning with CBN tool[J]. Journal of Mechanical Science and Technology, 2012, 26(11): 3605–3616.

[41] 史恺宁, 靳琪超, 武导侠, 等. 钛合金 TB6 铣削参数对表面完整性的影响研究 [J]. 航空制造技术, 2013, (7): 83–87.

[42] Dahlman P, Gunnberg F, Jacobson M. The influence of rake angle, cutting feed and cutting depth on residual stresses in hard turning[J]. Journal of Materials Processing Technology, 2004, 147: 181–184.

[43] Matsumoto Y, Hashimoto F, Lahoti G. Surface integrity generated by precision hard

turning[J]. Annals of the CIRP, 1999, 48(1): 59–62.

[44] 张幼桢. 金属切削原理及刀具 [M]. 北京: 国防工业出版社, 1990.

[45] 刘国良. 航空发动机零部件表面完整性对使用性能的影响 [C]. 陕西省机械工程学会理化专业委员会第八届年会论文, 2009: 149–152.

[46] 刘彦臣, 庞思勤, 王西彬, 解丽静. 表面完整性对高强度钢疲劳寿命影响的实验研究 [J]. 兵工学报, 2013, 34(6): 759–764.

[47] 徐家炽, 沈那俊, 张定铨, 胡奈赛. 喷丸对脱碳板簧用钢疲劳强度的影响和残余应力的作用 [J]. 机械工程材料, 1982, (6): 24–27.

[48] 张嗣伟. 我国摩擦学工业应用的节约潜力巨大谈我国摩擦学工业应用现状的调查 [J]. 中国表面工程, 2008, 21(2): 50–52.

[49] 黄建龙, 吴建宏, 党兴武. 表面粗糙度对 GCr15/35CrMo 摩擦副摩擦磨损特性的影响 [J]. 表面技术, 2013, 42(4): 62–64.

[50] Stephen R S. An investigation into the effects of hard turning surface integrity on component service life[D]. Georgia: Georgia Institute of Technology (Doctor dissertation), 2001.

[51] Schwach D W, Guo Y B. Feasibility of producing optimal surface integrity by process design in hard turning[J]. Journal of Materials Science and Engineering A, 2005, 395: 116–123.

[52] 蔡一鸣, 梁霄鹏, 李慧中, 汤国建. 热处理制度对 7039 铝合金抗腐蚀性能的影响 [J]. 中南大学学报 (自然科学版), 2009, 40(6): 1540–1545.

[53] Aballe A, Bethencourt M, Botana F J, et al. Influence of the degree of polishing of alloy AA5083 on it sbehaviour against localized alkaline corrosion[J]. Corrosion Science, 2004, 46: 1909–1920.

[54] Aballe A, Bethencourt M, Botana F J, et al. Localized Alkaline Corrosion of Alloy AA5083 in Neutral 3.5% NaCl Solution[J]. Corrosion Science, 2001, 43(9): 1657–1674.

[55] 黄领才, 谷岸, 刘慧丛, 姜同敏. 海洋环境下服役飞机铝合金零件腐蚀失效分析 [J]. 北京航空航天大学学报, 2008, 34(10): 1217–1221.

[56] 黄佳, 阎秋生, 路家斌, 刘炳耀, 陈永锦. 抛光表面质量对不锈钢制品耐蚀性能的影响 [J]. 中国机械工程, 2012, 23(21): 2573–2577.

[57] 苏景新, 张昭, 曹发和, 张鉴清, 曹楚南. 铝合金的晶间腐蚀与剥蚀 [J]. 中国腐蚀与防护学报, 2005, 25(3): 187–192.

[58] 李振森. 压力容器的应力腐蚀破裂与安全运行管理 [J]. 江汉石油职工大学学报, 2011, 24(3): 55–58.

[59] 李新勇, 赵志平. 机械制造检测技术手册 [M]. 北京: 机械工业出版社, 2012.

[60] Chen J S, Huang Y K, Chen M S. A study of the surface scallop generating mechanism in the ball-end milling process[J]. International Journal of Machine Tools and Manufacture, 2005, 45(9): 1077–1084.

[61] 刘战强, 万熠. 高速切削刀具材料及其应用 [J]. 机械工程材料, 2006, 30(5): 1–8.

[62] ISO25178-2. Geometrical product specifications(GPS)-Surface texture Areal-Part2: Terms definitions and surface texture parameters[S]. 2012.

[63] Leach R. Characterisation of Areal Surface Texture[M]. Springer, 2013.

[64] GB-T3505-2009. 产品几何技术规范、表面结构、轮廓法、表面结构的术语、定义及参数 [S]. 北京: 中华人民共和国国家标准. 2009.

[65] GB-T6060. 2-2006. 表面粗糙度比较样块磨车镗铣插及刨加工表面 [S]. 北京: 中国国家标准化管理委员会, 2006.

[66] 李成贵, 董申. 三维表面微观形貌的表征趋势 [J]. 中国机械工程. 2000, 11(5): 488–492.

[67] 杨照金. 当代光学计量测试技术概论 [M]. 北京: 国防工业出版社, 2013.

[68] 杨练根, 王选择. 新型表面形貌测量仪器 [M]. 北京: 科学出版社, 2008.

[69] Leach R. Optical measurement of surface topography[M]. Springer, 2011.

[70] Chen T, Li S Y, Han B X, Liu G J. Study on cutting force and surface micro-topography of hard turning of GCr15 steel[J]. International Journal of Advanced Manufacturing Technology, 2014, 72(9): 1639–1645.

[71] 陈涛, 李素燕, 国磊. 硬切削加工表面完整性及预测方法研究 [J]. 哈尔滨理工大学学报, 2012, 17(20): 95–99.

[72] 李建明, 靳九成, 等. 渗碳钢轴承磨削变质层的结构研究 [J]. 机械工程学报, 1995, (3): 84–90.

[73] Cappellini C, Attanasio A, Rotella G, Umbrello D. Formation of white and dark layers in hard cuttinginfluence of tool wear [J]. International Journal of Material Forming, 2010, 3(1): 455–458.

[74] 徐颖强, 李娜娜. 硬态切削工件表面白层厚度预测方法 [J]. 机械工程学报, 2015, 51(3): 182–189.

[75] Umbrello D, Outeiro J C, Saoubi R M, et al. A numerical model incorporating the microstructure alteration for predicting residual stresses in hard machining of AISI 52100 steel[J]. CIRP Annals-Manufacturing Technology, 2010, 59(1): 10–12.

[76] 韩德伟, 张建新. 金相试样制备与显示技术. 第 2 版 [M]. 长沙: 中南大学出版社, 2014.

[77] 李秀娟, 金洙吉, 等. 铜布线化学机械抛光技术分析 [J]. 中国机械工程, 2005, 16(10): 896–901.

[78] 郝杰芬. 不锈钢电解抛光 [J]. 表面技术, 2000, 29(3): 36, 37.

[79] 彭敏, 曲宁松. 不锈钢电解抛光工艺研究 [J]. 航空精密制造技术, 2001, 37(3): 6–10.

[80] 姜银方. 现代表面工程技术 [M]. 北京: 化学工业出版社, 2006.

[81] 王志光, 杨文玉. 切削奥氏体不锈钢 0Cr18Ni9 加工硬化的试验研究 [J]. 中国机械工程, 2012, 23(24): 2950–2955.

[82] 杨迪, 李福欣. 显微硬度试验 [M]. 北京: 中国计量出版社, 1988.

[83] 韩荣第, 于启勋. 难加工材料切削加工 [M]. 北京：机械工业出版社, 1996.

[84] Sun J, Ke Y L. Study on machining distortion of unitization airframe due to residual stress[J]. Chinese Journal of Mechanical Engineering, 2005, 41(2): 117–122.

[85] 郭培艳, 王素玉, 等. 高速切削加工表面残余应力的产生和控制 [J]. 工具技术, 2007, 41(3): 46–48.

[86] 王立涛, 柯映林, 等. 铝合金材料数控加工残余应力的分析 [J]. 机械工程学报, 2004, 40(4): 123–126.

[87] Su J H, Li H J. Finite element analysis about stress and strain of surface peeling in Cu-Fe-P sheet[J]. Chinese Journal of Mechanical Engineering, 2005, 18(2): 212–214.

[88] 辛民, 解丽静, 王西彬, 等. 高速铣削高强高硬钢加工表面残余应力研究 [J]. 北京理工大学学报, 2010, 30(1): 19–23.

[89] 孙雅洲, 刘海涛, 等. 基于热力耦合模型的切削加工残余应力的模拟及试验研究 [J]. 机械工程学报, 2011, 47(1): 187–193.

[90] 唐志涛, 刘战强, 艾兴. 高速铣削加工铝合金表面残余应力研究 [J]. 中国机械工程, 2008, 19(6): 699–703.

[91] 肖宁, 吴寒剑, 等. X 射线法测量铸造支座的残余应力 [J]. 机械工程与自动化, 2015, (1): 138, 139.

[92] 王海斗, 朱丽娜, 邢志国. 表面残余应力检测技术 [M]. 北京: 机械工业出版社, 2013.

[93] 王庆明, 孙渊. 残余应力测试技术的进展与动向 [J]. 机电工程, 2011, 28(1): 11–15.

[94] 张定铨, 何家文. 材料中残余应力的 X 射线衍射分析和作用 [M]. 西安: 西安交通大学出版社, 1999.

[95] 商执亿. 电解腐蚀在高速钢残余应力测量中的应用 [J]. 工具技术, 2015, (7): 104–106.

[96] 袁哲俊. 金属切削实验技术 [M]. 北京: 机械工业出版社, 1988.

[97] 周玉新. 实验设计与数据处理 [M]. 武汉: 湖北科学技术出版社, 2005.

[98] 刘瑞江, 张业旺, 等. 正交试验设计和分析方法研究 [J]. 实验技术与管理, 2010, 27(9): 52–55.

[99] 方开泰, 覃红. 二水平因子设计的均匀性模式及其相关的准则 [J]. 中国科学, 2004, (4): 10–14.

[100] 杨小勇. 方差分析法浅析单因素的方差分析 [J]. 实验科学与技术, 2013, 11(1): 41–43.

[101] 何为, 唐斌, 薛卫东. 优化试验设计方法及数据分析 [M]. 北京: 化学工业出版社, 2012.

[102] Toenshoff H K, Arendt C, Ben A R. Cutting hardened steel[J]. Annals of the CIRP, 2000, 49(2): 1–19.

[103] Halpin T, Byrne G, Barry J. The performance of PCBN in hard turning[J]. Industrial Diamond Review, 2005, 65(4): 52–60.

[104] Fleming M, Bossom P K. PCBN performance goals for the 21st century[J]. Industrial Diamond Review, 2000, (4): 259–268.

[105] Byrne G, Dornfeld D, Denkena B. Advancing cutting technology[J]. Annalsof the CIRP, 2003, 52(2): 483–508.

[106] Klocke F, Brinksmeier E, Weinert K. Capability profile of hard cutting andgrindingprocesses[J]. Annals of the CIRP, 2005, 54(2): 552–580.

[107] 陈涛, 刘献礼, 李素燕, 李凯, 刘涛. 高速硬切削加工表面白层形成机制研究 [J]. 机械工程学报, 2015, 51(23): 182–188.

[108] Dudzinski D, Devillez A, Moufki A, et al. A review of developments towards dry and high speed machiningof Inconel718 alloy[J]. International Journal of Machine Tools and Manufacture, 2004, 44: 439–456.

[109] 刘维伟, 李锋, 姚倡锋, 成宏军. GH4169 高速铣削参数对表面粗糙度影响研究 [J]. 航空制造技术, 2012, (12): 87–93.

[110] Sangil H, Melkote S N, Haluska M S, et al. White layer formation due to phase transformation in orthogonal machining of AISI1045 annealed steel [J]. Materials Science and Engineering A, 2008, 488(1/2): 195–204.

[111] Oxley P. Mechanics of metal cutting for a material of variable flow stress[J]. Journal of Engineering for Industry, 1963, 85: 339–345.

[112] 艾兴. 高速切削加工技术 [M]. 北京：国防工业出版, 2003.

[113] Zener C, Hollomon J H. Effect of strain rate on plastic flow of steel[J]. Journal of Applied Mechanics, 1954, 12: 217–227.

[114] Johnson G R, Cook W H. A constitutive model and data for metals subjected to large strains, high strain rate and temperatures[C]. Proceedings of the Seventh International

symposium on Ballisties, Hague, Netherland, 1983: 541–547.

[115] Andrade U R, Meyers M A, Chokshi A H. Constitutive description of work and shock-hardened copper[J]. Scripta Metallurgica et Materialia, 1994: 933–938.

[116] Umbrello D, Rizzuti S, Outeiro J C, et al. Hardness-based flow stress for numerical simulation of hard machining AISI H13 tool steel[J]. Journal of Materials Processing Technology, 2008, 199: 64–73.

[117] Zerilli F J, Armstrong R W. Dislocation-mechanics-based constitutive relations for material dynamics calculations[J]. Journal of Applied Physics, 1987, 61(5): 1816–1825.

[118] Dirikolu M H, Childs T H, Maekawa K. Finite element simulation of chip flow in metal machining[J]. International Journal of Mechanical Sciences, 2001, 43(11): 2699–2713.

[119] Arrazola P J, Ozel T, Unbrello D, et al. Recent advances in modelling of metal machining processes[J]. CIRP Annals-Manufacturing Technology, 2013, 62(2): 695–718.

[120] Usui E, Maekawa K, Shirakashi T. Simulation analysis of built-up edge formation in machining of low carbon Steels[J]. Journal of the Japanese Society of Precision Engineering, 1981, 47: 197–203.

[121] 陈涛, 刘献礼, 罗国涛. PCBN 刀具硬态切削淬硬轴承钢的数值模拟与实验研究 [J]. 系统仿真学报, 2009, 17(21): 5586–5588, 5593.

[122] Chen T, Liu X L, Luo G T, et al. Numerical simulation of adiabetic shearbehavior in high-speed machining of hardened steel GCr15[J]. Advanced Material Research, 2009, (69/70): 476–479.

[123] 陈涛, 刘献礼, 罗国涛. PCBN 刀具切削淬硬钢时倒棱参数对切削过程的影响 [J]. 农业机械学报, 2008, 39(11): 169–171, 175.

[124] Chen T, Wang Y W, Li Y F, et al. Comparative analyses on FEM simulation and experiment of the hard turning using chamfered PCBN tool[J]. Applied mechanics and materials, 2008, 10-12: 303–307.

[125] Li K, Chen T, Li S Y, Wang X T, Liu T. The impact on the residual stress distribution in continuous hard turning GCr15[J]. Materials Science Forum, 2014, 800: 596–600.

[126] 石天文, 王西彬, 刘玉德, 刘志兵. 基于响应曲面法的微细铣削表面粗糙度预报模型与试验研究 [J]. 中国机械工程, 2008, 20(20): 2398–2400.

[127] Montgomery D C. Design and Analysis of Experiments[M]. American: Wiley, 2005.

[128] Ito Y. Representation of functions by superposition of a step or sigmoidal function and their application to neural network theory[J]. Neural networks, 1991, (4): 385–394.

[129] 胡永宏, 贺恩辉. 综合评价方法 [M]. 北京: 科学出版社, 2000.

[130] 杨晓华, 陆桂华. 格雷码加速遗传算法及其理论研究 [J]. 系统工程理论与实践, 2003, (3): 100–106.

[131] 王安麟, 刘广军, 姜涛. 广义机械优化设计 [M]. 武汉: 华中科技大学出版社, 2008.

[132] 卢泽生, 王明海. 基于遗传算法的超精密切削表面粗糙度预测模型参数辨识及切削用量优化 [J]. 机械工程学报, 2005, 41(11): 159–161.

[133] Chen T, Zhang M J, Liu X L, et al. Predicting residual stress characteristics based on BP artificial neural network in precision hard turning[J]. Electronic and Mechanical Engineering and Information Technology, 2011, 3: 1615–1618.

[134] Chen T, Zhang M J, Liu X L, et al. Predicting surface white layer in precision hard turning[J]. Solid State Phenomena, 2011, 175: 274–277.

[135] Chen T, Liu X L, Li S Y, Li K. Study on tension-compression fatigue properties of hard machined components[J]. Advances in Mechanical Engineering, 2015, 7(1): doi: 10. 1155/2014/437212.

索　　引

Z

其他